马铃薯主食化产品加工技术

巩发永 ◎ 编著

西南交通大学出版社
·成 都·

图书在版编目（CIP）数据

马铃薯主食化产品加工技术 / 巩发永编著. —成都：西南交通大学出版社，2021.3

ISBN 978-7-5643-7995-7

Ⅰ. ①马… Ⅱ. ①巩… Ⅲ. ①马铃薯 - 薯类制食品 - 食品加工 Ⅳ. ①TS215

中国版本图书馆 CIP 数据核字（2021）第 044521 号

Malingshu Zhushihua Chanpin Jiagong Jishu

马铃薯主食化产品加工技术

巩发永 **编著**

责任编辑	罗爱林
封面设计	何东琳设计工作室
出版发行	西南交通大学出版社 （四川省成都市金牛区二环路北一段 111 号 西南交通大学创新大厦 21 楼）
发行部电话	028-87600564　028-87600533
邮政编码	610031
网　　址	http://www.xnjdcbs.com
印　　刷	四川煤田地质制图印刷厂
成品尺寸	170 mm × 230 mm
印　　张	15.25
字　　数	272 千
版　　次	2021 年 3 月第 1 版
印　　次	2021 年 3 月第 1 次
书　　号	ISBN 978-7-5643-7995-7
定　　价	88.00 元

课件咨询电话：028-81435775

编委会

主　编： 巩发永　西昌学院

副主编： 李凤林　吉林农业科技学院

李　静　西昌学院

黄聪亮　漳州职业技术学院

蔡　利　西昌学院

吴　兵　西昌学院

刘静雪　吉林农业科技学院

易华平　西昌学院

甘国超　西昌学院

前　言

马铃薯生长适应性强、产量高，兼具良好的营养价值和经济价值，是常见的餐桌食物，也是全球重要的粮食作物，既可作为蔬菜食用，也可作为主粮食用。马铃薯在保障全球粮食安全、引领农业绿色发展和促进农民脱贫致富等方面发挥着重要作用。

2006 年至今我国出台了多个促进马铃薯产业发展的相关政策，体现了国家各级政府对马铃薯产业发展的高度重视。2015 年 1 月，在北京召开马铃薯研讨会，正式将马铃薯定义为继三大主粮产品的第四大主粮作物，这标志着马铃薯主粮（食）化战略正式提出。农业部于 2016 年 2 月下发了《关于推进马铃薯产业开发的指导意见》指出，把马铃薯作为主粮产品进行产业化开发，树立健康理念，科学引导消费，促进稳粮增收、提质增效和农业可持续发展。同时就马铃薯产业开始提出具体意见。2017 年中央一号文件指出：实施主食加工业提升行动，积极推进传统主食工业化、规模化生产，大力发展方便食品、休闲食品、速冻食品、马铃薯主食产品。该文件进一步明确了未来实施马铃薯主食化国家战略的发展方向。马铃薯主粮化是确保国家粮食安全的重要方略，是改善国民膳食结构的科学抉择，是缓解生态环境压力的重要举措，是贫困地区农民脱贫致富的有效途径。

本书针对马铃薯的概况、马铃薯的营养与贮藏特性、我国马铃薯主粮化战略、马铃薯粉面制品加工技术、马铃薯焙烤食品加工技术、马铃薯菜肴加工技术、马铃薯膨化食品、其他马铃薯加工食品等几个方面做了详细介绍，以期为我国马铃薯主粮化战略的实施提供一些参考意见。本书在编写过程中，引用、参考了国内外有关文献资料和最新研究成果，使本书内容得到了进一步的充实与完善，在此向这些作者表示衷心的感谢。

由于编写人员的水平和经验有限，书中难免存在不足之处，请各位同行、专家和广大读者指正，不胜感激。

作　者

2021 年 1 月

目　录

第一章　马铃薯概述

马铃薯又名土豆、洋芋，生长适应性强、产量高，兼具良好的营养价值和经济价值，是全球重要的粮食作物，既可作为蔬菜食用，也可作为主粮食用。马铃薯在保障全球粮食安全、引领农业绿色发展和促进农民脱贫致富等方面发挥着重要作用。目前，全世界约有 2/3 的人口将马铃薯作为主粮消费，已有 150 多个国家和地区种植、生产马铃薯。

第一节　马铃薯的发现与传播

一、马铃薯的发现

马铃薯属于茄科一年生草本植物，在全世界共有 8 个栽培种和 150 多个野生种，其起源中心一处是南美洲哥伦比亚、秘鲁、玻利维亚安第斯山区及乌拉圭等地；另一处是中美洲及墨西哥，那里主要分布野生种。马铃薯是在 14 000 年以前由南美洲的原始人发现的，后经当地印第安人驯化，其栽培历史已有 8 000 余年。

南美洲秘鲁以及沿安第斯山麓智利沿岸以及玻利维亚等地都是马铃薯的故乡。远在新石器时代人类刚刚创立农业的时候，印第安人就在这里用木棒松土种植马铃薯了。印第安人在长期的艰苦活动中发现了在寒冷的高原也可以生长的马铃薯。那时的马铃薯有浓郁的苦涩味，不那么美味可口。印第安人刚开始食用马铃薯时，把它切成碎片在河溪里漂洗后晒干，以减少苦涩味，辨认出哪些马铃薯适于食用。在长期的选择过程中，那些宜于食用的马铃薯被保留下来。印第安人学会了种植马铃薯，并不断地选择耐寒品种以及制作贮藏越冬的薯干，使印第安人得以生存和繁衍。后来，经过驯化栽培的马铃薯逐渐扩展到整个安第斯山区。

马铃薯在南美洲印第安人的语言中有 20 多种名称。例如在秘鲁北部被称为伊巴里或阿萨，在哥伦比亚被称为约扎或尤尼，在昆卡地区被称为巴巴，在玻利维亚被称为肖克或安卡，在智利被称为波尼，在厄瓜多尔被称为普鲁或普洛。而巴巴则是印加帝国统治时期印第安人比较通用的名称。

1536年，继哥伦布后接踵到达新大陆的西班牙探险队员，在哥伦比亚的苏洛科达村最先发现了马铃薯。卡斯特朗诺在他撰写的《新王国史》一书中记述：我们刚刚到达村里，所有的人都逃跑了。我们看到印第安人种植的玉米、豆子和一种奇怪的植物，它开着淡紫色的花，根部结球，含有很多的淀粉，味道很好。这种块茎有很多用途，印第安人把生薯切片敷在断骨上疗伤，擦额治疗头痛；外出时随身携带预防风湿病，或者和其他食物一起吃，预防消化不良。印第安人还把马铃薯作为互赠的礼品。

二、马铃薯在世界的传播

（一）马铃薯在欧洲的传播

最早把印第安人培育的马铃薯介绍给欧洲人的是1538年到达秘鲁的西班牙航海家谢拉。马铃薯被引进到欧洲有两条路线：一条是1551年西班牙人瓦尔德姆把马铃薯块茎带至西班牙，并向国王卡尔五世报告了这种珍奇植物的食用方法。但直至1570年，马铃薯才被大量引进并在西班牙南部地区种植。西班牙人引进的马铃薯后来传播到欧洲大部分国家以及亚洲一些地区。另一条是1565年英国人哈根从智利把马铃薯带至爱尔兰。1586年，英国航海家特莱克从西印度群岛向爱尔兰大量引进种薯，以后遍植英伦三岛。英国人引进的马铃薯后来传播到威尔士以及北欧诸国，又引种至大不列颠王国所属的殖民地以及北美洲。

到18世纪中期，马铃薯已传播到世界大部分地区种植，它们都是16世纪引进欧洲的马铃薯所繁殖的后代。大约到19世纪初期，马铃薯已在欧洲各国普遍种植，但在很长时间一直未能大众化，重要原因之一是马铃薯不断遭受各种病虫的袭击，产量剧烈波动。

马铃薯在欧洲传播的几百年中，在许多国家人民不同语言中得到各种特殊的名称。例如西班牙人管它叫巴巴，爱尔兰人叫麻薯，法国人叫地苹果，意大利人叫地果，德国人叫地梨，比利时人叫巴达诺，芬兰人叫达尔多，斯拉夫人叫肤地菌或卡福尔，而在许多讲英语的国家，人们都叫它马铃薯。1753年，植物学家林奈最后正式给它定名为 Solanum tuberosum L，其语意就是广泛种植的意思。

（二）马铃薯在其他洲的传播

北美洲大陆 1762 年首次通过百慕大从英格兰引进马铃薯在弗吉尼亚种植，1718 年爱尔兰向北美洲移民又将马铃薯带到美国，至今在美国的一些州还将其称为“爱尔兰薯”。马铃薯是从海路传入亚洲和大洋洲的，据说其传播路线有三：一路是在 16 世纪末和 17 世纪初由荷兰人把马铃薯传入新加坡、日本和中国台湾地区；二路是 17 世纪中期西班牙人将马铃薯传到印度和爪哇等地；三路是 1679 年法国探险者把马铃薯带到新西兰。此外，还有英国传教士于 18 世纪把马铃薯引种至新西兰和澳大利亚。

据记述，1601 年一支荷兰船队从非洲几内亚经新加坡到达日本，他们把携带的作为食物的马铃薯留给当地人种植。17 世纪中期，日本人高野长英记述马铃薯有三大优点：① 在沙土石田谷物不很成熟的地块生长良好；② 不受当地强风暴雨久霜危害；③ 容易繁殖，节省人力，收益很高，耕寸地而有尺地之获，故有八升薯之名，诚为荒年之善粮。1789 年，日本人又从俄国引进马铃薯在北海道种植，除食用外还作为加工淀粉原料。到了明治年间已有较大面积种植。

著名植物遗传学家沙拉曼在论述马铃薯的起源和传播历史之后说：哥伦布发现了新大陆，给我们带来的马铃薯是人类真正的最有价值的财富之一。在西欧和美国农业中推广马铃薯的重要作用不一定是必需的。但不难看到，目前全世界每年马铃薯产量的价值，远远超过西班牙殖民者在 30 年内从印加王国掠夺和榨取的金银财帛的总值。沙拉曼教授满怀激情地宣布，马铃薯的驯化和广泛栽培，是“人类征服自然最卓越的事件之一”。

三、马铃薯在我国的传播

关于马铃薯传入中国的具体时间至今仍有争论。以翟乾祥为代表的观点认为马铃薯的引入是在明万历年间（1573—1619 年），以谷茂为代表的观点则认为马铃薯最早引种于 18 世纪。

（一）马铃薯传入中国的路径

由于马铃薯在栽培过程中有衰退、无性繁殖病害积累的问题，所以与其他作物相比，它的传播链比较短，而且容易中断。而中国幅员辽阔，东西南北气候差异大，马铃薯由多条路径、分多次传入中国的可能较大。据史料记载和学者们考证，马铃薯可能由东南、西北、南路等路径传入中国。

1. 东南

荷兰是世界上出产优质马铃薯种的国家之一，荷兰人将马铃薯带到我国台湾地区种植。后经过台湾海峡，马铃薯传入广东、福建一带，并向江浙一带传播，在这里马铃薯又被称为荷兰薯。

2. 西北

马铃薯由晋商自俄国或哈萨克汗国（今哈萨克斯坦）引入中国。并且由于气候适宜，种植面积扩大，“山西种之为田”。

3. 南路

马铃薯主要由南洋印尼（荷属爪哇）传入广东、广西，在这些地方马铃薯又被称为爪哇薯，然后马铃薯自此又向云贵川传播。四川《越西厅志》有“羊芋，出夷地”的记载。

此外，马铃薯还有可能由海路传入中国。

（二）马铃薯传入中国后的发展

马铃薯传入中国之后，在气候适宜地区，马铃薯种性稳定，能够持续生长传播，成为当地的重要作物。而在南方低海拔地区，马铃薯在无性繁殖过程中有严重的退化现象，如植株矮化，出现花叶、卷叶、皱缩叶，产量降低，病害积累等。同时，在传播过程中也出现了绝种现象，发生传播中断。

1. 缓慢传播与扩散期

19世纪，马铃薯传入中国后，它的传播显示出一定的间断性，并且其主要分布区域与气候区相关。早期马铃薯通过各种途径传入中国之后，其传播区域集中稳定在气候适宜、利于其生长发育和种性保存的高寒山地及冷凉地区，如四川、贵州、云南、湖北、湖南、陕西等地的山区。

这一时期马铃薯的繁殖传播主要依靠自然冷凉的气候条件。在气候不适宜地区，由于其种性退化，马铃薯在栽培过程中容易被人们淘汰，或由于其自身病害严重而腐烂绝种。

2. 加速传播扩散期

19世纪末，由无名氏编写的《播种洋芋方法》一书，充分反映了当时我国种植马铃薯的技术水平。此书是我国最早的一部关于马铃薯种植的专著，书中共分六章，着重介绍了整地、选种、播种、管理、收获以及贮藏方法等。另年有吴治俭编译英国人华莱士著《论种荷兰薯法》一书，介绍了土宜、施肥、栽植、选种、防病等方法和技术。20 世纪，罗振玉在他创办的《农学报》上发表了一系列关于马铃薯种植、引种技术，以及介绍了国外的种植情况、新品种、新方法和新技术等。

20 世纪后，随着世界范围内试验科学技术的发展与国际交流的加强，马铃薯在中国开始了进一步的传播与扩散。山西、甘肃、辽宁、吉林、黑龙江、福建的方志中开始有马铃薯的记载。它的传播与扩散主要表现在两个方面：一是传播区域扩大。在科学技术进步和社会经济发展的共同作用下，种植区域由气候适宜的高海拔、高纬度冷凉地域向低海拔、湿度大容易引起马铃薯退化的地区扩散传播。二是播种栽培面积增加。由于自然灾害、病害、制度变化等因素，播种面积虽然有一些波动，但整体播种面积不断扩大。

（三）马铃薯在中国传播产生的作用

1. 救荒济民

马铃薯在中国传播的早期，作为粗粮的首选，它的重要作用体现在它的救荒作用。1781 年，著名学者、陕西巡抚毕沅在《兴安升府奏疏》写道："自乾隆卅八年以后，因川、楚有歉收处所，穷民就日前来，旋即栖谷依岩，开垦度日，而河南、江西、安徽等处贫民亦有携家至此者……近年四川、湖广陆续前来开垦荒田，久而益众，处处俱成村落……"在这些资料中，有提到灾民情况的，也有提到马铃薯情况的，更有详细记载灾民怎样用马铃薯来度过饥荒的。汉中知县严如熤在他的《三省边防备略·民食篇》提道："洋芋花紫、叶圆，根下生芋，根长如线，累累结实数十、十数颗。色紫，如指、拳，如小杯，味甘而淡。山沟地一块，挖芋常数十石……洋芋切片堪以久贮，磨粉和荞麦均可做饼、馍。旷土尽辟之下，马铃薯落户高寒，适得其所并成种源区。"光绪十五年（1889 年），贵州夏天的雨量比往年多，导致马铃薯腐烂在地里，这下百姓也没了食物，不知有多少生命散落在了山野之间。在高寒生态环境恶劣不适合其他谷物生长的地域，马铃薯的传入成为当地人赖以生存的重要粮食来源，很大程度上解决了人与环境的矛盾。在方志中有诸多这样的记载，在粮食贸易不发达的时代，马铃薯在一定程度上解决了高海拔地区人民的生计问题。在社会经济条件恶劣、人口压力剧增的时代，马铃薯的营养全面均衡、产量高、生长期短等特点使它在极大程度上缓解了人粮矛盾。马铃薯的这一作用在 20 世纪初到 21 世纪 70 年代表现得尤为突出。

2. 间作套种提高土地利用率

马铃薯在我国农村种植结构调整中具有很大的优越性，它特别适合多茬栽培，如马铃薯与玉米套种、与棉花套种、与耐寒速生蔬菜间作、与甘蓝菜花间作、薯粮间作套种、薯瓜间作套种等，大大提高了经济效益。这一栽培特性十分适合我国农业精耕细作的传统特点，在人多地少的中国对于提高土地的利用率有着重要的现实意义。

3. 改变农作物结构，创造良好的经济效益

马铃薯粮菜兼用，它的传入并成为重要的农作物改变了我国传统的农作物结构，丰富了农作物的种类，农业部将马铃薯列为 7 大主要作物之一。与其他作物相比，马铃薯的种植面积在不断增加，到 2000 年马铃薯的播种面积达到 4 723.43 万公顷，占主要农作物总播种面积的 5.23%。从 1982 年开始，与稻谷、小麦种植面积逐年减少的趋势相比，我国马铃薯的播种面积变化趋势正好与之相反，其播种面积占总的作物播种面积的比例逐年上升。

第二节　马铃薯的形态特征与生物学特性

马铃薯的植株由地上和地下两部分组成。薯块是马铃薯地下茎膨大形成的结果。在商品薯生产上主要用块茎进行无性繁殖。

一、马铃薯地上部分的形态特征

地上部分包括地上茎、叶、花、果实和种子。

（一）地上茎

地上茎即主茎，是马铃薯植株在地面上着生枝叶的茎，草质多汁，呈绿色间有紫色，有少数茸毛。茎的颜色因品种不同又有绿色、紫褐色等。有时因色素沉淀，不同部位有不同的着色，常常是基部颜色较深。茎上节部膨大，节间分明，节处着生复叶，复叶基部有小型托叶。多数品种节处和基部坚实，节间中空，主茎可以产生分枝。产生匍匐茎和块茎的低位分枝也可以认为是主茎。马铃薯的主茎和分枝如图 1-1 所示。

早熟品种地上茎高 40 ~ 70 cm，中、晚熟品种高 80 ~ 120 cm。植株有直

立、匍匐和半匍匐之分，茎边缘的翅（或棱）有 3 棱或 4 棱。最初的分枝长在基部结位，这部分分枝较长，其他的分枝在较晚的时候长于较高节位。

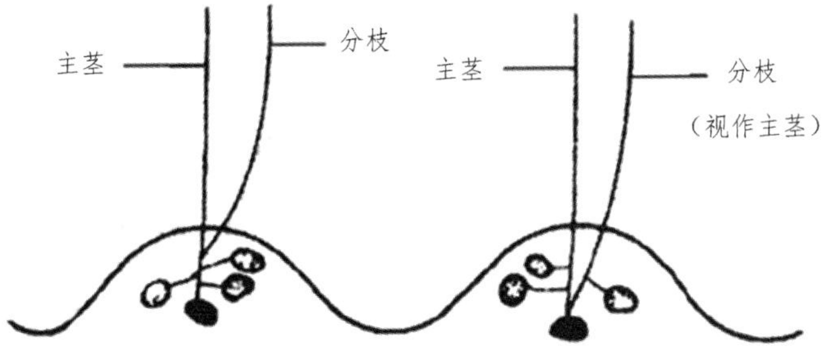

图 1-1　马铃薯的主茎和分枝

（二）叶

正常的叶子为奇数羽状复叶。块茎繁殖的马铃薯第 1 片初生叶为单叶，第 2 ~ 5 片为不完全复叶，一般从第 5 片或第 6 片开始为具有品种特征的奇数羽状复叶。用实生种子繁殖时，发芽后首先长出 2 片对生的子叶，第 3 ~ 6 片为单叶，第 4 片真叶开始为不完全复叶，第 6 ~ 9 片开始形成完全的正常复叶。正常的复叶由顶小叶、侧小叶、次生裂片、叶轴和托叶组成。顶小叶只有 1 片，有叶柄，着生于叶轴的顶端，一般较侧小叶大，形状也略有不同，可根据顶小叶的特征来鉴别品种。侧小叶通过叶柄对生于叶轴上，一般有 3 ~ 7 对。侧小叶之间有次生裂片。复叶叶柄基部有 1 对托叶。复叶沿着马铃薯茎交互轮生。复叶一般较平展，其大小、形状、茸毛的多少、侧小叶的排列疏密、次生裂片的多少、与茎的夹角的大小等均因品种不同而不同。健康的复叶小叶平展、色泽光润；患病毒病的复叶小叶皱缩，叶面不平，复叶变小；被螨侵害的叶子小叶边缘向内卷曲，叶背光亮失常。

（三）花

马铃薯花为两性花，每朵花由花萼、花冠、雄蕊和雌蕊组成，如图 1-2 所示。花萼绿色多毛，基部合成管状。花冠合瓣，呈五角形，有白、浅红、紫红、蓝及紫蓝等色。雄蕊五枚，花药聚生，有淡绿橙黄、褐、灰黄等色。雌蕊子房由两个心皮组成，子房上位，两室。花柱长，柱头头状或棍棒状，两裂或多裂。

（四）果实和种子

马铃薯属于自花授粉作物，异花授粉率为 0.5%左右。天然结实基本上都是自交结实。果实为浆果，圆形，少数为椭圆形，看上去像小番茄。果色前期为绿色，成熟时顶部变白，逐渐转为黄绿色、褐色或紫绿色。不同品种浆果的大小差异很大。

（a）花的外观

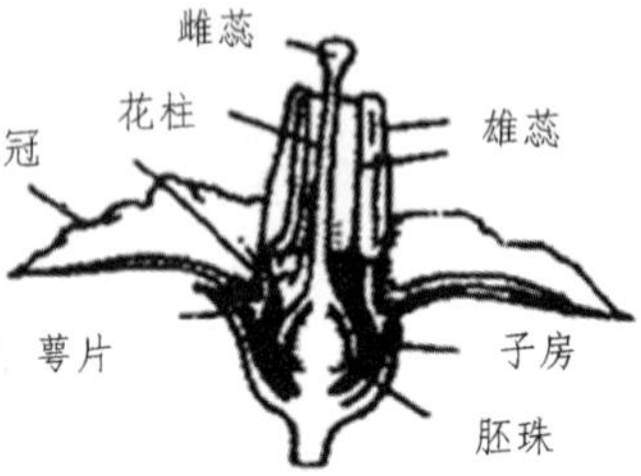

（b）纵切面

（c）横切面

图 1-2　马铃薯花

每个果实含有 200 粒或更多种子，种子很小，千粒重 0.5 ~ 0.6 g，呈扁平或卵圆形，黄色或灰色，新收获的种子有较长的休眠期，隔年种子发芽率可以达到 70% ~ 80%。种子可以作为繁殖材料，称为实生种（True Potato Seed，TPS）。马铃薯的所有地上部分都含有一种有毒的植物碱，叫作龙葵素或茄素。浆果中的龙葵素含量最高，其次是块茎萌发的幼芽中。当块茎表皮受到光照而变绿时，龙葵素含量就显著增加，严重影响块茎的食用价值，人和牲畜食用后均会中毒，严重的甚至会导致死亡。

二、马铃薯地下部分的形态特征

地下部分是马铃薯栽培中最重要的部分，包括母薯、根、地下茎、匍匐茎和块茎，如图 1-3 所示。

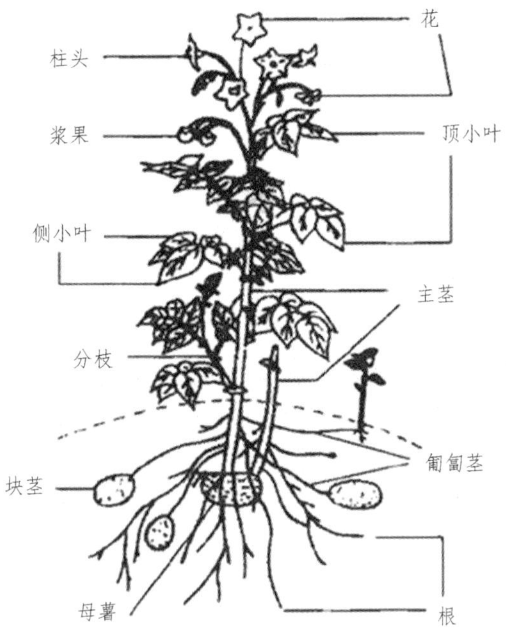

图 1-3　正在结薯的马铃薯植株

（一）母薯

母薯是种薯在植株成长后留下的。残留的种薯并非总是可见，尤其在植株生长后期因种薯腐烂而不可见。

（二）根

马铃薯的根为须根系。马铃薯栽培多用块茎作播种材料，当块茎萌发时，在幼芽基部靠芽眼处密集的 3～4 节部发根，这部分根被称为初生根。初生根分枝力很强，是主要吸收根系。随后在地下茎根处的匍匐茎周围发根，每节 3～4 条，被称为后生根。生长早期，根系的发展限于土壤表层，向水平方向扩张，横向生长 30～60 cm 后，转向垂直生长。一般向下伸长的深度不超过 70 cm，生长后期少数根系可以达到 1 m 以下的土层。根系分布的深度、广度因品种和栽培条件而异，早熟品种根系分布范围小，中、晚熟品种根系分布范围大。土层松软和营养条件好，根系分布范围大，反之，则小。

（三）地下茎

块茎发芽后埋在土壤内的茎为地下茎。地下茎的长度随播种深度和生育期培土厚度的增加而增加，一般为 10 cm 左右。地下茎的节间较短，在节的部位生出匍匐茎。匍匐茎顶端膨大形成块茎。

（四）匍匐茎

匍匐茎从地下茎各节着生，地下生长的尖端发育形成块茎，窜出地面的形成侧枝。约 50% ~ 70%的匍匐茎可以形成块茎。

（五）块茎

块茎由地下匍匐茎尖端发育形成。两者连接处为“脐”，顶端是顶芽。马铃薯无论个头大小，形状如何，其内部结构都是一样的，其横切面如图 1-4 所示。马铃薯由表及里依次为表皮、周皮（可形成木栓层）、薄壁细胞、维管束和髓等。马铃薯组织细胞结构简单，由细胞壁、细胞质和细胞核组成。细胞壁由纤维素和果胶质组成。细胞质是呼吸及合成淀粉的场所。

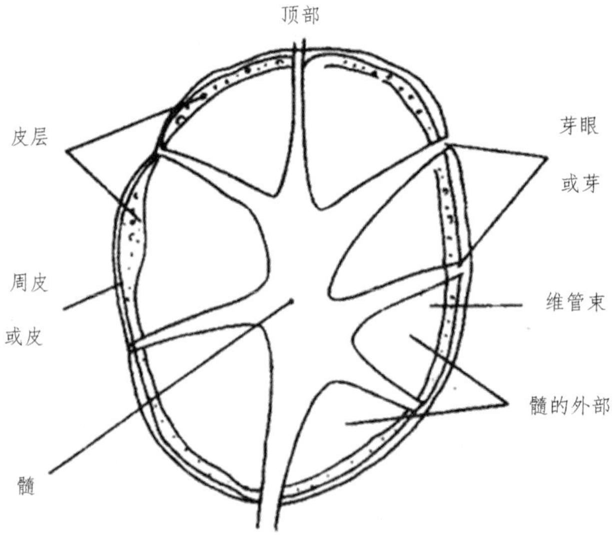

图 1-4　马铃薯的切面结构

块茎的增大是细胞的增殖和膨大，首先是髓部迅速发生大量的细胞分裂与膨大使髓部的体积显著增加，将维管束向外推移。随后皮层、木质部和韧皮部薄壁组织也出现形成层。这几部分产生的新细胞分化成薄壁组织，构成块茎的大部分。在块茎增长的同时，皮下分裂产生的子细胞形成栓皮层，产生 6～10 层木栓化的周皮。周皮上有 74 ～141 个皮孔。块茎的大小因品种、土壤、气候和栽培条件而异。薯块形状有圆形、椭圆形、卵形、长筒形（见图 1-5）；表皮有光滑、粗糙或网状；皮色有白、黄、浅黄、红、铁锈、粉红、黑、紫等色。肉色有白、黄、浅黄、黑、紫、红、杂色等色。

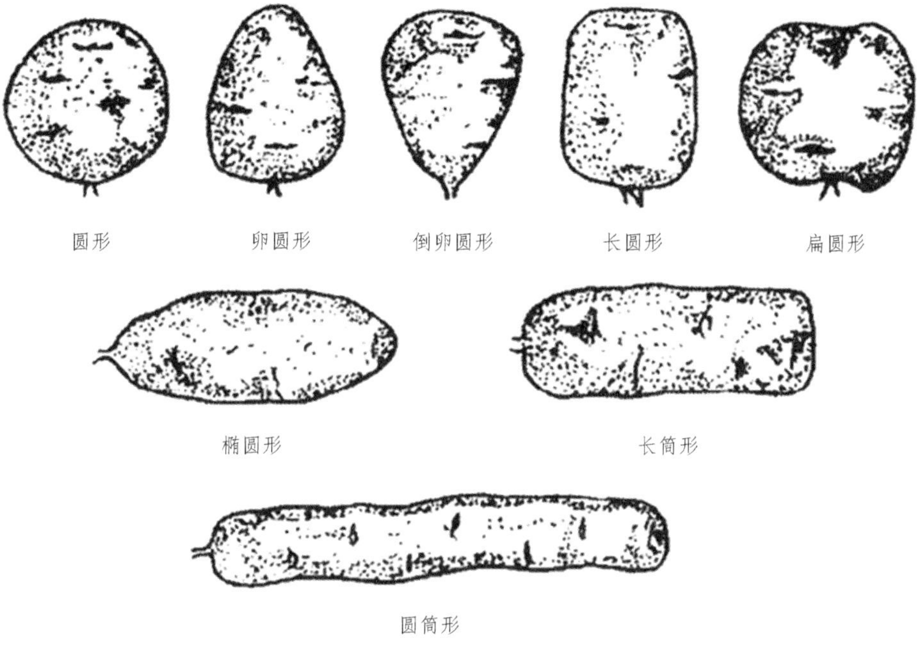

图 1-5　马铃薯的块茎形状

三、马铃薯的生物学特性

马铃薯是营养繁殖的作物，其生育期长短伸缩性很大。根据生育期长短划分为早、中、晚品种，早熟品种 75 d 以内，中早熟种 76～85 d，中熟种 86～95 d，中晚熟种 96～105 d，晚熟种 105 d 以上。

（一）马铃薯的生长发育过程

马铃薯在田间的生长发育过程经历以下五个阶段：

1. 块茎的萌发和出苗

顶部芽眼的芽萌发快，幼芽生长势最强，调节顶端优势可以控制芽苗数与芽苗生长速度。

2. 幼苗的生长和匍匐茎的伸长（出苗至孕蕾）

马铃薯的茎是合轴分枝，靠近顶芽的腋芽迅速发展为新枝。通常，单株叶面积达到 200 ~ 400 cm^2 时，母薯养分基本耗完，迅速进入自养方式。出苗后 7 ~ 15 d，地下各节匍匐茎由下向上伸长。

3. 块茎形成和茎叶生长（孕蕾至开花）

主茎出现 9 ~ 17 片叶时开始开花，到地下块茎直径 3 cm 时结束，历时 20 ~ 30 d。

4. 块茎的增长与茎叶繁茂（盛花至叶衰老）

盛花期块茎膨大迅速，茎叶和分枝迅速增长，鲜重继续增加，叶面积达到最大值。这种生长势持续到终花期植株总干物质重达高峰时结束。

5. 淀粉积累与成熟（茎叶衰老与枯萎）

开花结果后，茎叶生长缓慢直至停止，植株下部叶片开始枯黄，进入淀粉积累期。此期块茎体积不再增大，茎叶中储藏的养分向块茎转移，淀粉不断积累，块茎重量迅速增加，周皮加厚，当茎叶完全枯萎，块茎成熟，逐步转入休眠。

马铃薯从开花到成熟，是块茎重量持续增长的阶段，以及生长的转折时期。此期的长短和环境条件优劣影响产量的高低。云南、贵州、四川大部分地区经历时间 25 ~ 40 d。海拔 1 800 m 以上的地区一季作为 60 ~ 90 d。出苗到成熟大部分地区两季作为 70 ~ 80 d。高海拔地区一季作为 100 ~ 120 d。

3 月播种萌芽的种薯，4 月出苗并进入茎秆生长期，5 月块茎开始形成，6 ~ 7 月达到茎秆生长高峰和最大生物量，7 月下旬叶片开始枯黄，进入块茎生长高峰期，8 月块茎达到生长的最大生物量。早熟品种由于生长周期短，茎秆的生物量较小，块茎的生物量（产量）只能达到 40 t/hm^2；而晚熟品种，生长周期长，块茎的生物产量可以达到 50 t/hm^2。

（二）马铃薯的生长发育特性

一株由种薯无性繁殖长成的马铃薯植株，从块茎萌芽，长出枝条，形成主轴，到以主轴为中心，先后长成地下部分的根系、匍匐茎、块茎，地上部分的茎、分枝、叶、花、果实时，就成为一个完整独立的植株，同时也就完成了由芽条生长期、幼苗期、块茎形成期、块茎增长期、淀粉积累期、成熟收获期组成的全部生育周期。

马铃薯物种在长期的历史发展和由野生到驯化成栽培种的过程中，对于环境条件逐步形成了适应能力，造成它的独有特性，形成了一定的生长规律。马铃薯具有喜凉、分枝、再生、生长发育、休眠等特性。

1. 喜凉特性

马铃薯性喜冷凉，是喜欢低温的作物。其地下薯块的形成和生长需要疏松透气、凉爽湿润的土壤环境。块茎生长的适温是 16 ~ 18 °C，当气温高于 25 °C 时，块茎停止生长；茎叶生长的适温是 15 ~ 25 °C，超过 39 °C 则停止生长。

2. 分枝特性

马铃薯的地上茎、地下茎、匍匐茎、块茎都有分枝的能力。

3. 再生特性

马铃薯的主茎或分枝具有很强的再生特性。在生产和科研上可利用这一特性，进行“育芽掰苗移栽”“剪枝扦插”和“压蔓”等来扩大繁殖倍数，加快新品种的推广速度。特别是近年来，在种薯生产上普遍应用的茎尖组织培养生产脱毒种薯的新技术，仅用非常小的一小点茎尖组织，就能培育成脱毒苗。脱毒苗的切段扩繁、微型薯生产中的剪顶扦插等，都大大加快了繁殖速度，并获得了明显的经济效果。

4. 块茎的生长发育

马铃薯的块茎是由匍匐茎顶端细胞分裂膨大而形成的。块茎大量形成的时间是在幼苗出土后 20 d 左右。块茎膨大最快的时间是在块茎形成后 40 ~ 60 d。早熟品种匍匐茎伸出早，块茎膨大早，膨大速度快。所以早熟品种出苗后 60 d 左右即可收获供应市场。

当块茎开始膨大时，匍匐茎的顶端部分大约含有 12 个叶原基。块茎上的芽眉就是叶原基的叶柄痕迹。块茎上的芽眼就是叶腋的位置。块茎表皮上的许多皮孔是由气孔演变来的。皮孔与叶子上的气孔有类似的功能。一般条件下皮孔表现不明显，在土壤湿度特别大时，皮孔周围细胞异常膨大，呈白色，如菜花一样开裂的小点。

不同品种结的块茎数不同是品种特性的表现，而同一品种间植株结薯也不尽相同，这主要是由 3 个原因造成的。一是匍匐茎从地下茎长出时，一般每个节只生出 1 条匍匐茎，但有时也会生出 2 ~ 3 条匍匐茎。同时地下茎每节都可生出匍匐茎，植株养分积累得多，匍匐茎也多时，形成的块茎也就多。

二是种薯发芽的早晚和同一块茎上产生的主茎数不同，形成的块茎数也不同。整薯或切块播种的，有的可生出 2 ~ 3 个茎，有的只生出顶芽 1 个茎。三是植株生长的环境和匍匐茎伸出的时期和部位不同，不可能都形成块茎。

5. 块茎的休眠

块茎在母株上生长成熟时，从芽向顶的顺序休眠，最后顶芽休眠。块茎收获后储藏在低于适温下，呈现不发育状态，称为真休眠，休眠期可以到 18 ~ 33 周，通常 22 ~ 33 周。块茎收获后即使在适宜的环境下也不能立刻诱导发芽，成为熟休眠。熟休眠期可以达到 5 ~ 19 周。

按照品种间休眠期的长短不同，可以分为短、中、长 3 种类型。温度 26 °C 左右，短休眠期 45 d，中等休眠期 75 d，长休眠期 90 d。

影响块茎休眠期的因素很多，温度 0 ~ 4 °C 时块茎可以长期休眠，温度升到 20 °C 以上，休眠期随之缩短。块茎年龄越小，休眠期越长。早熟种比晚熟种休眠期短。高温干旱促进块茎提前结束休眠期。

第三节　马铃薯生产概况

由于马铃薯丰产性好，适应性广，耐旱耐瘠，以及其营养成分比例平衡，因此已逐步成为人类重要的食品、蔬菜、饲料、能源和工业原料。目前，马铃薯已成为世界上仅次于水稻、小麦、玉米的第四大粮食作物，分布范围广泛。世界上种植马铃薯的国家和地区达 150 个左右。

一、世界马铃薯生产区域分布

马铃薯环境适应性较强，从水平高度至海拔 4 000 米，从赤道到南北纬 40°的地区均能种植，其种植地区涵盖了除南极洲外的各大洲。目前世界公认的马铃薯三大产区分别为：高山地区，包括中国喜马拉雅山脉、南美安第斯山脉以及其他分布在亚洲、非洲、大洋洲和拉丁美洲的一些山区；低地热带区，从巴基斯坦通过印度延伸到孟加拉国的印度恒河平原、北墨西哥和秘鲁海岸；温带区，包括大部分发达国家。马铃薯在全球各大洲的分布差异较大，其中亚洲和欧洲的马铃薯种植面积、产量占到世界的 80% ~ 90%，而美洲、非洲和大洋洲仅占 10% ~ 20%。虽然亚洲和欧洲是马铃薯种植和生产的主要地区，但马铃薯在这两大洲的发展却呈相反的变化趋势。亚洲马铃薯生产在近年增长迅猛，成为推动世界马铃薯产业发展的重要力量。

20 世纪 60 年代以来，虽然世界马铃薯种植面积在逐步下降，但产量却呈现波动上升的趋势。在种植面积减少 20.63%的情况下，产量从 1961 年的 27 055.22 万吨增加到 2018 年的 36 816.89 万吨，增长了 36.08%。欧洲马铃薯产量从 1961 年的 22 182.86 万吨减少到 2018 年的 10 518.13 万吨，减少了 52.58%，低于种植面积减少的比例。亚洲马铃薯产量从 1961 年的 2 335.73 万吨增加到 2018 年的 18 864.47 万吨，增长了 707.65%，远高于马铃薯种植面积增长的比例。亚洲是对世界马铃薯产量增加贡献最大的地区。非洲马铃薯产量从 1961 年的仅有 210.12 万吨，增长到 2018 年的 2 604.17 万吨，增长的比例高达 1139.40%。美洲马铃薯产量从 1961 年的 2 257.08 万吨，增长到 2018 年的 4 659.64 万吨，大洋洲马铃薯产量从 1961 年的 69.44 万吨，增长到 2018 年的 170.48 万吨，分别增长了 106.45%和 145.53%。除了欧洲，其他各洲在过去的 50 多年间，马铃薯产量均有大幅增长。自 2002 年起，亚洲马铃薯产量超过欧洲，成为全球生产马铃薯最多的区域。

二、世界马铃薯主要生产国

从种植的国家来看，当前欧洲种植马铃薯的国家主要集中在东欧，如俄罗斯、乌克兰、波兰、白俄罗斯等。亚洲种植马铃薯的国家主要是中国、印度、孟加拉国等国。非洲种植马铃薯的国家主要是尼日利亚、肯尼亚等国。美洲种植马铃薯的国家主要是美国，其次是秘鲁、加拿大等国。根据联合国粮农组织数据库统计，在马铃薯种植面积方面，2018 年排名前 10 位的国家分别为中国、印度、乌克兰、俄罗斯、孟加拉国、美国、尼日利亚、秘鲁、波兰以及白俄罗斯，其中中国种植面积达 481.09 万公顷，占世界的 27.37%，超过 1/4，印度的马铃薯种植面积超过 200 万公顷，乌克兰、俄罗斯的马铃薯种植面积超过 100 万公顷；其余国家的马铃薯种植面积也均超过 25 万公顷。从增长幅度来看，近 20 年来，印度、孟加拉国、巴基斯坦、马拉维、玻利维亚、埃及、蒙古、菲律宾等国家马铃薯种植面积增幅较大。马铃薯生产规模快速扩张的国家多是发展中国家。因为发展中国家人口多、人均耕地少，维护国家粮食安全的压力比较大，同时这也说明马铃薯在保障全球粮食安全方面发挥着重要作用。2019 年马铃薯产量前 3 位的国家分别是中国（9 300 万吨）、印度（5 100 万吨）和乌克兰（2 300 万吨）。3 国马铃薯产量占全球马铃薯产量的 45%。近 1/4 的产量分布在俄罗斯、美国、孟加拉国、德国、法国、波兰、荷兰、加拿大和白俄罗斯。

三、我国马铃薯生产区域与产量

（一）马铃薯生产区域

中国地区辽阔，气候多样，从北到南，由于纬度的差异，无霜期从 80 d 到 300 d，从北部的春播秋收年种一季马铃薯，中原地区的春播夏收、夏播秋收到南方的秋播冬收、冬播春收年种两季马铃薯，以及西南山区随海拔高度变化而形成的马铃薯单、双季立体种植。地区纬度、海拔、地理和气候条件的差异，导致了光照、温度、水分、土壤类型的差异，以及与其相适应的马铃薯品种类型、栽培制度等不同。中国马铃薯的栽培区域可划分为 4 个各具特点的类型，即马铃薯北方和西北一季作栽培区、中原春秋二季作栽培区、西南一二季垂直分布栽培区和南方秋冬或冬春二季作栽培区。

1. 北方和西北一季作栽培区

该区种植面积约占全国的 46%，又分为东北、华北和西北一季作区。东北一季作区包括黑龙江、吉林、内蒙古东部和辽宁北部，华北一季作区包括内蒙古中西部、山西和河北北部，西北一季作区包括甘肃、青海、宁夏、新疆和陕西北部。北方一作区播种期为 4 月下旬到 5 月中下旬，以旱作为主，除黑龙江和吉林外，其他都属于干旱或半干旱地区。干旱是制约该区马铃薯产量提高的主要因素。

该区多在高纬度、高海拔地区，夏季气候凉爽，昼夜温差大。光照充足，生育期短，但是连在一起的时间长，一年只种一季马铃薯，即春种秋收，可以满足中晚熟品种的生长。马铃薯生育季节主要在夏季，故又称夏作类型。该区是我国马铃薯的主要产区，交通比较方便的一些省、自治区，如黑龙江、内蒙古、山西北部和河北坝上，都是我国主要的种薯生产基地，每年要调出大量种薯，供应中原马铃薯二季作区和南方冬作区。近年来，北方马铃薯淀粉等加工业发展很快，因此，黑龙江、吉林、内蒙古、甘肃、青海、宁夏等省、自治区也是马铃薯原料和商品薯生产基地。

2. 中原春秋二季作栽培区

该区位于北方春作区南界以南，大巴山、苗岭以东，南峙、武夷山以北各省，包括辽宁、河北、山西、陕西四省的南部，湖北、湖南二省的东部，以及北京、天津、山东、河南、江苏、浙江、上海、安徽、江西等省（市）。受气候条件、栽培制度等影响，该区马铃薯栽培面积分散，播种面积约占全国的 10%。

该区一年种植春秋两季马铃薯。两季栽培方式已有近百年的历史，是中国马铃薯栽培的特点之一。马铃薯二季作栽培方式，就是春季利用保护措施（冷床、大棚等）早种早收的种薯（可躲避蚜虫传播病毒），作为当年秋季栽培用种；利用秋季生产的种薯用于翌年春季马铃薯生产。该地区的春秋两季马铃薯的生育期都只有 80 ~ 90 d，因此需要高产、抗病毒病、休眠期较短、薯形好的早熟或块茎膨大速度快的中早熟品种。春作马铃薯结薯期多处于较高的气温条件下，因而传毒媒介蚜虫发生频繁，种薯易感染病毒退化。除河南省郑州市蔬菜研究所通过早种早收、避蚜躲高温、马铃薯脱毒等综合措施，防止马铃薯病毒性退化，实现就地留种，生产出健康种薯，达到种薯自给外，其他大部分省、自治区仍然靠从高纬度、高海拔地区调入种薯，进行马铃薯生产。

该地区马铃薯除单作外，多与棉、粮、菜、果等间作套种，大大提高了土地和光能利用率，增加了单位面积的产量和效益。目前，黄淮海平原地区适于和马铃薯间作套种的粮棉菜等作物面积约为 50 万公顷。由于薯棉、薯粮等间作套种面积有逐渐扩大的趋势，故马铃薯的栽培面积也相应增加。

3. 西南一二季垂直分布栽培区

该区包括云南、贵州、四川、重庆、湖南西部地区，湖北西南、西北山区及相连的陕西西康地区。该区域地域辽阔，地势复杂，万山重叠。大部分山地虽侧坡陡峭，但顶部却较平缓，上有灰岩丘陵，连绵起伏，并有山间平地或平坝错落其间，全区有高原、盆地、山地、丘陵、平坝等各种类型。据 20 世纪 80 年代的调查，在各种地形中，以山地为主，占土地总面积的 71.7%，其次是丘陵占 13.5%，高原占 99%，平原面积最少，仅占 4.9%。为了改善生态环境，防止水土流失，在政府的大力扶持下，陡坡地已基本停耕换林，但以山地为主的格局并没有改变。

该区由于山地丘陵面积大，因此形成了旱地多及坡地、梯田多的耕地特点。耕地土壤 pH 一般偏酸性。由于秦岭、巴山、岷山等屏障，阻挡了冬季北方寒流的袭击，因而该区冬无严寒，中海拔以上地区更无炎热，气候凉爽。该区气候垂直差异非常明显，构成典型立体农业的特征，同时亚热带山地气候特征显著，雨多雾重，湿度大，日照少，尤以云贵高原、湘鄂西部为甚，是全国云雾最多、日照最少的地方，日照百分率大多在 30%左右。

该区马铃薯栽种类型多种多样。低海拔地区有高山屏障，冬季冷空气侵入强度较弱，无霜期可达 260 ~ 300 d，适于马铃薯二季栽培；中海拔以上地区主要与玉米套种，高海拔地区少数单作。因此，全国马铃薯栽培区划将西南地区定为单、双季混作区。在高海拔地区，有效积温少，种植的主要作物是马铃薯，并成为当地农民赖以生存的主食。

4. 南方秋冬或冬春二季作栽培区

该区位于苗岭、南岭、武夷山以南的各省、自治区，包括广东、海南、广西、福建、台湾。该区大部分位于北回归线附近，即北纬26°以南，冬季平均气温12～16 °C，此时恰连干旱，南方水源充足，通过人工灌溉，可显著提高马铃薯产量。马铃薯在该地区的种植时间为晚秋、冬季和早春。这期间的气候条件非常适合马铃薯的生长，产量较高。本区虽非马铃薯的重点产区，栽培面积不足全国马铃薯播种面积的2%，但可充分利用水稻冬闲地种植马铃薯，晚秋和冬季的短日照有利于马铃薯块茎的膨大，生育期短，产量高，品质好。

该区发展马铃薯的主要问题是不能生产种薯，马铃薯11～12月份播种后，翌年2～3月份收获，收获的块茎无法贮存到当年的11月份播种，因此，每年必须从北方一季作区的种薯生产基地大量调入种薯，如能保证种薯的质量，才能达到丰产丰收。

（二）种植面积与产量

20世纪30年代中期，全国马铃薯种植面积约33.3万公顷，50年代为155.9万公顷，70年代中期上升到417.0万公顷，1980年达到466.7万公顷。20世纪90年代初，我国成为世界马铃薯生产第一大国，马铃薯的播种面积和总产量稳定增长。据推算，在4个栽培区域中，常年栽培面积在40万公顷以上的有内蒙古、贵州、甘肃等省区；30万公顷以上的有黑龙江、陕西、四川、重庆等省市；27万公顷以上的有山西和云南等省；13万公顷以上的有河北、宁夏等省区。近年来，山东、河南、安徽等中原地区发展马铃薯与粮棉等间作套种，马铃薯的面积迅速增加，同时，广东、福建等稻作区的冬季休闲田也在不断扩大马铃薯的种植面积。

据联合国粮食及农业组织（FAO）数据，2005—2014年，我国马铃薯播种面积增加了76.4万公顷、总产量增加了2 465万吨。2010—2015年，我国马铃薯年均播种面积为542.5万公顷、年均产量为8 852.4万吨，分别比2005—2009年增加了44.2万公顷和1 647.6万吨，增幅分别为8.9%和22.9%。2006年我国马铃薯播种面积和产量曾经出现迅速下滑，但从2008年开始呈现出稳定增长的态势。2019年我国马铃薯种植面积为537.9万公顷，比2018年减少了5.4%；平均单产为18 449千克/公顷，比2018年提高了1.2%；总产量为9 905

万吨，比 2018 年下降了 4.2%。目前，我国马铃薯种植面积占世界总面积的 1/4，总产量占到全世界的 1/5，面积和产量均居世界首位。

第四节　马铃薯的主要栽培品种

一、马铃薯的分类

马铃薯以形态、结薯习性和其他特征进行区分、归类，有 8 个栽培种和 156 个野生种。集合相近的种作为系，相近的系作为组，相近的组作为属，又根据需要在组下面设亚组。根据霍克斯的分类，分为属、组、亚组以及系。

（一）栽培种

栽培种含二倍体、三倍体、四倍体和五倍体。其中三倍体和五倍体是不孕的，仅靠无性繁殖繁衍后代。马铃薯的 8 个栽培种如下：

（1）窄刀种（Sstenotomun Juz.et Buk）：最早栽培的二倍体种。

（2）阿江惠种（SAjanhuri Juz.et Buk）：二倍体种。

（3）多萼种（SxgoIIIocalyx Juz.et Buk）：二倍体种。

（4）富利亚种（Sphureja Juz.et Buk）：二倍体种。

（5）乔恰种（Sxchaucha Juz.et Buk）：二倍体。

（6）尤杰普氏种（SXjuzepczukii Buk）：三倍体。

（7）马铃薯种（Stuberosum L）：含两个亚种，均为四倍体。

① 安第斯亚种 [S.tubaosum ssp.andigena（Juz.et Buk）Hawkes]。

② 马铃薯亚种（S. tuberosumLh ssp. tuberosum），是马铃薯中最重要的一个种。

（8）短叶片种（S. X curtilobum Juz. etBuk）：五倍体。

（二）野生种

现已被发现的野生马铃薯共 156 个，分属于 18 个系。

马铃薯野生种的分布局限于美洲大陆。马铃薯野生种除少数六倍体和四倍体外，大多数为二倍体。在马铃薯育种中常用的野生种有落果薯（S demissum）、匍枝薯（Sstoloniferum）、无茎薯（Sacause）、恰柯薯（S chacoense）、芽叶薯（S vernei）、小拱薯（S microdontum）、球栗薯（Sbulbocastanum）等。

二、马铃薯优良品种

1. 东农 303

东农 303 由东北农业大学农学系于 1967 年用白头翁（Anemone）作母本，“卡它丁”（Katahdin）作父本杂交，1978 年育成，1986 年经全国农作物品种审定委员审定为国家级品种。该品种块茎呈长圆形，黄皮黄肉，表皮光滑；休眠期 70 d 左右，耐储藏，二季作栽培需要催芽。该品种品质较好，淀粉含量 13%～14%，粗蛋白质含量 2.52%，维生素 C 含量为 142 mg/kg，还原糖 0.03%，适合食品加工和出口。该品种产量高，春播每公顷产薯 26 865～29 850 kg，秋播每公顷产薯 13 432～14 925 kg，早熟，播种至初收 85～90 天，地膜覆盖栽培，4 月中旬即可采收。秋播，11 月可采收。该品种适应性广，在东北地区、华北、中南及广东等地均可种植，适宜出口。

2. 富金

富金由辽宁省本溪马铃薯研究所育成，2005 年通过辽宁省农作物品种审定委员会审定。该品种属早熟品种，生育期 85 d，块茎呈圆形，黄皮黄肉，表皮光滑，老熟后薯度呈细网纹状，芽眼浅，薯块大而整齐；休眠期中等，块茎干物质含量 23.5%，淀粉含量 15.68%，还原糖 0.1%，粗蛋白 2.11%，维生素 C 含量 4.8 mg/kg，平均每公顷产量 29 226 kg。该品种适应性较强，除了广大二季作区外，在北方一季作区和南方高海拔地区均可进行大面积生产，并取得了较高的收成。

3. 鲁马铃薯一号

鲁马铃薯一号由山东省农业科学院蔬菜研究所于 1976 年用“733”（克新 2 号）为母本，“6302-2-28”（Fonunax Katahdin）为父本杂交，1980 年育成，1986 年经山东省农作物品种审定委员会审定命名，并于当年推广。该品种块茎休眠期短，耐储藏。早熟，生育期 60 d 左右。食用品质较好，干物质 22.2%，淀粉含量 13%左右，粗蛋白质含量 2.1%，维生素 C 含量 192 mg/kg，还原糖 0.01%，可用于食品加工炸片和炸条。一般产量约 22 500 kg/hm^2，高产可达 45 000 kg/hm^2 左右。该品种适宜于中原二季作区种植，主要分布于山东省。

4. 费乌瑞它

费乌瑞它为荷兰品种，用 ZPC50-35 作母本，ZPC55-37 作父本杂交育成，

1980 年由农业部种子局从荷兰引入，又名津引薯 8 号、鲁引 1 号、粤引 85-38 和荷兰 15。该品种块茎呈长椭圆形，表皮光滑，芽眼少而浅，薯皮色浅黄，薯肉黄色，致密度紧，无空心，早熟，生育期 60 d，较抗旱、耐寒，耐储藏。块茎食味品质好，淀粉含量 12%～14%，粗蛋白质含量 1.6%，维生素 C 含量 136 mg/kg，还原糖 0.03%，适合炸片和炸条用。该品种适宜性较广，黑龙江、河北、北京、山东、江苏和广东等地均有种植，是适宜于出口的品种。

5. 早大白

早大白由辽宁省本溪市马铃薯研究所育成，亲本组合为五里白×74-128。薯块呈扁圆形，白皮白肉，表皮光滑，休眠期中等，耐储性一般，生育期为 60 d 以内。块茎干物质含量 21.9%，含淀粉 11%～13%，还原糖 1.2%，含粗蛋白质 2.13%，维生素 C 含量 129 mg/kg，食味中等。一般每公顷产量为 29 850 kg，高产可达 59 701 kg/hm^2 以上。该品种适宜于二季作及一季作早熟栽培，目前在山东、辽宁、河北和江苏等地均有种植。

6. 克新 1 号

克新 1 号由黑龙江省农科院马铃薯研究所于 1958 年用“374128”作母本、“疫不加”（Epoka）作父本杂交，1963 年育成，1984 年通过国家农作物品种审定委员会认定为国家级品种，1987 年获国家发明二等奖。该品种耐贮藏，中熟，生育日数 95 d 左右，蒸食品质中等。块茎干物质 18.1%，淀粉 13%～14%，还原糖 0.52%，粗蛋白质 0.65%，维生素 C 含量 144 mg/kg。一般每公顷产 22 450 kg 左右，高产可达 37 450 kg。该品种适应范围较广，适于黑龙江、吉林、辽宁、河北、内蒙古、山西、陕西、甘肃等省、自治区，南方也有省种植。

7. 陇薯一号

陇薯一号由甘肃省农科院粮食作物研究所育成。该品种块茎呈扁圆形，皮和肉淡黄色，表皮粗糙，休眠期短，耐储藏，生育期 85 d 左右。食用品质好，淀粉含量 14%～16%，粗蛋白质含量 1.55%，维生素 C 含量 105 mg/kg，还原糖 0.2%。产量为 22 500～30 000 kg/hm^2，高产达 37 500 kg/hm^2 以上。该品种适应性较广，一、二季作均可种植，主要分布在甘肃、宁夏、新疆、四川和江苏等省（区）。

8. 安农 5 号

安农 5 号由陕西省安康地区农科所育成。块茎长呈椭圆形，红皮黄肉，表皮光滑，休眠期短，耐储藏，食用品质好，淀粉含量 12%～18%，粗蛋白质含量 2.28%，维生素 C 85 mg/kg，还原糖 0.5%左右，产量 22 500 kg/hm^2 左右，高产达 37 500 kg/hm^2 以上。该品种适宜于二季作及间套作，在陕西、四川等省均有栽培。

9. 冀张薯 3 号（无花）

冀张薯 3 号（无花）由河北省张家口市坝上农科所从荷兰品种奥斯塔拉（Ostara）的组织培养变异植株中选育而成，1994 年经河北省农作物品种审定委员会审定推广，并定名。块茎呈椭圆形，皮肉均为黄色，芽眼少而浅，商品薯率在 80%以上；休眠期中等，储藏性较差，生育期 100 d 左右。块茎食用品质中等，干物重 21.9%，淀粉含量 15.1%，粗蛋白质 1.55%，维生素 C 含量 212 mg/kg，还原糖 0.92%。该品种适合北方一季作区和西南山区种植，目前在河北、山东和北京等地种植。

10. 宁薯 5 号

宁薯 5 号是宁夏回族自治区固原地区农业科学研究所育成的品种，1994 年经宁夏回族自治区农作物品种审定委员会审定为推广品种。块茎呈圆形，黄皮白肉，休眠期较短，冬储期间易发芽，宜进行低温贮藏。品质优良，食用口感好，干物重一般在 23.5%，淀粉含量 15.1%，蛋白质 3.2%，还原糖 0.13%。产量为 24 000 kg/hm^2，高产田达 30 000 kg/hm^2 以上。该品种适宜在宁夏南部山区和半干旱地区种植。

11. 晋薯 7 号

晋薯 7 号是山西省农科院高寒作物所育成的品种。块茎呈扁圆形，黄皮黄肉，表皮光耀，大而整齐。休眠期较长，耐储藏。食用品质好，淀粉 17.5%，粗蛋白质 2.51%，维生素 C 含量 140 mg/kg，产量达 22 500～30 000 kg/hm^2，最高达 60 000 kg/hm^2。该品种适合半干旱一季作区种植。

12. 渭薯 1 号

渭薯 1 号由甘肃省渭源会川农场育成。块茎呈长形，白皮白肉，中等大小，表皮光滑，含淀粉 16%左右，产量达 30 000 kg/hm^2 左右。该品种适合一季作地区栽培，在河北、甘肃和宁夏等地均有种植。

13. 互薯 202

互薯 202 由青海省互助土族自治县农技推广中心育成。块茎呈扁椭圆形，皮肉浅黄，表皮光滑，耐旱，耐霜冻，耐雹灾，薯块含淀粉 20%左右，还原糖 0.865%，产量达 30 000 kg/hm^2。该品种适合在青海种植，其他地区可以试种。

14. 大西洋（Atlantic）

大西洋是美国从 Wauseon XB5141-6 杂交后代中选育的，1978 年由美国农业部审定，1980 年由我国农业种子局引进。块茎呈圆形，大中薯率高且整齐，薯皮浅黄，有麻点网纹，薯肉白色，耐储藏，生育期 100 d 左右，干物质 23%，淀粉含量 18%左右，还原糖 0.16%以下，是炸片的最佳品种，产量达 22 500 kg/hm^2 左右。该品种适合一季作区或二季作区种植。

15. 春薯 3 号

春薯 3 号是吉林省蔬菜研究所育成的品种，1989 年经吉林省农作物品种审定委员会审定为推广品种，并命名。块茎呈圆形，黄皮白肉，表皮有网纹，中等大的块茎多，休眠期较长，耐储藏，食用品质好，淀粉含量 18%以上，产量达 30 000 kg/hm^2 左右，高产达 50 550 kg/hm^2。该品种适应性广，在内蒙古、辽宁、吉林和四川等省（区）种植，其他一季作区可试种。

16. 台湾红皮（Cardinal）

台湾红皮生育期 105 d，中晚熟高产品种，结薯期早，块茎膨大快，薯形呈椭圆形，红皮、黄内，表皮较粗糙，芽眼浅，一般每公顷产 24 002 kg，最高可达 37 450 kg 以上，商品薯率 90%以上；适应性和抗旱性较强，休眠期较长，耐贮性中上等，干物质含量中等，淀粉较高，还原糖 0.108%。品质坚实，口味好。油炸色泽较好，适于炸片生产和鲜食利用，特别受到我国香港地区和东南亚市场的欢迎。该品种适宜内蒙古呼盟、乌盟少数旗县，河北张家口地区和东北少数地区，华北、西北干旱地区一季作区栽培，也适宜广东、福建冬季栽培。

17. 泉引 1 号

泉引 1 号由泉州市农科所育成，2005 年通过福建省农作物品种审定委员会审定。该品种属早熟品种，薯形扁圆，薯皮淡黄色，薯肉白色，表皮光滑。块茎干物质含量 23.5%，淀粉含量 18.22%，还原糖 0.12%，维生素 C 含量 176 mg/kg，粗蛋白 2.2%，食味上等。经切片油炸试验，外观好，松脆可口，炸片成品质量鉴评优，其炸片加工品质符合质量要求。该品种适合福建省冬作区种植。

18. 布尔斑克（Burbank）

布尔斑克由农业部种子局从美国引入。薯块麻皮较厚，呈褐色，白肉，芽眼少而浅；耐储性良好，生育期 120 d 左右；含淀粉 17%，还原糖含量低于 0.2%；产量达 15 000 kg/hm^2 左右。该品种适合北方一季作干旱、半干旱、有灌溉条件的地区种植。

19. 晋薯 13 号

晋薯 13 号由山西省农科院高寒作物研究所选育，2004 年 1 月经山西省品种审定委员会审定通过。薯块呈圆形，黄皮淡黄肉，大中薯率达 80%左右；淀粉含量 15%左右，干物质含量 22.1%，维生素 C 含量 131 mg/kg，还原糖含量 0.40%，粗蛋白 2.7%，耐储藏。该品种产量高，抗病性强，抗旱耐瘠，平均产量 30 000 kg/hm^2 左右。该品种适应范围较广，在山西、河北、内蒙古、陕西北部、东北大部分地区一季作区种植。

20. 云薯 101

云薯 101 由云南省农业科学院马铃薯研究开发中心选育，2004 年 10 月经云南省农作物品种审定委员会审定命名。块茎呈圆形，表皮光滑，芽眼较浅，淡黄皮淡黄肉，休眠期较短；商品薯率 85.7%，蒸食品质优；干物质含量 27.6%，淀粉含量 21.55%，蛋白质含量 2.37%，还原糖含量 0.21%；平均产量 37 455 kg/hm^2 左右。该品种适宜在云南省东川区、寻甸县、昭阳区、鲁甸县等高海拔马铃薯产区及生态气候条件与这些地区类似的地区推广种植。

第二章　马铃薯的营养与贮藏特性

第一节　马铃薯块茎的化学组成

马铃薯块茎的化学成分随品种、土壤-气候条件、耕种技术、贮存条件及贮存时间等原因而有不同的变化。马铃薯块茎的化学组成一般为：水分 77.5%（63.2% ~ 86.9%），总固形物 22.5%（13.1% ~ 36.8%），蛋白质 2.0%（0.7% ~ 4.6%），脂肪 0.1%（0.02% ~ 0.96%），总碳水化合物 19.4%（13.3% ~ 30.53%），粗纤维 0.6%（0.17% ~ 3.48%），灰分 1.0%（0.44% ~ 1.90%）。

一、淀粉

淀粉占马铃薯块茎干重的 65% ~ 80%。早熟马铃薯品种中所含淀粉比晚熟品种多。在干旱期间生长的马铃薯中积累的淀粉量比在多雨及寒冷期生长的马铃薯积累的淀粉多，但是，在温暖天气里降雨量的增加会促进淀粉含量的提高。同一种品种的马铃薯各块茎的淀粉含量也有不同，一般来讲，中等个头的马铃薯块茎中含有的淀粉较多。

在马铃薯块茎中，维管束环附近的淀粉含量最多，从维管束环由外向内淀粉含量逐渐减少，皮层比外髓部多，块茎基部比顶端多，顶端的中心淀粉含量极少。这种分布很有规律，而且与块茎的大小有关。在块茎中，淀粉以显微可见的淀粉粒状态位于薄壁组织细胞内壁表面的白色体中。马铃薯淀粉粒呈椭圆形，平均大小为 100 μm×65 μm，比谷物淀粉粒大得多。

马铃薯淀粉由直链淀粉和支链淀粉组成。支链淀粉占淀粉总量的 80%左右。马铃薯淀粉的灰分含量比禾谷类作物淀粉的灰分含量高 1 ~ 2 倍，且其灰分中平均有一半以上的磷，马铃薯干淀粉中五氧化二磷平均含量为 0.15%，比禾谷类作物淀粉中磷的含量要高出几倍。磷含量与淀粉黏度有关，含磷越多，黏度越大。

二、糖分

马铃薯糖分含量变化可从微量到约占块茎干重的 10%，或占非淀粉固形物的 1/3～1/2。收获后贮藏期间，影响马铃薯含糖量的主要因素有两个：品种和温度。一般而言，相对密度低的品种比相对密度高的品种积累更多的糖分，刚收获的成熟块茎可能只含有微量的糖分，然而有些品种在完全成熟之前收获，糖分含量约达 1.5%。

马铃薯中的单糖、双糖是块茎汁的组成部分，主要是蔗糖、葡萄糖和果糖。新收获的马铃薯中有一半以上的糖是葡萄糖，1/3 是蔗糖，只有 5%左右是果糖。在淀粉生产中，这些糖随着马铃薯汁（细胞液）一起排出。尚有部分糖残留在未被弄破的块茎细胞中，最后与渣滓一起排出。

三、非淀粉多聚糖

马铃薯含有非淀粉多聚糖，这些多聚糖大部分是块茎细胞壁的组分和胞间黏结物质，可将其分成粗纤维、纤维素、果胶类物质、半纤维素和其他多聚糖。

（一）粗纤维

粗纤维是指块茎在去除所有可溶物及大部分淀粉与含氮成分之后的干物质，主要包括木质素和木栓质（削下薯皮的成分）在内的细胞壁组分。马铃薯粗纤维含量平均约占干重的 1%；成熟和收获后贮藏期间，粗纤维增加。

（二）纤维素

纤维素存在于细胞壁支撑性膜中，占马铃薯内非淀粉多聚糖的 10%～20%。纤维素是构成块茎细胞壁的主要物质。其中大部分含于皮层里。在淀粉生产中，纤维素几乎全部随着渣滓从生产过程中排出。马铃薯中的纤维素含量太高会导致产生的渣滓增多，因而使淀粉的损失增加。

（三）半纤维素

半纤维素是细胞壁组分，由混合在一起的糖苷链组成；糖苷链包含葡糖醛酸与木糖结合及半乳糖醛酸与阿拉伯糖结合。据已有报道，马铃薯总粗多糖中，约有 1%是以半纤维素形式存在的。

（四）果胶物质

果胶物质主要是原果胶，它是不溶于水的化合物。在块茎中，原果胶是与组织细胞相缔结的。大量的果胶物质含在皮层内。果胶的平均含量为马铃薯重量的 0.7%左右。

四、含氮物质

马铃薯总氮介于干重的 1%～2%。维管组织部位的氮极少，但从该部位到中心部位和到削皮部位距离越远，氮含量越多。因此，淀粉和氮的分布呈反比关系。一般认为，环境因素对氮含量的影响比品种大。现已发现，高氮含量与成熟好、施用厩肥、缺钾以及某些病毒病有关。大量证据显示，收获后贮藏期间，没有发芽前的总氮几乎没有变化。

马铃薯中的含氮物质主要是蛋白质及游离氨基酸，两者之比为 2∶1～1∶1。它们主要分布于马铃薯的皮层、与皮层相联结的层次及块茎的果肉中。马铃薯蛋白质中含有 9 种必需氨基酸和 8 种非必需氨基酸。鲜马铃薯中必需氨基酸平均值为 302.44 mg/（g·pro），非必需氨基酸平均值为 436.93 mg/（g·pro），含量相对较高的是天冬氨酸，含量最低的是苯丙氨酸。马铃薯中游离氨基酸有 20 多种，天冬酰胺和谷氨酸盐以近乎相同的量存在，且共占整个氨基酸的一半。谷氨酸盐与马铃薯的外层有关，天门冬酰胺与马铃薯的内层有关。马铃薯贮藏期间，游离氨基酸变化相当小。

马铃薯蛋白的营养价值高是因为必需氨基酸含量高，如赖氨酸、苏氨酸和色氨酸。赖氨酸含量高使马铃薯作为主食非常具有吸引力，谷物蛋白如作为主食的大米和小麦缺乏赖氨酸，因此将马铃薯作为主食正好能弥补米饭、面条和馒头等的缺陷。马铃薯蛋白也并非十全十美，马铃薯蛋白中蛋氨酸和半胱氨酸的含量都很低，其中半胱氨酸含量低对其加工成面条、馒头的加工性能造成了严重的不利影响。有研究报道，马铃薯蛋白含硫氨基酸含量低的缺陷可以通过分子育种技术来解决。

其他含氮组分包括谷胱甘肽、朊间质、胨、胆碱、乙酰胆碱、尸胺、腺嘌呤、次黄嘌呤、尿囊素和硝酸盐等。

五、矿物质

马铃薯的矿物质（灰分）平均含量为 1%。矿物质包含在全部细胞及组织的结构元素成分中。马铃薯的灰分组成如表 2-1 所示，氧化钾占一半以上，其次是含磷、钠、氯的化合物。除此之外，在块茎中还含有硫、镁、钙、铁及其他元素。

表 2-1　马铃薯的灰分组成

灰分	含量/%	灰分	含量/%
K_2O	56.0（43.95 ~ 73.61）	Na_2O	3.0（0.07 ~ 16.93）
P_2O_5	15.0（6.83 ~ 27.14）	CaO	1.5（0.42 ~ 8.19）
SO_3	6.0（0.44 ~ 10.69）	SiO_2	1.0（0.16 ~ 8.11）
MgO	4.0（1.32 ~ 13.58）		

六、有机酸

马铃薯细胞液的酸度取决于块茎中有机酸的含量。块茎中的有机酸含量为 0.1% ~ 1.0%，主要有乳酸、琥珀酸、草酸、苹果酸、酒石酸、丙醇二酸、柠檬酸、异柠檬酸、乌头酸、α-酮戊二酸、植酸、咖啡酸、金鸡纳酸、绿原酸等，其中主要是柠檬酸。

七、脂肪

马铃薯块茎中的脂肪含量为 0.04% ~ 1.0%，平均 0.2%，主要由甘油三酸酯、棕榈酸、豆蔻酸及少量亚油酸和亚麻酸组成。早熟马铃薯比晚熟马铃薯中含脂类多。周皮中脂类最多，维管贮藏薄壁细胞和髓中最少。

八、龙葵素

龙葵素（茄碱）是由葡萄糖残基和茄啶组成的一种弱碱性糖苷，包含游离茄啶和多种糖苷混合物。糖苷中最重要的是 α-卡茄碱，其糖序列为葡萄糖-鼠李糖-鼠李糖。其他存在于马铃薯中的茄啶糖苷的糖序列如下：α-卡茄碱、葡萄糖-鼠李糖；γ-卡茄碱、葡萄糖；α-茄碱、半乳糖-葡萄糖-鼠李糖；β-茄碱、半乳糖-葡萄糖；γ-茄碱、半乳糖。一般情况下，鲜马铃薯中的茄碱含量为 0.05 ~ 0.07 mg/kg。低量茄碱不但对人体无害，而且可控制胃液分泌过量，缓解胃痉挛。但当马铃薯发芽经光照后，茄碱含量可达 1 ~ 2 mg/kg。高茄碱含量会引起人、畜中毒。茄碱中毒潜伏期为数十分钟至数小时。中毒症状轻者感到舌、喉麻痒，恶心、呕吐、腹痛、腹泻、体温升高；严重者抽搐、丧失意志，甚至死亡。食用轻度发芽的马铃薯时，应挖去发芽部分，做菜时先切成丝、片放入水中浸泡 30 min 左右，使茄碱溶于水中。发芽严重的马铃薯，茄碱含量过高，不宜食用。

第二节　马铃薯的营养价值与用途

一、马铃薯的营养价值

马铃薯块茎中含有丰富的淀粉和对人体极为重要的营养物质，如蛋白质、糖类、矿物质、盐和多种维生素等。马铃薯中除脂肪含量较少外，其他物质如蛋白质、碳水化合物、铁和维生素的含量均显著高于小麦、水稻和玉米。每 100 g 新鲜马铃薯块茎能产生 356 J 的热量，如以 2.5 kg 马铃薯块茎折合 500 g 粮食计算，它的发热量高于所有的禾谷类作物。马铃薯的蛋白质是完全蛋白质，含有人体必需的 8 种氨基酸，其中赖氨酸的含量较高，每 100 g 马铃薯中的含量达 93 mg，色氨酸也达 32 mg。这两种氨基酸是其他粮食作物所缺乏的。马铃薯淀粉易被人体所吸收，其维生素的含量与蔬菜相当，胡萝卜素和抗坏血酸的含量丰富，每 100 g 马铃薯中的含量分别为 40 mg 和 20 mg。美国农业部研究中心的研究报告指出："作为食品，牛奶和马铃薯两样便可提供人体所需要的营养物质。"而德国专家指出，马铃薯为低热量、高蛋白、多种维生素和矿物质元素食品，每天食进 150 g 马铃薯，可摄入人体所需的 20%维生素 C、25%的钾、15%的镁，而不必担心人的体重会增加。

马铃薯不但营养价值高，而且还有较为广泛的药用价值。《神农本草经》称马铃薯具有补虚羸、除邪气、补中益气、长肌肉之效。《湖南药物志》记载："补中益气，健脾胃，消炎。"《食物中药与便方》记载："和胃，调中，健脾，益气。"马铃薯的蛋白质中含有大量的黏体蛋白质，能预防心血管系统的脂肪沉积，保持动脉血管的弹性，阻止动脉粥样硬化过早发生，防止肝脏和肾脏中结缔组织的萎缩，保持呼吸道、消化道的滑润，对肾脏病、高血压有良好的食疗效果。马铃薯中含有大量的优质纤维素，在肠道内可以供给肠道微生物大量营养，促进肠道微生物生长发育，促进肠道蠕动，保持肠道水分，有治疗胃弱、胃溃疡、预防便秘和防治癌症等作用。马铃薯中含有的钾、锌、铁微量元素，可预防脑血管破裂，同时钾对调解消化不良又有特效。马铃薯所含的营养成分在人体抗老防病过程中也有着重要作用。据研究发现，每周吃 5 ~ 6 个马铃薯，可使中风概率下降 40%。同时，马铃薯也是癌症患者较好的康复食品。食用马铃薯全粉或马铃薯泥可止吐、助消化、维护上皮细胞，能缓解致癌物在体内的毒性。由于马铃薯富含维生素和花青素，食用马铃薯可预防与自由基有关的疾病，包括癌症、心脏病、过早衰老、中风、关节炎等。俄罗斯的营养专家曾对莫斯科市 1 200 人进行调查，结果表明，平时常吃马铃薯的人比不吃马铃薯的人患流感、传染性肝炎、痢疾、伤寒、霍乱等传染病的概率低 72.4%。

马铃薯淀粉在糊化之前属于抗性淀粉，几乎不能被消化吸收，糊化之后很容易被消化吸收，糊化过后返生的马铃薯淀粉可视为膳食纤维，同样不能被消化吸收。抗性淀粉具有多种功效，能够降低糖尿病患者餐后的血糖值，从而有效控制糖尿病；可增加粪便体积，对于便秘、肛门直肠等疾病有良好的预防作用；还可将肠道中有毒物质稀释，从而预防癌症的发生。

富钾是马铃薯的重要特征之一，钾元素对人体具有重要作用，适量的钾元素能够维持体液平衡，另外钾元素对维持心脏、肾脏、神经、肌肉和消化系统的功能也具有重要作用。经常食用马铃薯对低钾血症、高血压、中风、肾结石、哮喘等疾病具有良好的预防和治疗效果。钾能够使人体内过剩的钠排出体外，因此，常吃马铃薯有助于预防因摄入钠盐过多而导致的高血压。

除了含有维生素和矿物质以外，马铃薯块茎中还含有一些小分子复合物，其中很多为植物营养素。这些植物营养素包括多酚、黄酮、花青素、酚酸、类胡萝卜素、聚胺、生物碱、生育酚和倍半萜烯。马铃薯中酚类物质含量丰富，其大部分酚类物质为绿原酸与咖啡酸。一项研究评估在美国饮食中的 34 种水果和蔬菜对酚类摄入量所做的贡献，最后得出结论，马铃薯是继苹果和橘子之后的第三个酚类物质的重要来源。

二、马铃薯的用途

（一）粮食和蔬菜作物

马铃薯在日常消费中形式多样、特色各异。作为蔬菜，它不仅能独立成菜，也可与多种食材搭配，佐各式主餐；作为水果，它清爽简单，鲜美平和，符合追求健康生活的消费者的意愿；作为主粮，它营养丰富，特别是富含维生素、矿物质、膳食纤维等成分，能满足消费结构升级和主食文化发展的需要。欧洲人的“杰克烤马铃薯”曾经是工人的美食，价廉且便捷，更能节省时间，加快了机械时代的前进步伐；薯条、薯片更成为西式快餐的主角，风靡全球；洋芋擦擦、洋芋饼则是具有浓郁中国西部特色的美味佳肴。无论是欧洲或美洲，还是亚洲和非洲，几乎每一家的食单上，马铃薯都赫然在列。

据初步统计，马铃薯可做成近 500 道味道鲜美、形色各异的食品，创各种菜肴烹饪技艺之最。其中著名的菜肴和食品有：俄罗斯的马铃薯烧牛肉、马铃薯炒洋葱、咖喱马铃薯肉片；美国的马铃薯甜圈、巧克力马铃薯糕、炸薯片、炸薯条；法国的马铃薯夹心面包、马铃薯肉饼；德国的炸薯条；我国的拔丝土豆、土豆炖肉等。马铃薯的吃法很多，不仅可作主食和蔬菜，也可作馅儿，能凉拌或做成沙拉等，更能加工成食品原料，如淀粉、全粉、薯泥等。在欧美等发达国家，马铃薯多以主食形式消费，并颇得消费者青睐，已成为日常生活中不可缺少的重要食物之一。在美国，每年人均马铃薯消费量为 65 kg，仅次于小麦。马铃薯加工制品的产量和消费量约占总产量的 76%，马铃薯食品多达 90 余种，市场上马铃薯食品随处可见。在俄罗斯，马铃薯享有“第二面包”的美称。俄罗斯是马铃薯消费大国，俄罗斯人几乎一年四季每顿饭都离不开马铃薯，烤马铃薯、马铃薯烧牛肉风靡全国，每年人均马铃薯消费量为 100 kg，几乎与主粮的消费量差不多。

（二）加工方面

马铃薯全粉低脂肪、低糖分，维生素 B_1、维生素 B_2、维生素 C 含量高并含有矿物质钙、钾、铁等营养成分，可制成婴儿或老年消费者理想的营养食品，而且易与其他食品加工原料混合，加工出营养丰富、口感独特的食品，如复合薯片、膨化食品、婴儿食品、快餐食品、速冻食品、方便土豆泥、油炸薯片（条）及鱼饵等，也是饼干、面包、香肠加工的添加料，对调整食品营养结构及提高经济效益有显著促进作用。马铃薯淀粉及其衍生物可作为纺织、造纸、化工、建材等众多领域的添加剂、增强剂、黏结剂、稳定剂等。在医药上，马铃薯是生产酵母、多种酶、维生素、人造血液、葡萄糖等的主要原料。据资料介绍，每 1 000 kg 马铃薯一般可制成干淀粉 140 kg 或糊精 100 kg，或合成橡胶 15 ~ 17 kg。以单位面积做比较，每公顷所产马铃薯可制造酒精 1 660 L，而大麦仅可制造 360 L。随着近年来加工业的发展，马铃薯冷冻食品、油炸食品、脱水食品、膨化食品及全粉的生产等相继兴起，因而马铃薯的加工产值会得到进一步的提高。

（三）畜牧业方面

马铃薯是一种良好的饲料，不仅块茎可做饲料，其茎叶还可做青贮饲料和青饲料。我国广大农村多用屑薯或带有机械伤口块茎煮熟后喂猪，用鲜薯做多汁饲料喂牛和羊，把块茎切碎混拌上糠麸充做家禽饲料等。据试验每 50 kg 块茎用以喂猪，可长肉 2.5 kg；用以喂奶牛可产牛奶 40 kg 或奶油 3.6 kg。对家禽而言，马铃薯的蛋白质很容易消化，是有较好价值的饲料。在单位面积内，马铃薯可获得的饲料单位和可消化的蛋白质数量是一般作物所不及的。

（四）其他方面

马铃薯的收获指数高达75%～85%（比禾谷类高50%），其茎叶是很好的绿肥，所含氮、磷、钾均高于紫云英。因此，马铃薯在作物轮作制中是肥茬，宜做各种作物的前作。当其他作物在生育期间遭受严重的自然灾害而无法继续种植时，马铃薯则又是良好的补救作物。马铃薯还有很强的适应性，它对土壤的要求不是特别严格，土壤pH 4.8～7.1都能正常发育，能适应不同的生态类型，在一些不适宜种植水稻、小麦的地方种植马铃薯，也能获得较好的产量。马铃薯又是理想的间、套、复种的作物，可与粮、棉、菜、烟、药等作物间套复种，能有效提高土地与光能利用率，增加单位面积产量。

第三节　马铃薯的贮藏

一、马铃薯贮藏前管理

（一）适时收获

1. 收获期确定

依据成熟度、农药使用情况、气候、市场及后作农时等因素确定收获期。

2. 收前控水

收获前使土壤湿度控制在60%，保持土壤通气环境，防止田间积水，避免收获后烂薯，提高耐贮性。

3. 收获天气

选择晴天或晴间多云天气收获，以免雨天拖泥带水，既不便收获、运输，又影响商品品质，同时又容易因薯皮损伤而导致病菌入侵，发生腐烂或影响贮藏。

4. 收获方法

机械收获、犁翻、人工挖掘均可，要尽量减少机械损伤。收获后既要避免烈日暴晒、雨淋，又要晾干表皮水汽，使皮层老化。预贮场所要宽敞、阴凉，不要有直射光线（暗处），堆高不要超过50 cm，要通风，有换气条件。

（二）包装运输

马铃薯贮藏时可按品种类型、薯块大小、整齐程度以及规格质量进行分级包装。包装物可以选用编织袋、纸袋、塑料袋以及筐、箱。短途运输可用汽车或中小型拖拉机及人力三轮车等工具，包装以筐装为主，也可散装；中长途运输以汽车、火车为运输工具，以麻袋或编织袋及筐、箱等包装。运输时要防高温、防潮、防冻，尽量避免机械损伤。

（三）抑芽处理

1. 预处理

薯块在收获后，可在田间就地稍加晾晒，散发部分水分，以便贮运。一般晾晒 4 h，就能明显降低贮藏发病率，日晒时间过长，薯块将失水萎蔫，不利于贮藏。夏秋季节收获的马铃薯都需先堆放在阴凉通风的室内、棚窖内或荫棚下预贮，然后进行挑选，剔除病害、机械损伤、萎蔫、腐烂薯块。在搬运中最好整箱或整垛移动，尽量避免机械损伤。

2. 防腐处理

苯诺米尔、噻苯咪唑、氨基丁烷熏蒸剂等多用于马铃薯的防腐保鲜及果蔬加工中。仲丁胺也是一种新型的安全的仿生型马铃薯防腐剂，洗薯时，每千克 50%的仲丁胺商品制剂用水稀释后，可洗块茎 20 000 kg；熏蒸时，按每立方米薯块 60 mg ~ 14 g 50%仲丁胺使用，熏蒸时间 12 min 以上，防腐效果良好。

3. 抑制发芽处理

根据马铃薯的休眠特性，自然度过休眠期后，它就具备了发芽条件，特别是温度条件在 5 °C 以上就可以发芽，而且在超过 5 °C 的条件下，长时间贮藏更有利于它度过休眠期。然而，加工用薯的贮藏，又需要 7 °C 以上的窖温，因而很容易造成大量块茎发芽，影响块茎品质，降低使用价值。

（1）抑芽剂的剂型。马铃薯抑芽剂的有效成分是氯苯胺灵（CIPC），按物理状态分为两种剂型：一种是粉剂，为淡黄色粉末，无味；另一种是气雾剂，为半透明稍黏的液体，稍微加热后即挥发为气雾。

（2）施用时间。用药时间在块茎解除休眠期之前，即将进入萌芽时是施药的最佳时间。同时还要根据贮藏的温度条件做具体安排。比如窖温一直保持 2 ~ 3 °C，温度就可以强制块茎休眠，在这种情况下，可在窖温随外界气温上升到 6 °C 之前施药。如果窖温一直保持在 7 °C 左右，可在块茎入窖后 1 ~ 2 个月的时间内施药。一般来说，从块茎伤口愈合后（收获后 2 ~ 3 周）到萌芽之前的任何时候，都可以施用，均能收到抑芽的效果。

（3）剂量。用粉剂，以药粉质量计算。比如用 0.7 %的粉剂，药粉和块茎的质量比是（1.4 ~ 1.5）∶1 000；若用 2.5%的粉剂，药粉和块茎质量比是（0.4 ~ 0.8）∶1 000。

用气雾剂，以有效成分计算，浓度以 3/100 000 为好。按药液计算，每 1 000 kg 块茎用药液 60 mL。还可以根据计划贮藏时间，适当调整使用浓度。贮藏 3 个月以内（从施药算起）的，可用 2/100 000 的浓度；贮藏半年以上的，可用 4/100 000 的浓度。

（4）施药方法。

① 粉剂施法。根据处理块茎数量的多少，采取不同的方法。如果处理数量在 100 kg 以下，可把药粉直接均匀地撒于装在筐、篓、箱或堆在地上的块茎上面。若数量大，可以分层撒施。有通风管道的窖，可将药物粉末随鼓入的风吹进薯堆里边，并在堆上面撒一些，也可用手撒或喷粉器将药粉喷入堆内。药粉有效成分挥发成气体，便可起到抑芽作用。无论采用哪种方法，撒上药粉后都要密封 24 ~ 48 h。处理薯块，数量少的，可用麻袋、塑料布等覆盖，数量大的要封闭窖门、屋门和通气孔。

② 气雾剂施法。气雾剂目前只适用于贮藏 10 t 以上并有通风道的窖内。用 1 台热力气雾发生器（用小汽油机带动），将计算好数量的抑芽剂药液，装入气雾发生器中，开动机器加热产生气雾，使之随通风管道吹入薯堆。等药液全部用完后，关闭窖门和通风口，密闭 24 ~ 48 h。

（5）注意事项。抑芽剂有阻碍块茎损伤组织愈合及表皮木栓化的作用，所以块茎收获后，必须经过 2 ~ 3 周的时间，使损伤组织自然愈合后才能施用。切忌将马铃薯抑芽剂用于种薯和在种薯贮藏窖内进行抑芽处理，以防止影响种薯的发芽，给生产造成损失。

二、马铃薯的贮藏方法

（一）马铃薯贮藏的形式

1. 埋藏法

秋薯收后置于阴凉处，避光堆放，待外界气温接近 0 °C 时贮藏。贮藏沟深 1.5 ~ 2 m、宽 1 ~ 1.5 m，长度不限。

块茎入沟中，每 30 ~ 40 cm 上覆 10 cm 厚的一层干沙，共埋 3 层。最上面盖上稻草，再随着气温下降陆续覆土。覆土总厚度不能小于当地的冻土层，一般为 60 ~ 80 cm。

2. 夏季堆藏法

夏季收获后置于阴凉、避风处，堆厚 30 ~ 40 cm，经 15 ~ 20 d，待表皮充分干燥和老化、愈伤组织形成后即可堆藏。

块茎堆放在通风良好的室内或通风贮藏库中，堆高在 50 cm 以下，每隔 1 ~ 2 m 设一通风筒。有条件时，装筐码垛最好，贮藏期间要经常检查，淘汰烂者，并注意通风。

3. 窖藏法

块茎收获后，堆于阴凉处，避光晾 5 ~ 7 d。待外界温度接近 0 °C 时，入窖贮藏。窖藏的形式在土质较黏重的地区可采用井窖窖藏法，每窖室可贮藏 3 000 kg。在有土丘或山坡地的地方，可采用窑窖贮藏。以水平方向向土崖挖成窑洞，洞高 2.5 m、宽 1.5 m，长 6 m，窖顶呈拱圆形，底部也有倾斜度，与井窖相同，每窖可贮藏 3 500 kg。

井窖和窑窖利用窖口通风并调节温湿度，因此窖内贮藏不宜过满。入窖初期，要加强通风，降低温度；深冬应注意保温防冻，维持窖内 2 ~ 4 °C 的温度和 90%的相对湿度。如管理得当，窖温稳定，贮藏效果才会好。另外，东北地区多采用棚窖贮藏，棚窖与大白菜窖相似，深 2 m、宽 2 ~ 2.5 m、长 8 m，窖顶为秫秸盖土，共厚 0.3 m。天冷时再覆盖 0.6 m 秫秆保温。窖顶一角开设一个 0.5 m×0.6 m 的出入口，也可做放风用。每窖可贮藏 3000 ~ 3500 kg 薯块。黑龙江地区马铃薯 10 月份收获，收获后随即入窖，薯堆高 1.5 ~ 2 m。吉林 9 月中下旬收获后经短期预贮，10 月下旬再移入棚窖贮藏。冬季薯堆表面要覆盖秸秆防寒。

4. 通风库贮藏法

通风贮藏库应事先用福尔马林熏蒸消毒。马铃薯收后稍晾即入库。堆高 0.8 ~ 1.5 m，宽 2 m。每隔 2 ~ 3 m 垂直放一个通风筒，以利通风散热。入库后 2 个月，按每 5 000 kg 块茎，取 98%的萘乙酸甲酯或乙酯 150 g，溶于 300 g 丙酮或酒精中，再拌入 10 ~ 12.5 kg 细土中，然后将药物均匀撒在薯块上。撒后在薯块上封一层纸或麻布，使药物在较密闭的环境中挥发。以此可防止薯块发芽，减少损失。

（二）贮藏方法

为提高贮藏效果，必须对马铃薯采取一些预处理措施。

1. 晾晒

薯块收获后，可在田间就地稍加晾晒，散发部分水分，以便贮运。一般晾晒 4 h，就能明显降低贮藏发病率。日晒时间过长，薯块将失水萎蔫，不利于贮藏。

2. 预贮

夏秋季节收获的马铃薯都需先堆放在阴凉通风的室内、棚窖内或荫棚下预贮。为便于通风散热和翻倒检查，预贮堆不宜过大（高不超过 0.5 m，宽不超过 2 m），并在堆中设通风管。为避免阳光照射，可在薯堆上加覆盖物遮光。

3. 挑选

马铃薯在预贮后要进行挑选，剔除病害、机械损伤、萎蔫、腐烂薯块。

4. 药物处理

用化学药剂进行适当处理，可抑制薯块发芽，同时还有一定的杀菌防腐作用。在马铃薯收获前 2 ~ 4 周内，用 0.25%的青鲜素水溶液进行叶面喷洒，可抑制薯块在贮藏期间的发芽。但需在薯块肥大期进行田间喷洒，喷洒过早或过晚，药效都不明显，尤其在雨季喷洒时，要注意药液在植株上的运转速度。试验证明，青鲜素在春作薯叶上需要 48 h，在秋作薯叶上需要 72 h，才能发挥抑芽的作用。在此期间，若遭雨淋，药效会明显下降，应当重喷。

用高浓度的萘乙酸甲酯（或乙酯）处理马铃薯块，可防止其发芽。处理方法是：将 98%的纯萘乙酸甲酯 15 g 溶解在 30 g 丙酮或酒精中，再缓缓拌入预先准备好的 1 ~ 1.25 kg 的细泥中，尽快充分拌匀后装入纱布或粗麻布袋中，然后均匀地撒在 500 kg 薯块上。注意：药物要现配现用，撒药越均匀越好。药物处理的时间，一般在收获后的 2 个月左右比较适宜，即在薯块的休眠中期处理，用药过晚则效果不佳。

5. 辐射处理

用 ^{60}Co 射线，辐射剂量为 2.06 ~ 5.16 C/kg 照射薯块，有明显的抑制发芽的效果。各地贮藏马铃薯的形式多样，南方多室内堆藏，北方多埋藏、窖藏、通风库贮藏，若条件允许用冷库贮藏效果更好。

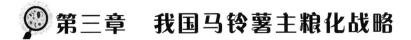

第三章　我国马铃薯主粮化战略

第一节　我国粮食安全现状

一、粮食安全的重要性概述

（一）粮食安全含义解读

1972—1973 年，世界谷物连年减产，导致发生了第二次世界大战以后最严重的粮食危机。1974 年 11 月，世界粮农组织（FAO）在罗马召开了第一次世界粮食首脑会议，会议通过了《世界粮食安全国际约定》，并第一次提出了“粮食安全”（Food Security）的概念，即“保证任何人在任何时候都能得到为了生存和健康所需要的足够食品”。此时的粮食安全的概念倡导发展粮食生产和建立粮食安全储备系统。1983 年 4 月世界粮农组织粮食安全委员会对“粮食安全”这一概念又做了新的诠释，即“确保所有人在任何时候，既能买得到，又能买得起他们需要的基本食物”。1996 年 11 月 13—17 日在罗马召开了第二次世界粮食首脑会议，会议通过了《世界粮食安全罗马宣言》和《世界粮食首脑会议行动计划》。此次会议又对“粮食安全”概念做了新的补充，即“粮食安全是指所有人在任何时候都能够在物质上和经济上获得充足、安全、富有营养的粮食，来满足其积极和健康生活的膳食需要及食物喜好”。2007 年罗马有机农业和粮食国际安全会议对粮食安全给出了新的定义，其内容主要有：① 充足的粮食供应。通过国内生产或进口，得到充足的优质粮食。② 确保获得粮食的机会。每个人为得到营养的膳食而获得充足资源的机会。③ 保障粮食供应的稳定性。一个民族、一个家庭或个人必须在任何时候都能获得适当的粮食。④ 粮食的合理利用。通过合理的膳食、清洁饮用水、卫生和保健利用粮食，达到满足生理健康所需的营养平衡状况。

我国有学者认为，粮食安全的基本内涵需具有 3 个方面的内容：一是包括粮食生产、进口、储备能力等的物质保障能力和水平；二是包括粮食的有效需求总量及与经济发展、收入水平相适应的消费结构和偏好等的消费能力和水平；三是包括粮食的流通及其供应体系、与收入水平相当的价格政策等的粮食供给机制。1994 年我国政府根据我国具体情况，提出了符合我国基本国情的“粮食安全”，即“能够提供给所有人数量充足、质量合格、结构合理、生态安全的粮食”。2013 年年底，中央提出实施“以我为主、立足国内、确保产能、适度进口、科技支撑”的国家粮食安全战略。新中国成立以来，在粮食安全这一事关国计民生的重大课题上，中央还是首次冠以“国家粮食安全战略”这一概念进行表述。国家粮食安全战略的提出有其特定的背景与内涵，对更好地保障我国粮食安全具有重大的现实指导意义。2015 年 7 月 1 日，新颁布的《中华人民共和国国家安全法》首次将粮食安全纳入国家安全体系。

（二）粮食安全的重要性

粮食安全关乎每一个文明的兴衰，在生产力不高、技术水平低下的古代社会，充足的粮食供给是一个文明能够成长壮大的必要条件。组织农业生产、保障粮食安全，对任何一个文明而言都是首要任务。根据马尔萨斯的人口理论，充足的粮食供应能促进人口的增长，而人口的数量对于一个文明的重要性不言而喻。只有保证粮食安全，才能支持足够多的人口，使保卫国家安全、发展传播文化、进行科学研究成为可能。要确保粮食安全，重点是要确保生产足够的粮食，最大限度地稳定粮食供应，确保所有有需求的人都能获得粮食。

1. 粮食安全是国家安全的重要基础

粮食是国民经济的物质基础，是人类生存的必需物品，是农民收入的重要来源。粮食的安全问题直接关系国家的社会稳定。为政之要，首在足食，粮食是关系国计民生的其他一切物质都替代不了的重要物质。

2. 粮食安全具有经济意义

农业的健康发展是国民经济健康发展的基础，其中粮食安全又是农业健康发展的基础。首先，粮食生产具有经济性。这主要通过两个方面来体现：一是促进经济发展。一个国家经济状况的变化，首先体现为农业生产的变化，而农业生产的变化又表现为粮食生产状况的变化。粮食生产状况直接影响国民经济的发展。粮食状况的好坏直接关系到国民经济中其他非农业部门的发展。现代化农业是促进经济增长的重要力量。二是增加就业。粮农的首要经济来源就是粮食，多数农民通过粮食生产来实现“就业”，这也在一定程度上解决了部分农民的就业问题。同时，如果集中发展现代农业，创造新的就业机会，就可以使农村很大一部分剩余劳动力实现就业。

其次，粮食安全有利于稳定市场价格。当粮食这个最基本的需求被满足时，人们会有更高层次的需求，如精神需求、自我实现需求等，此时粮食问题常常会被其他问题所“屏蔽”。然而粮食问题常常会扩散成为整个社会的焦点问题，这时其他社会问题就会退居其次。粮价稳定是物价稳定的前提，增强粮食安全保障能力对于抑制通货膨胀、稳定物价都有重要作用。20 世纪 70 年代中和 80 年代末我国出现的两次比较严重的通货膨胀都与粮食供求不平衡有关。

最后，粮食安全是国家经济安全的重要组成部分。国家经济安全是指一国在经济发展过程中资源充足、经济福利不受损害、经济利益不受威胁的状态。国家经济安全还包括水资源安全、金融安全、信息安全、人才资源安全等。

3. 粮食安全具有军事意义

粮食是战争的必需品。军队是维护国家安全的中流砥柱。及时为军队供应粮食，就是在保障国家安全。每逢战乱年代，粮食都起着至关重要的作用。管子在《治国》中写道：“粟多者国富，国富则兵强。”唐朝陆贽在《论缘边守备事宜状》中，充分肯定了粮食在战争中的重要性，“备边足戎，国家之重事；理兵足食，备御之大经”。古罗马帝国能够称雄三洲、绵延 300 余年，其粮食生产供给体系功不可没，但对于粮食安全的疏忽亦是导致帝国灭亡的重要原因之一。20 世纪 60 年代，毛泽东提出了“备战、备荒、为人民”的口号：备战，人民军队必须先吃饱饭才能打仗；备荒，地方一定要有粮油储备，遇到荒年和战争总依赖国家接济是不行的；为人民，指的是国家积累也要有个限度，要为口粮还不够吃的人着想。

4. 粮食安全是我国经济社会发展的需要

2013 年 5 月，习近平总书记就保障粮食安全的重要性问题在多个场合做出过重要讲话，并在中央经济工作会议上，将切实保障国家粮食安全作为 2014 年经济工作六大任务之首。2013 年 5 月 14—15 日，习近平总书记在天津考察南蔡村镇小麦大田时指出：“一个国家只有立足粮食基本自给，才能掌握粮食安全主动权，进而才能掌握经济社会发展这个大局。”① 2012—2016 年期间，中共中央连续下发的“一号文件”都重点强调了粮食安全问题，连续提出了有关“发展农业科技确保国家粮食安全”“确保国家粮食安全始终是发展现代农业的首要任务”及“抓紧构建新形势下的国家粮食安全战略，把饭碗牢牢端在自己手上”的多种表述，并再度强调“完善国家粮食安全保障体系”。党

---

①《第 12 届中国国家安全论坛在京召开　聚集国家粮食安全》，新华网，2013-12-14。

的十八大以来，党中央把粮食安全作为治国理政的头等大事，提出了“确保谷物基本自给、口粮绝对安全”的新粮食安全观。中国坚持立足国内保障粮食基本自给的方针，实行最严格的耕地保护制度，实施“藏粮于地、藏粮于技”战略，持续推进农业供给侧结构性改革和体制机制创新，使粮食生产能力不断增强，粮食流通现代化水平明显提升，粮食供给结构不断优化，粮食产业经济稳步发展，更高层次、更高质量、更有效率、更可持续的粮食安全保障体系逐步建立，国家粮食安全保障更加有力，中国特色粮食安全之路越走越稳健、越走越宽广。

二、我国粮食生产现状

（一）从新中国成立到改革开放前粮食生产现状

尽管这一时期我国粮食生产受到三年自然灾害、“大跃进”、“文化大革命”的严重影响，但广大干部和农民发扬艰苦奋斗精神，开发荒地荒滩，加强农家肥积造，开展农田水利基本建设，推广良种和适用农业技术，提高复种指数，粮食生产在极端困难的条件下，取得快速发展。粮食总产量先后跃上 3 000 亿斤（1 斤=0.5 kg）、4 000 亿斤、5 000 亿斤 3 个台阶，年均增长 3.3%。粮食单产大幅度提升，亩产（1 亩 ≈ 666.67 m^2）从 138 斤提高到 314 斤，增长 1.28 倍，年均增加 6 斤以上。物质装备和科技水平逐步提高，有效灌溉面积由 1952 年的 2.99 亿亩增加到 1977 年的 6.75 亿亩，增长了 1.26 倍；杂交水稻等新品培育取得重大突破；现代化生产要素投入增加，化肥施用量（折纯）由 1952 年的 7.8 万吨，增加到 1977 年的 648 万吨，增加了 82 倍。这一时期，虽然粮食产量跃上 3 个台阶，但由于人口增长较快，粮食人均占有量仍处于较低水平，温饱问题仍未得到根本解决。

（二）改革开放以来粮食生产现状

我国粮食总产量在 6 000 亿斤起点基础上，先后跨上 8 000 亿斤、10 000 亿斤和 12 000 亿斤 3 个新台阶。其间，经历了“一增、一减、一恢复”3 个阶段。

1. 总体增长阶段（1978—1998 年）

粮食播种面积虽然由 1978 年的 18.1 亿亩波动下降到 1998 年的 17.1 亿亩，但亩产由 338 斤提高到 600 斤，年均提高 13.2 斤；产量由 6 096 亿斤增加到

10 246 亿斤，达到历史新水平，年均增加 208 亿斤。这一阶段，粮食增长主要得益于 1978 年实行家庭联产承包经营责任制，中央从 1982 年开始连续 5 年出台“一号文件”，确立了农民生产经营主体地位，解放了生产力；逐步改革粮食流通体制，在提高粮食统购价格、实行超购加价、减少粮食征购数量、允许农民在集市买卖粮食之后，又先后采取实行粮食省长负责制、提高粮食收购价格、建立粮食风险调节基金、按保护价敞开收购农民余粮等措施，调动了农民种粮积极性；大力推广新型杂交稻、地膜覆盖等高产栽培技术，开展商品粮基地县建设等，提高了粮食亩产水平。

2. 连续减产阶段（1999—2003 年）

由于城镇化、工业化步伐加快，基础设施建设占用耕地增加，各地农业结构调整力度较大，加之实行退耕还林，耕地面积由 1998 年的 19 亿多亩减少到 2003 年的 18.5 亿亩。同时，由于粮食价格长期低迷，种粮收入减少，农民生产积极性下降，粮食播种面积由 17.1 亿亩下降到 14.9 亿亩，加上税费改革后，农民投工投劳冬修水利基本停滞，粮食产量降至 8 614 亿斤，仅相当于 1992 年的水平，亩产由 600 斤下降到 578 斤。

3. 恢复发展阶段（2004 年至今）

从 2004 年开始中央连年下发“一号文件”部署“三农”工作，制定了“多予少取放活”“工业反哺农业、城市支持农村”的基本方针，不断加大强农惠农政策力度，实施了免征农业税、种粮直补、粮食最低收购价等政策，调动了农民种粮积极性。与此同时，国家也大幅增加农业基础设施建设投入，改善生产条件。粮食播种面积由 2003 年的 14.9 亿亩恢复到 2018 年的 17.6 亿亩，产量从 2003 年的 8614 亿斤增加到 13 158 亿斤，实现了粮食供求基本平衡，为经济平稳发展和深化改革奠定了坚实的物质基础。国家统计局发布数据显示，2016 年，全国粮食总产量 61 623.9 万吨（12 324.8 亿斤），比 2015 年减少 520.1 万吨（104.0 亿斤），减少 0.8%。其中谷物产量 56 516.5 万吨（11 303.3 亿斤），比 2015 年减少 711.5 万吨（142.3 亿斤），减少 1.2%。2019 年，全国粮食总产量 66 384 万吨（13 277 亿斤），比 2018 年增加 594 万吨（119 亿斤），增长 0.9%。其中谷物产量 61368 万吨（12 274 亿斤），比 2018 年增加 365 万吨（73 亿斤），增长 0.6%。2019 年，全国豆类播种面积 1.66 亿亩，比 2018 年增加 1 332 万亩，增长 8.7%。其中，大豆播种面积 1.4 亿亩，比 2018 年增加 1 382 万亩，增长 10.9%。辽宁、吉林、黑龙江、内蒙古“三省一区”大豆面积增加量占全国增加量的 9 成以上，尤其是黑龙江省大豆面积增加 1 068

万亩，占全国增加量的 77.3%。2019 年，除稻谷有所减少外，其他主要作物产量均有所增加。其中，谷物、豆类、薯类 3 大类粮食单产水平均有所提高。小麦单产 375 kg/亩，每亩产量比 2018 年增加 14.3 kg；玉米单产 421 kg/亩，每亩产量比 2018 年增加 14.1 kg。分地区看，内蒙古和东北地区粮食增产较多。

三、我国粮食消耗情况

改革开放以来，我国粮食消费总量呈现不断增长的态势。从粮食消费的历史变化看，我国粮食消费大致经历了 3 个发展阶段。

（一）第一阶段（1978—1993 年）

此阶段的主要表现是粮食供给快速增加、消费加速增长。这一阶段是在我国传统的计划经济向市场经济转变过程中，随着家庭联产承包责任制的推行，农业发展的决策方法和激励机制发生了根本性的转变，农业生产效率不断提高，粮食产量大幅增长，粮食供给能力显著提升，居民口粮需求随之快速增加。1985 年以后，城镇化居民的收入水平逐渐提高，市场上副食品的供应日益丰富，这两方面因素最终诱导城镇居民的食物消费呈多元化趋势发展，人均口粮消费开始呈现下降趋势，但由于人口总量的增加，粮食总消费量仍然呈递增趋势。人口数量与居民收入水平是影响这一阶段粮食消费量及消费结构的主要因素。人口总量的增加导致粮食消费总量的直接增加，居民收入水平的提高同时拉动了粮食的直接及间接消费。

（二）第二阶段（1994—2000 年）

此阶段的主要表现是粮食供给相对过剩、消费平稳增加。我国粮食购销体系的市场化改革，如粮价提升的引导、粮食省长负责制的实施，大大提高了我国粮食产量，同时粮食消费总量平稳增加，但粮食消费增加的速度低于粮食产量增加的速度，因此这一阶段我国的粮食库存量高于恰好满足消费需求的合理库存量，即粮食供过于求。但也正是在这一阶段，粮食消费结构开始出现变化。

（三）第三阶段（2001 年至今）

主要表现是消费总量平稳增加、消费结构明显变化。21 世纪初，随着国家对农业结构的战略性调整，粮食产量出现了一定程度的缩减，但各项支农政策的相继出台使我国粮食生产呈现出探底回升的局面。该阶段，粮食供给基本能够满足粮食需求。而随着该阶段城市化的快速推进，居民收入、生活水平的进一步提升，居民的膳食结构出现了很大的调整和改善，口粮替代品的需求量日益增加，肉蛋奶等畜产品以及果蔬等植物性产品替代了部分粮食的直接消费。这些变化导致粮食消费结构出现了明显的变化，口粮消费量下降，工业用粮、饲料及加工用粮明显增加，优质粮食的消费比重快速上涨，居民膳食逐渐向高营养水平和科学化营养结构过渡。这种转变说明我国居民的膳食结构已经开始向小康社会靠拢。

四、我国粮食进口现状

我国加入世界贸易组织之初，粮食出口数量呈现不断增大的趋势，而粮食进口数量总体上变动较小。但在初期的过渡阶段，相关的贸易政策发生了变化，使我国粮食进出口状况出现了变化。具体来看，我国在加入世界贸易组织特定期限后，外部客观因素的存在使我国粮食进出口状况与之前呈相反状态，即粮食进口量逐步增加，而出口量却逐步减少。基于此，我国在粮食贸易方面从净出口渐渐成了净进口。

2003 年以来，国际国内粮食市场发生了重大改变。国际粮食价格自 2003 年开始缓慢提高，从 2006 年起快速飙升，一直高位震荡，月度价格 3 次达到峰值，其中 2007—2008 年更爆发了全球粮食危机。与此同时，新一轮多边贸易谈判多哈回合进展缓慢，以“奖入限出”为特征的国际粮食贸易保护主义抬头。而我国粮食贸易也发生了巨大改变，尤其是粮食进口增长迅猛，已稳居净进口国地位。

2003 年谷物、谷物粉和大豆总进口 2 282 万吨，到 2014 年急剧增长为 9 091 万吨，比 2003 年增加了近 3 倍。我国主要粮食品种贸易结构不均衡。大豆是最早净进口的品种，2003 年以后更是逐年增长，早已成为世界上最大的大豆进口国。而玉米、大米一直是我国传统的出口品种。2007 年以前玉米出口量较大，特别是 2003 年达到了 1 639 万吨，2008—2009 年突然萎缩，2010 年首次由玉米净出口国变为净进口国，之后净进口呈增长趋势，2012 年进口量达到 521 万吨，之后有所下降。大米是我国的口粮之一，2011 年以前进出口规模都较小，但一直是净出口，而到了 2011 年则变为净进口，2012 年进口激增，达到 231 万吨，2014 年继续增加至 258 万吨。小麦原来处于进出口交替状态，量都较小，出口主要是对朝鲜、蒙古的粮食援助，进口主要是高筋小麦，但从 2009 年起也开始稳居净进口地位，并且进口量也逐年增加，2013 年达到了

526 万吨。至此，四大主要粮食品种全部净进口。2017 年我国大豆进口 9 500 多万吨，2018 年进口 8 800 多万吨，年度进口量占全球总量的 60%左右。为了保障大豆供应安全，我国不断拓展大豆进口来源地。除了巴西、阿根廷、美国等传统的进口来源地之外，俄罗斯、乌克兰、哈萨克斯坦等国家也成为我国大豆的重要进口来源地。

第二节　我国马铃薯主食产业化战略背景及制约因素

一、马铃薯主食化战略的提出

（一）马铃薯主食化的内涵

根据农业农村部的解释，我国马铃薯主粮化就是将原先作为菜用的马铃薯经过加工生产使其成为主食消费，从而实现马铃薯从副食向主食的转变，作为水稻、玉米和小麦的补充。我国马铃薯主粮化并不是要否定其他三大主粮的地位，也并不是让马铃薯替代三大主粮，而是在现有三大主粮的基础上将马铃薯变为新的主粮。马铃薯是主粮的补充，是三大主粮之后的第四大主粮。马铃薯主粮化发展要经过长期努力，逐步增加马铃薯的种植面积、单产水平、总产量和主粮化产品的消费量，实现马铃薯主粮之后的马铃薯生产品种专用化、种植区域化、生产机械化、经营产业化、产品主食化的局面。在实施推进的过程中，做到不与三大主粮争地争水，坚持马铃薯的主食化与综合利用相结合，坚持马铃薯发展与粮食市场相统一，坚持马铃薯的重点培育与全面实施推进的原则。

（二）马铃薯主食化战略提出的背景

2006 年至今，我国出台了多个促进马铃薯产业发展的相关政策，体现了国家各级政府对马铃薯产业发展的高度重视。农业部于 2006 年发布《农业部关于加快马铃薯产业发展的意见》，为我国马铃薯产业的发展奠定了生产基础；2008 年出台《马铃薯优势区域布局规划（2008—2015 年）》，为我国马铃薯产业发展中长期的发展提出了目标；国务院于 2009 年通过了对马铃薯原种繁育过程进行适当补贴的相关意见；2010 年的两会通过了确立马铃薯主粮实施、保障粮食安全、促进增产的有效提案，也正是在这一阶段开始明确马铃薯同水稻、小麦和玉米一样的主粮作物地位。

2015 年 1 月，在北京召开马铃薯研讨会，正式将马铃薯定义为继三大主粮产品的第四大主粮作物。重点围绕马铃薯主粮化（后改为主食化）发展战略，深入研讨了实施马铃薯主粮化战略的重要意义、总体思路、发展目标等，这标志着马铃薯主粮（食）化战略开始提出。当年中央财政安排 1 亿元专项资金，由农业部牵头选择北京、河北、内蒙古等 9 省（自治区、直辖市），实施马铃薯主食产品开发试点补贴，这实际上标志马铃薯主食化国家战略开始启动试点工作。农业部于 2016 年 2 月下发《关于推进马铃薯产业开发的指导意见》指出，坚持更进一步地推动马铃薯主粮化产业的发展并以此来推进我国农业经济转型升级，在此基础上提出了马铃薯主粮化的产业发展目标。即到 2020 年，我国在马铃薯种植面积，平均亩产，总产量、脱毒优质种植马铃薯的覆盖率、适合主食加工的马铃薯种薯比例以及马铃薯主食消费占比均有较大的提升。2017 年中央一号文件指出：实施主食加工业提升行动，大力发展马铃薯主食产品。这些文件进一步明确了未来实施马铃薯主食化国家战略的发展方向。

二、马铃薯主粮化与粮食消费的联系

随着马铃薯主粮化的推进，马铃薯作为主粮被越来越多的消费者消费。从消费群体来看，我国的人口基数大，同时随着经济发展，人口在不断增加。根据国家统计数据预测，到 2030 年随着我国人口增加对粮食消费具有刚性增长。传统三大粮食面临资源和环境的双重问题，满足未来粮食消费需求的压力较大。为了保证我国口粮绝对自给自足，马铃薯主粮能够增加我国粮食总量，成为三大主粮消费的补充和替代，满足人口增长所带来的粮食消费需求。

马铃薯之所以可以成为三大主粮消费的替代品，主要基于三点：一是效用。马铃薯具有丰富的蛋白质，能够满足人体需要的营养，而且还含有丰富的微量元素钙、磷和铁。此外，加工成全粉制品的主食更符合现代人追求的膳食营养。二是马铃薯供给。马铃薯属于耐旱、耐寒和适应性强的种植物，种植在我国西北、西南等干旱半干旱地区，并且在我国南方冬季的闲田也可以种植马铃薯，可见马铃薯具有广阔的种植区域，马铃薯的生产供给充足。三是收入。马铃薯产品开发和产业链的发展会增加居民收入，马铃薯主粮化带来的经济效益成为地区经济增长点。同时，随着收入的增加，居民消费结构优化，消费向高层次升级，更倾向于选择营养价值丰富的食品消费。因而马铃薯作为健康营养食物会受到越来越多的青睐。

我国粮食消费主要包括口粮消费、饲料消费、工业消费和种子消费。从粮食消费用途来看，我国居民的口粮消费平稳并且其所占比重不断下降。随着居民生活水平的提高和消费结构的优化，居民对鱼肉奶制品需求增加，饲料用粮的比重不断增加；新能源的开发与利用，使工业用粮也在不断增加；种子用粮则处于稳定状态。从粮食消费的用途来看，我国工业用粮的消费需求大，在粮食供给总量一定的限制下，保障口粮安全必须适度发展生物能源的工业用粮，平衡我国粮食消费。因而马铃薯主粮化会丰富我国主粮结构，增加粮食消费选择，补充工业用粮的不足，使我国粮食消费合理，从而保障我国粮食结构性消费安全。

随着我国人均收入的增加和城市化的推进，居民的饮食结构发生了变化，居民的消费结构逐渐升级，钙和蛋白质等多种微量元素的摄入量增加，食物消费更注重营养和卫生。居民直接消费的口粮在减少，居民对营养食物的消费在不断上升，尤其是对钙等微量元素食物的消费。同时人们也在追求热量低的健康食品。据联合国粮农组织测算，2002 年我国居民人均每日食物热值和脂肪含量已超过世界平均水平。马铃薯含有丰富的蛋白质和少数微量元素，能满足人们对钙等微量元素的需要；同时，马铃薯的热量较低，相比较三大主粮而言，马铃薯及其加工制成品更能满足现代人的食物消费需求，马铃薯主粮化能满足人们消费升级的需求。

三、马铃薯主食产业化的必要性

（一）有利于保障国家粮食安全

现阶段，我国三大主粮的单产已经达到了较高的水平，上升的空间不大，且耕地面积也难以继续扩充，继续提高三大粮食作物的产量不太现实。而马铃薯的抗寒性、抗旱性和耐贫瘠等特性使马铃薯能够在不与三大主粮争水争地的前提下进行，利用南方冬闲田、华北漏斗区和西北干旱区的土地扩充种植面积，不仅提高了土地利用率，而且有研究表明，冬闲田种植马铃薯能够促进水稻生长发育、提高水稻的产量。在种植面积增加的同时，马铃薯的单产提高潜力大，因而马铃薯产量将大幅增加，这是对保障粮食安全的重要补充。

（二）有利于改善居民膳食结构

随着“三高”等慢性疾病的患病率及超重肥胖现象的增加，人们越来越认识到合理膳食、调整膳食结构的重要性。马铃薯营养价值丰富，富含人体所必需的膳食纤维、蛋白质、维生素等 7 类营养物质，不仅含有传统主食作物中的营养成分，也含有水果蔬菜中的大部分营养成分，是公认的全营养食品。马铃薯中富含氨基酸，其中，赖氨酸含量与小麦和稻米相比，远高于这两者；富含维生素 C、B 族维生素以及膳食纤维，还有传统三大主粮所没有的胡萝卜素等，易于消化吸收。因此，研制马铃薯主食产品，符合大众的需要。

（三）优化生产种植布局

中国国土面积辽阔，东西跨度广，各地区自然差异明显，尤其是内陆地区，气候条件以及降水情况使很多农作物无法生长，而马铃薯对于干旱、土壤条件差等有较强的适应性，从而在全世界各地区都能够广泛种植。如广西地区主要将马铃薯与火龙果、香蕉等进行套种，福建主要用于稻田冬种和旱地早春种。在我国南方地区每到冬季都有大片大片的田地闲置，而马铃薯耐寒的特性使它能够充分利用冬闲田，从而提高耕地的利用率；在我国西北干旱地区，根据西北旱区农牧业可持续发展的思路，可适当增加马铃薯的种植面积，并通过新品种的引进和脱毒马铃薯高产栽培技术的指导，实现马铃薯产量的持续提高。

（四）促进马铃薯加工业发展

马铃薯主食产业化的不断发展，让越来越多的人认识到马铃薯可作为主食，并随着国民经济的增长、消费观念的变化，消费者对马铃薯加工制品的需求逐步增加，从而进一步推动了马铃薯主食产业化的发展。马铃薯主粮化战略开始之前，我国马铃薯加工产品主要是淀粉等初级产品的加工。而近年来，马铃薯全粉、薯片、薯条以及马铃薯主食产品等精深加工产品逐渐涌入市场，为马铃薯产业源源不断地注入活力。同时，马铃薯加工产品无论是在食用方面还是其他方面都有一定的应用价值。因此，马铃薯主食产业化的加入能带来不竭的动力，实现马铃薯产业的转型升级，带动马铃薯加工业蓬勃发展。

（五）产生经济、社会和生态效益

马铃薯主食产业化对马铃薯进行精深加工，大大增加了马铃薯加工产品的附加值。随着马铃薯主食产业化的推进，马铃薯产量增加使市场供应能力变强，马铃薯主食产品消费潜力也不断增加，将为国家、企业、农户带来可观的经济效益。马铃薯主食产品不仅能够丰富国民的饮食种类，同时对于改善消费结构也有重要意义。马铃薯加工成淀粉、全粉后，在常温情况下能存放十几年，因此，是国家重要的战略储备粮。除此以外，马铃薯还具有生态效益。马铃薯对于干旱、寒冷、土壤条件差等有较强的适应性，在很多条件恶劣的地区都可以种植，并且马铃薯具有节水、节肥、节地等优点，能够挽救我国日趋脆弱的农业生态环境，实现农业的可持续发展。同时，马铃薯全粉加工所产生排放的污水远远小于马铃薯淀粉产生的污水，对于减少排污量、保护环境具有重要意义。

四、我国马铃薯主食产业化的制约因素

在马铃薯主食产业化开发及推广过程中，诸多问题严重制约着我国马铃薯主食产业化的健康快速发展，其主要表现如下：

（一）应用基础研究薄弱

以发酵类马铃薯主食产品为例，现有研究主要集中在添加不同比例马铃薯粉或其他食品成分（如蛋白、淀粉等）对面团及其终端产品流变、质构、感官等特性的影响，马铃薯面团发酵过程中的产气和持气机制尚不明确。

（二）缺乏优质脱毒种薯和品种

脱毒种薯应用未普及、优质马铃薯品种的缺乏等制约了我国马铃薯产业的发展。一是缺乏优质的脱毒种薯。由于我国有关种薯的行业标准和法规还不够健全，马铃薯种薯质量检测和认证体系也不完善，因而马铃薯种薯市场缺乏秩序，影响了优质脱毒种薯的推广。而同时很多农户由于习惯或者为了节约成本使用自留种，而自留种易发生病害，使马铃薯品质变差、产量下降。二是缺乏优质的马铃薯品种。一方面，缺乏与各生产区域气候、土壤等自然条件相契合的优质马铃薯品种，如北方的旱作区缺少抗旱的马铃薯品种，南方种植区缺乏抗病品种的培育等，使马铃薯单产无法进一步提高。另一方面，国内马铃薯消费主要以鲜食为主。近十几年来，由于西式快餐食品在国内发展较快，马铃薯品种的培育主要围绕适合西式快餐加工特性来开展，也有部分围绕高干率、高淀粉含量进行选育，适宜加工馒头、面条等马铃薯主食的专用薯种尚不明确。

（三）马铃薯主食生产原料匮乏

现有的马铃薯主食主要以马铃薯全粉（熟粉）为原料。马铃薯经过熟化

后其中的淀粉已完全糊化，原有马铃薯淀粉的结构已被破坏，马铃薯原有的营养和加工特性也发生了改变，添加量较大时会造成面包和馒头难以成形且烘烤后感官质量变劣。此外，目前由于加工设备、技术以及加工规模的限制，我国高质量马铃薯全粉的生产能力不足，与进口全粉相比，国内全粉价格偏高，马铃薯初级加工产品全粉、淀粉、生粉等价格为 1.2 万元/吨左右，是面粉的 3 倍，导致制作马铃薯主食产品的成本居高不下，从而使马铃薯馒头、面条等主食产品价格偏高，与小麦馒头等传统主食相比高 1.5～3 倍，大大超出了普通居民家庭的消费预期。马铃薯熟粉的价格高、糊化度高、黏度高、营养损失大，阻碍了马铃薯主食产业化发展的步伐。因此，亟待研发节能、环保、价廉、高营养的马铃薯主食专用粉生产技术。

（四）现有主食加工技术装备不适宜加工马铃薯主食

随着人们对传统主食产品的重视，目前国内已有成熟的馒头、面包及面条等主食生产技术装备。然而，此类主食加工技术装备主要是根据小麦粉等原料的加工特性研发制造的，而马铃薯主食加工复配粉的物化特性与小麦粉不同，因而难以将现有的主食加工技术装备直接用于生产马铃薯主食产品。

（五）马铃薯尚未形成规模化种植

我国马铃薯种植主要是以分散式种植为主，很多地方农户种植马铃薯都是自给自足，难以推广和实施标准化生产以及形成品牌。而且，马铃薯的分散式种植也严重影响了马铃薯的生产机械化进程。根据农业农村部数据，我国马铃薯机耕水平不足 40%，远低于国外发达国家 75%的机械化水平，主要生产环节仍以人工为主，其中机播、机收环节的机械化水平仅为 10%。有的地区如云南、甘肃，由于其特殊的地形等因素，马铃薯总体机械化水平仅 1%左右。种植方式落后、生产机械化程度较低严重制约了我国马铃薯产业化发展。

（六）国家政策扶持力度不足

虽然多年前马铃薯在国际上就被赋予了主粮地位，但我国却没有给予马铃薯主粮待遇，在一定程度上制约了马铃薯主食产业化的顺利推进。一是除了部分马铃薯原种享受生产补贴外，和粮食相关的一系列国家优惠政策都没有享受到，使我国马铃薯产业无法获得进一步提升；二是国家粮食生产能力规划中的粮食并没有包括马铃薯，仍局限在传统的三大主粮，故无法享受国家的扶持优惠政策；三是将马铃薯按照国内惯用的以马铃薯重量的 5∶1 折算成主粮，尽管将马铃薯作为粮食进行了统计，但是并未按照国际上通用的统计方法进行计算，无法真正体现出马铃薯的优势和价值。

（七）消费者对马铃薯主食的认识水平不高

中国以稻米和小麦为主食的饮食习惯历史悠久，马铃薯作为主食产品被消费者广泛接受和认可还需要一定的时间。马铃薯在国内一直都是作为蔬菜鲜食和休闲食品食用的，实现马铃薯主食产业化的关键就是以马铃薯为原料的主食食品需符合消费者的口味和习惯，能被广大消费者接受和认可。此外，马铃薯的人均消费量也是其主食产业化过程中的关键影响因素。受我国饮食习惯等影响，目前我国马铃薯人均消费量仅为 30 kg 左右，与西方国家相比明显偏低。

第三节　我国马铃薯主粮化加工环节及主粮化战略展望

一、我国马铃薯主粮化加工环节现状

在 20 世纪 80 年代中后期，我国最早从一些马铃薯产业链中加工环节较为发达的欧美国家引入了多条马铃薯制品的生产线，并开展了马铃薯加工制品的现代化加工生产。近年来，随着政策的重视以及消费水平的提高，马铃薯加工业有了较为快速的发展，产品类型更加多样化，产品营养更加全面化，马铃薯原薯的贮藏能力也得到了进一步的提高。就目前来看，我国现有的可加工生产马铃薯的企业已有 5 000 余家，拥有深度加工链条的规模化深加工企业也达到了近 150 家。我国的马铃薯加工制品主要有淀粉、全粉、各类薯条薯片等。近几年又出现了新型的方便食品，取得了较大程度的发展。由于各个地区对马铃薯生产环节的前期物质投入不均衡、脱毒种薯推广率不同、生产效率水平不一致，致使我国马铃薯产业链依旧存在一定问题。同时，我国也面临马铃薯加工比例低、加工产品附加值低、粗加工产品经济效益低等加工环节存在的问题。

我国《马铃薯加工业“十二五”发展规划》中的相关统计数据显示，在 2005—2010 年的几年时间内，我国马铃薯产业链中的加工环节取得了比较大的发展，马铃薯整体的加工产品量从 94 万吨增加到 140 万吨。各种薯类精深

加工产品总量在马铃薯加工总量中的占比也实现了较快增长。另外，我国马铃薯加工环节的总产值也实现了近两倍的增长，销售收入也实现了两倍以上的突破。其后，我国进一步推出的《马铃薯加工业“十三五”发展规划》中的相关统计数据显示，2015 年中国马铃薯产业产品的加工总产量以及马铃薯的销售收入在2010年的水平上得到了进一步的提高,标准化程度也不断提高。2015 年薯类产品产量最多的为薯类淀粉，累计达到了 90 万吨，变性淀粉以及全粉也有了突破性增长，冷冻薯条、各类薯片等休闲食品的产量分别增长到 16 万吨和 45 万吨。对马铃薯产品的年增长率进行比较发现，就基础比较好的产业而言，全粉的增长幅度最大。另外，冷冻薯条、薯片发展也比较快，薯类方便食品以及新型食品增长也极其迅速，可见新兴的马铃薯主食产品发展潜力巨大。

二、我国马铃薯主粮化促使消费结构转变

主食是居民膳食中最主要的食物，是满足人体基本能量和营养物质的主要载体，也是确保国民身体健康的最基本食物来源，在膳食构成和营养改善中有着重要的战略地位。世界粮农组织（FAO）一直把马铃薯作为主食，欧美发达国家把法式炸薯条当主食，中国需要根据自己的饮食文化开发自己的马铃薯主食化产品。中国传统主食有面制主食和米制主食两大体系，但是两者的营养结构比较相近，不利于居民通过主食之间的结构调整改善膳食营养结构不合理、营养不均衡等诸多问题。马铃薯主食产业化战略将推动马铃薯鲜食消费向马铃薯加工食品消费转变。西方发达国家的马铃薯消费主要以加工制品为主，鲜食较少。在中国，鲜食消费是马铃薯消费的主要形式，占马铃薯消费总量的 60%以上，加工食品不足 10%。这种特殊的消费方式给马铃薯的生产、储存与供应带来极大的挑战，马铃薯加工产品匮乏成为增加马铃薯消费的主要瓶颈之一。马铃薯主食产业化战略力促提升马铃薯主食产品加工配方工艺，创制核心装备，突破制约马铃薯相关产品加工中存在的技术瓶颈。

实现马铃薯由副食消费向主食消费的转变，除考虑营养因素外，还应注意所开发食品应符合各地居民的饮食习惯。马铃薯主食开发产品则是以马铃薯全粉与小麦面粉或大米面粉按照一定比例混合配比后加工制成，既可以开发成馒头、面条、米饭、米粉等传统大众型主食产品，又可以开发成馕、煎饼、月饼、汤圆、粽子、年糕等具有地方习俗特色的主食产品，还可以开发成糕点、面包、薯条、薯片等休闲主食产品。除此以外，还可以将马铃薯加工制成马铃薯全粉、马铃薯淀粉、速冻半成品等原料产品，供居民进一步加

工制作所用。

三、我国马铃薯全产业链条的塑造

科学技术部农村技术开发中心主任贾敬敦认为，我国农业转型的一个很重要表现是重塑我国农业的竞争力，产业链是在国际市场上开展农产品竞争的主要产业业态。要发展产业链，就要以市场为主导，以加工制造为关键，以原料化生产为基础，这就需要一套覆盖市场销售、加工制造，同时包括生产环节在内的政策体系。企业是马铃薯产业链的主体，培育好企业是发展马铃薯产业绕不过的门槛。

目前我国马铃薯全产业链具有以下 3 个特点：一是马铃薯全产业链参与主体众多，其中在产业链上处于关键地位的主体有马铃薯技术支持企业、马铃薯制种企业、马铃薯种植企业和马铃薯加工企业。全产业链的链条较长，对产业链上各参与主体紧密配合的程度要求较高，链条上中间产品的种类、数量也较多。二是目前马铃薯产业链上各种资源还缺乏有效整合。三是马铃薯产业链不断向上下游延伸，各参与企业专业化程度不断提高，产品市场前景广阔，需要更多的国家政策与财政支持，才能实现其全产业链优势的有效发挥。

四、我国马铃薯主粮化战略展望

将马铃薯作为主粮，这是中国国内的新提法，其提出的背景是基于传统食用和消费马铃薯的方式方法而言的，其目标在于以新的理念看待马铃薯，以新的加工与消费方式鼓励人们食用更多的马铃薯，使之成为与谷物相同地位的主粮作物或食物，从而以消费拉动生产、以需求拉动种植业结构的调整，进而实现人们饮食营养的均衡，在作物生产方面更加具有提升的空间，在环境保护方面更加生态与可持续。

（一）发展具有中国特色的马铃薯产品

近年来，随着食品消费结构的变化和西方快餐食品的进入，我国马铃薯人均食用量显著增长，但仍不及欧洲平均水平的 1/2。目前，中国马铃薯加工产品匮缺是增加马铃薯消费量的主要瓶颈之一，市场上的大多产品多以效仿西方加工产品为主，缺乏有中国特色的马铃薯产品，而西方国家却十分注重马铃薯新产品的研发。据全球新产品数据库统计，仅 2010 年 10 月—2011 年

11 月，进入美国市场的马铃薯加工产品就有 150 个。可见，只有尽快提升配方工艺，创制核心装备，突破制约马铃薯相关产品中存在的技术瓶颈，才能推出更多主粮化食品，形成“加工促进消费，消费带动生产”的良性循环。因此，马铃薯主食产品在中国的开发，并不能仅着眼于薯条和薯片加工产品的研发，而要结合中国人的饮食习惯，发展具有中国特色的马铃薯主食产品，满足广大消费者对多样化食物的需求。

首先，中国马铃薯新产品的研发，要从不同的加工层次入手，通过初加工，将马铃薯简单清洗、切丝/块，为家庭烹饪提供便利，以增加菜用这一传统的消费方式；通过精加工，推出符合中国人饮食习惯的马铃薯馒头、面条、米粉等主食化产品，实现马铃薯的主食消费；通过精深加工，提取营养物质制成保健与营养食品或药品，促进多用途产业开发，提升马铃薯的营养健康消费水平。不仅要使高收入人群较多地食用精深加工品，而且要使普通百姓更多地消费大众化马铃薯加工食品。其次，中国马铃薯新产品的研发，要考虑到不同消费群体的特殊需求。据统计，在美国有老人和孩子的家庭对马铃薯的消费量要高出平均消费量的 20%，但在中国市场上却少有针对特定群体的马铃薯产品，如马铃薯婴幼儿食品在中国市场上一直较为罕见。再次，中国地理跨度大，南北方饮食习惯差异较大，各地方要结合当地饮食习惯，在继续保持马铃薯现有消费方式的同时，开发出适合当地消费者需求的主食化产品。最后，中国马铃薯主食产品的开发，还应学习西方现代主食加工理念，注重主食加工业的规范化、标准化、现代化。

（二）促进马铃薯主食产品的普及

要让马铃薯主食产品真正进入大众的餐桌，价格高的问题必将成为一大制约因素。以主食产品馒头为例，小麦的干物质含量约 85%，而土豆却仅为 20%，同样制成全粉，土豆全粉的价格是小麦粉的 4～5 倍。如不考虑馒头的加工成本，仅土豆馒头（含土豆全粉 40%）的原料成本就是小麦成本的近 2～3 倍。在这样的价格差异下，土豆馒头很难成为普通老百姓的主食。没有价格优势，就没有市场竞争力。全粉价格高的主要原因在于马铃薯的全粉加工还做不到像小麦、稻谷、玉米那样的规模化。目前国内可以进行马铃薯全粉加工的企业屈指可数，加工设备也多以进口为主，机械投入成本较大，且由于马铃薯的贮藏状况对于全粉的加工效率影响显著，鲜薯的贮藏也是制约全粉加工的另一大主因。随着马铃薯主粮化战略的实施，对全粉的市场需求必将逐渐增加，从而拉动全粉规模化加工的发展和设备的研发，但是在企业成长初期，仍需要国家给予一定的补贴，以降低主食产品成本，增加主食产品的市场竞争力。

（三）加速马铃薯主食专用品种的选育

马铃薯主食产品的开发在于加工，加工这类产品的重要原料便是马铃薯全粉，而当前全粉主要是为薯片薯条等提供原料，对品种专用化要求较高，生产成本相对较高，但这些品种加工的全粉并不一定是主食化产品的最佳原料。因此，要推出符合中国人饮食习惯的马铃薯馒头、面条、米粉等主食化产品，加快主食化专用品种的筛选和选育。

（四）我国马铃薯产业发展面临重大机遇

国家发展和改革委员会农村经济司副司长方言指出马铃薯产业面临着新的机遇。一是城镇化过程中，居民收入增加，给马铃薯产业的发展，特别是给马铃薯进入城市居民的主食提供了很大的机遇。二是收入水平的提高，引起了消费方式的变化，受健康理念、休闲饮食的影响非常大。三是加工水平的提升。四是转方式、调结构，特别是国务院批准了农业环境突出问题治理规划，其中一大项就是关于水资源枯竭地区的结构调整，主要是地下水超采区减水工程，而马铃薯的种植正好给了作物一个调整空间。国家针对马铃薯的扶持政策，在农业合作开发领域将加大扶持力度。财政部国家农业综合开发办公室认为，如果马铃薯主粮化在我国成功发展，农业综合开发将进一步加大扶持力度。重点支持育繁推一体化种薯企业进一步提高脱毒水平；加强脱毒马铃薯种薯生产基地建设，支持种薯企业与农民专业合作社、种粮大户、家庭农场建立紧密利益联系机制，降低良种生产成本，让广大农民用得起马铃薯良种；把产业链、价值链等现代产业组织方式引入马铃薯生产，促进马铃薯第一、二、三产业融合互动。

五、关于中国马铃薯主粮化战略的争议

主张马铃薯主粮化的学者认为，马铃薯主粮化是确保国家粮食安全的重要方略，是改善膳食结构的科学抉择，是缓解资源生态环境压力的重要举措，是贫困地区农民脱贫致富的有效途径。马铃薯主食开发极有利于改善中国人的膳食营养结构。中国马铃薯工程技术研究中心主任孙慧生指出，马铃薯除了具有丰富的营养价值，还富含膳食纤维，且脂肪含量低，有利于预防高血

压和糖尿病。

但是，也有人不赞成上述观点，他们认为马铃薯作为主粮不太符合中国人传统饮食习俗，也很难按照预想实现所谓的马铃薯主粮化战略。要想改变一个民族的主食习惯，至少要 5 年以上。该战略不太容易实现，不要说成为第四大主食，能不能成为主食选择都是一个问题。

某些学者也对马铃薯主粮化战略持保留态度。在他们看来，如果具体的支持措施不落实，马铃薯主粮化只能沦为口号。在我国，受消费习惯等因素影响，马铃薯生产消费呈现增长速度不快、生产水平不高、发展参差不齐等特点。要让马铃薯真正“变身”主粮，首先要解决口感和工艺问题；其次是关注市场推广、良种制约问题；最后还要解决政策支持少、补贴低，以致农民的种植积极性不高等问题。显然，这些问题也不是短时期内就能完全解决的。

马铃薯主粮化战略实施还面临不少困难。尽管西方国家早已将其作为主粮用了几百年，但我国马铃薯加工技术一直难以突破。戴小枫指出“马铃薯粉很难利用传统工艺被加工成馒头、面条等，直接影响它成为主粮”。马铃薯要想成为国人的主食之一，难点在于深加工能力。长期从事传统食品加工与装备研究的中国农业科学院研究员张泓认为“马铃薯中不含面筋蛋白，因此在制作馒头、面条等主粮化产品时，存在成型难、硬度大和不耐煮等问题”。

我国已有 400 多年的马铃薯种植历史，面积达到 8 000 多万亩，之所以没有主粮化，除了经济社会发展水平和消费能力等因素外，其主要原因是“三缺”：一是缺乏符合中国蒸煮饮食文化的主食产品；二是缺乏适合中国主食产品的专用种薯与加工技术；三是缺乏引导马铃薯主粮消费的社会环境条件。但应看到，随着工业化、城镇化的迅速推进，城乡居民生活水平大幅度提高，健康饮食不断增强，加之农业科技不断进步和调整优化农业结构的驱动，推进马铃薯主粮化的时机已成熟、条件已具备。

第四章 马铃薯粉面制品加工技术

第一节 马铃薯全粉

一、马铃薯全粉的定义及分类

（一）马铃薯全粉的定义

马铃薯全粉一般是以马铃薯的块茎为原料，经过清洗、去皮、挑选、切片、漂洗、预煮、冷却、蒸煮、捣泥等生产工艺再经脱水干燥而得到的粉末状产品。它涵盖了新鲜马铃薯（除薯皮外）的全部干物质（淀粉、蛋白质、糖、脂肪、纤维、灰分、维生素、矿物质等）。由于能较好地保留鲜薯的营养成分，复水后的马铃薯全粉具有与新鲜薯泥相近的风味及口感。马铃薯全粉加工时并未破坏植物细胞，营养全面，虽然干燥脱水，但经适当比例复水，即可重新获得新鲜的马铃薯泥，制品仍然保持了马铃薯天然的风味及固有的营养价值。马铃薯与马铃薯全粉成分对比如表 4-1 所示。

表 4-1 马铃薯与马铃薯全粉营养成分对比表

项目	马铃薯*	马铃薯全粉	项目	马铃薯*	马铃薯全粉
可食部分/%	94	100	脂肪/g	0.2	0.5
能量/kcal	76	337	膳食纤维/g	0.7	1.4
水分/g	79.8	12	碳水化合物/g	16.5	76
蛋白质/g	2	7.2	维生素 A/μg	5	20
维生素 B_1 /mg	0.08	0.08	维生素 B_2/mg	0.04	0.06
烟酸/mg	1.1	5.1	维生素 E/mg	0.34	0.28
钾/mg	342	1 075	钠/mg	2.7	4.7
钙/mg	8	171	铁/mg	0.8	10.7
维生素 C/mg	27	0	胆固醇/mg	0	0

注：*表示马铃薯为鲜马铃薯。

（二）马铃薯全粉的分类

根据干燥工艺的不同，马铃薯全粉可分为以下 3 种：

1. 马铃薯颗粒全粉

马铃薯颗粒全粉是以马铃薯数个细胞的聚合体或细胞单体颗粒形态存在的粉末状产品，由热气流干燥工艺制成。制品为浅黄色非黏性颗粒粉状、颗粒大小≤0.25 mm、游离淀粉≤4.0%、水分 6.0% ~ 8.0%、灰分≤1.2%、还原糖≤2.0%。

2. 马铃薯雪花全粉

马铃薯雪花全粉是指厚度为 0.1 ~ 0.25 mm、直径为 3 ~ 10 mm，大小不规则的片屑状且形如雪花的产品，由滚筒干燥工艺制成。制品为从乳白色到黄色薄片状；颗粒大小为 2 ~ 8 mm、游离淀粉≤7.0%、水分≤9.0%、灰分≤4.0%、还原糖≤3.0%。

马铃薯颗粒全粉和马铃薯雪花粉的生产工艺在切分之前基本上是相同的，不同的是马铃薯雪花粉是用滚筒干燥工艺生产的，有较多的游离全粉被分离出来，复水后口感、风味及营养成分远不如颗粒全粉，但生产成本比马铃薯颗粒粉低。其优点是：工艺流程短、能耗低、节约时间。

3. 马铃薯生全粉

马铃薯生全粉是指采用低温条件脱水干燥制备出来的，蛋白质未发生变性、淀粉未糊化（颗粒结构完整）、其他热敏营养物质破坏小，加工性能优良的粉末状马铃薯制品。

马铃薯全粉既可以作为最终产品以粉制品形式直接饮用，也可作为中间原料在后续的产品中起到添加剂的作用，多方面提高马铃薯产品的利用价值，可满足人们对食品质量高、营养高、价格便宜、食用方便、口味独特等多方面饮食的要求。马铃薯全粉是食品深加工的基础，常用于两个方面：一是作为食品添加剂使用，可以增加黏度、改善产品的品质；另一方面可以直接制作成各种休闲食品，是较好的营养强化原料。马铃薯全粉可以用于其他面制品和休闲食品。在这些产品中，当全粉添加量达到 5%时，制品的质量会显著提高。

二、马铃薯全粉的制备

（一）马铃薯颗粒全粉

马铃薯颗粒全粉是马铃薯泥经过气流干燥、热风干燥等方法制备的产品，在颗粒全粉生产中，减少细胞的破碎率是生产中的技术关键，对于全粉加工至关重要。预煮工艺对制备马铃薯颗粒全粉有一定影响，电镜结果显示经过70 °C、20 min 预煮后，马铃薯颗粒细胞间保持未分离状态。可见，通过预煮后，马铃薯细胞壁会产生更大的内聚力，细胞壁变得结实，细胞壁分解度降低，有利于在后续蒸煮加工等工艺中保持细胞的完整，提升颗粒粉产品质量。切片和热风干燥等工艺对马铃薯颗粒全粉与水结合能力和堆积密度的影响表明，切片厚度为 4 mm，干燥温度设定为 60 °C，干燥时间 7 h，制备的马铃薯颗粒全粉水合能力为每克样品含水 3.963 g，堆积密度为 0.74 g/mL，复水后的马铃薯泥具有沙口性和浓郁的马铃薯香味。

（二）马铃薯雪花全粉

马铃薯雪花全粉是马铃薯泥经过滚筒干燥、喷雾干燥等方法，再经过破碎得到的产品，也是目前国内各马铃薯全粉加工厂的主要产品。有人研究了喷雾干燥法制备马铃薯雪花全粉的最佳工艺条件，得出空气温度为 195 °C，进料流速选择 9 mL/min，空气流量为 0.001 715 m/s。滚筒干燥法制备马铃薯雪花全粉最佳工艺参数为：马铃薯切片厚度 10 mm，75 °C 预煮 25 min，25 °C 冷却水冷却 30 min，95 ~ 98 °C 蒸煮 30 min，滚筒干燥温度 145 °C，回转速度 0.35 m/s。

（三）马铃薯生全粉

马铃薯生全粉是一种在低温条件下（≤70 °C，或者短时间高温）脱水干燥制备出来的产品。相比马铃薯雪花粉、颗粒粉，其颗粒结构更加完整、淀粉糊化度低、蛋白质未发生变性、其他热敏营养物质破坏小。相较鲜马铃薯，马铃薯生全粉既能够避免不耐储存的弊病，物流运输便利，又能够与其他主粮搭配食用，且具有良好的营养性和优质的品质，是实现马铃薯主粮化的主要原料之一，近年来备受关注。王稳新等研究了热风气流干燥、真空冷冻干燥、真空低温干燥等不同干燥方式和干燥温度对马铃薯生全粉游离淀粉含量、微观结构、糊化特性等品质的影响。结果显示，经破碎脱水后的薯块使用热风气流干燥与真空冷冻干燥和真空低温干燥相比，产品的组织结构完整度高，游离淀粉含量低，干燥效率高。随着气流干燥温度升高，破碎的薄壁组织结构增加，细胞完整度下降，生全粉的糊化度增加、 吸水指数增加、峰值黏度升高。当干燥温度为 60 °C 时，能降低淀粉酶及多酚氧化酶的活性，减少淀粉损失和酶促褐变，保证薯块内部水分均匀蒸发，快速脱水。与马铃薯全粉现有的滚筒干燥和冻融干燥相比，热风气流干燥下马铃薯细胞破损程度小，成品糊化度低，并能更好地保留马铃薯原有品质。

此外，木泰华等发明了一种马铃薯主食加工专用粉及其生产方法。将马铃薯先进行低温冷冻处理，然后解冻、挤压脱水，最后采用分段脱水干燥，粉碎过筛，得到马铃薯主食加工专用粉。低温干燥的温度范围为 5 ~ 30 °C，干燥至水分含量低于 50%，干燥方式为天然晾晒、鼓风干燥、冷风干燥等，优选冷风干燥脱水；在较低温度下干燥可以减缓多酚发生氧化而使产品颜色加深，同时减少维生素等热敏营养素的损失。中温干燥温度范围为 30 ~ 75 °C，干燥至水分含量低于 15%，优选 9%；干燥方式为天然晾晒、鼓风干燥及气流干燥等，优选鼓风干燥脱水，中温干燥促进产品快速脱水，防止产品变坏或发酵时间过长。粉碎过筛过程中，控制粒度低于 150 μm，优选 50 ~ 100 μm。产品中淀粉未发生糊化，有效保证了淀粉的加工性能，去除了马铃薯中的异味成分，有效保存了特有的风味，制得的马铃薯全粉无异味、色泽好。同市面上销售的马铃薯全粉、冻干粉相比，可以有效提高马铃薯馒头等主食产品中马铃薯成分的比例，且质构特性和感官品质得到大大改善。

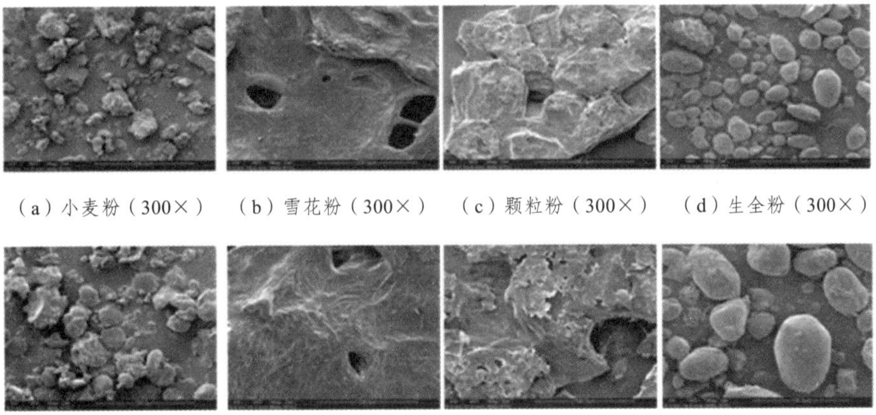

（a）小麦粉（300×）　（b）雪花粉（300×）　（c）颗粒粉（300×）　（d）生全粉（300×）

（e）小麦粉（600×）　（f）雪花粉（600×）　（g）颗粒粉（600×）　（h）生全粉（600×）

图 4-1　小麦粉和马铃薯全粉的电镜图

图 4-1 为小麦粉，马铃薯雪花粉、颗粒粉及生全粉的微观结构图。小麦粉中含有 A、B 两种淀粉，淀粉颗粒大小差异较大，且淀粉颗粒并不光滑，这是由小麦粉中的蛋白质将淀粉颗粒包裹所致。马铃薯淀粉形小分布不均匀，大颗粒为椭圆状，小颗粒为圆状，表面光滑平坦。雪花粉及颗粒粉的微观结构图里不能清晰地看到马铃薯淀粉颗粒，而是被包裹的状态。这可能是在制备雪花粉及颗粒粉时的预煮工序导致的，此工序一方面可使存在于马铃薯中的果胶甲酯酶强化细胞壁，减少细胞破损；另一方面也会导致淀粉部分糊化。

经过蒸煮工序，淀粉糊化程度会进一步加深。生全粉未经过预煮及蒸煮工序，未强化细胞壁，淀粉糊化程度低，淀粉颗粒清晰可见。但是淀粉颗粒表面不光滑，可能是因为马铃薯中的蛋白质以及细胞壁结构的一些组织碎片黏附在淀粉颗粒表面所致。

三、马铃薯全粉的性质及应用特性

（一）基本组分

马铃薯全粉的基本组分如表 4-2 所示。在马铃薯全粉中，生全粉的水分含量最高，脂肪含量最低，而雪花粉及颗粒粉的水分含量较低，这可能与加工工艺有关。基本组分中蛋白质和淀粉含量对馒头的品质有较大影响。若应用于主食产品馒头中，蛋白质通过加水形成面筋网络骨架，淀粉作为面筋中的填充物对面团食品的性质有重要作用。

表 4-2　马铃薯全粉的基本组成组分

样品	水/%	蛋白质/%	脂肪/%	灰分/%	膳食纤维/%	淀粉/%
雪花粉	7.96±0.03	7.69±0.06	0.36±0.01	1.06±0.01	7.44±0.02	82.30±0.30
颗粒粉	5.81±0.09	7.85±0.28	0.42±0.01	1.03±0.01	7.32±0.02	82.12±0.30
生全粉	11.51±0.60	7.65±0.09	0.08±0.01	1.09±0.01	7.58±0.03	82.38±0.28

（二）糊化特性

雪花粉和颗粒粉糊化度较高，因此，当加入水分时黏度瞬时增加。峰值黏度可以反映全粉中淀粉在糊化过程中淀粉颗粒的膨胀程度，颗粒粉的峰值黏度约是雪花粉的 2 倍，这是因为雪花粉细胞壁相对完整，淀粉被束缚在细胞壁中，溶胀有限，使剪切作用大于颗粒溶胀所引起的黏度增加，黏度增加有限即开始下降，并达到平衡。而颗粒粉因细胞壁被部分破坏，淀粉在搅拌过程中不断渗漏，吸水溶胀充分，因而溶胀所引起的黏度远大于剪切引起的黏度下降，且随着温度的增加溶胀程度增加，至 95 °C 左右溶胀达到平衡，体系黏度开始下降。马铃薯生全粉的糊化度低，黏度变化与马铃薯淀粉较为相似。95 °C 保温结束后，温度开始降低，进入老化阶段，体系黏度开始变大。生全粉中的淀粉经充分吸水膨胀后分子重排。颗粒粉的老化程度大于雪花粉，是因为颗粒粉中淀粉吸水充分，更易老化，而雪花粉中淀粉溶胀有限，老化受限，且其中已糊化的淀粉被细胞壁包裹，分子重排变得困难，回生程度低（见图 4-2）。

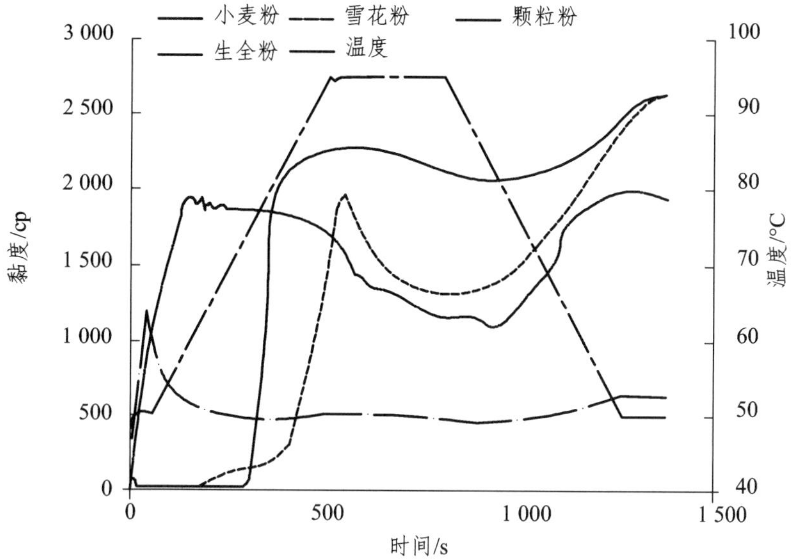

图 4-2　马铃薯全粉的糊化特性曲线图

（三）热力学性质

淀粉晶体结构在加热破坏的过程中的热力学参数通常用差式扫描热量仪（DSC）来监测。淀粉在水溶液中随着温度升高，淀粉开始发生相变，淀粉的层列结晶结构与双螺旋消失，整个颗粒淀粉吸水溶胀成淀粉糊，马铃薯生全粉的 DSC 曲线有完整的起始温度、峰值温度、终止温度和糊化焓，而马铃薯雪花粉的 DSC 则是一条平滑的曲线，说明马铃薯雪花粉淀粉层列结晶结构在前期加工时就发生了裂解。

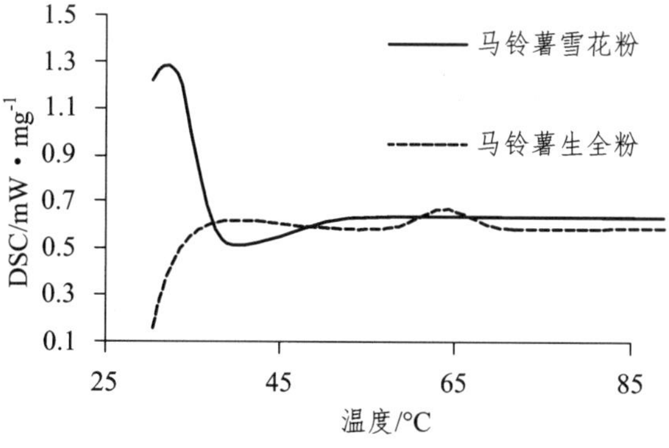

图 4-3　不同马铃薯全粉 DSC 图

（四）X-射线衍射分析

马铃薯淀粉是 B 型晶体结构。马铃薯生全粉的 X-衍射图呈现出与马铃薯淀粉相似的特征峰，可能的原因是生全粉淀粉糊化度低，淀粉的结晶区决定其衍射峰。此外，马铃薯生全粉在 5.5°处特征峰不明显，可能是因为加工过程中部分淀粉糊化。然而雪花粉及颗粒粉的衍射峰为无定形结构衍射曲线，形状呈馒头峰状，是因为雪花粉和颗粒粉在加工过程中经高温处理，淀粉糊化程度大，其结晶结构已遭到破坏（见图 4-4）。

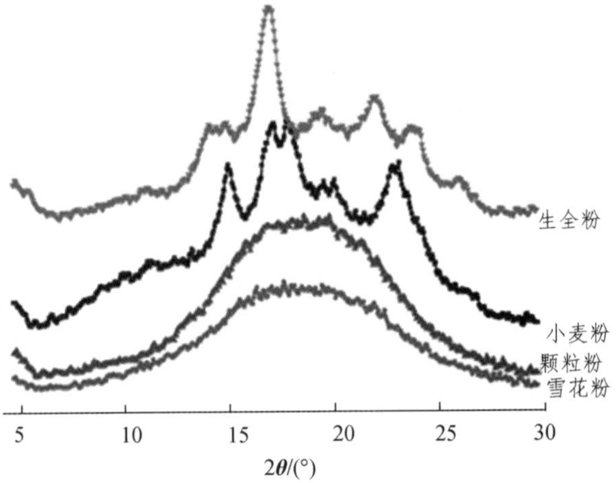

图 4-4　马铃薯全粉的 X 射线衍射图

（五）应用特性分析

马铃薯雪花粉与生全粉的吸水性、溶解度、析水率、持油性之间均存在显著性差异（见表 4-3）。马铃薯生全粉的吸水性、析水率和持油性都低于马铃薯雪花粉，而溶解度则比雪花粉高。析水率的大小反映了马铃薯全粉的冻融性，析水率越低，代表其冻融稳定性越好，速冻效果越好，说明生全粉更适合用于加工速冻产品。雪花粉在加工中淀粉粒破解，更易接触溶剂，故吸水性和持油性高于生全粉。

表 4-3　马铃薯全粉应用特性分析

样品	吸水性/$g^{-1}\cdot g$	溶解度/%	析水率/$g^{-1}\cdot g$	持油性/$g^{-1}\cdot g$
雪花粉	11.08±0.23	7.28±0.53	2.69±0.04	3.47±0.06
生全粉	9.36±0.34	10.23±0.21	0.45±0.01	2.04±0.02

四、马铃薯全粉的用途

马铃薯全粉是重要的马铃薯深加工产品，主要是作为原辅材料加工制作马铃薯食品，是其他食品深加工的基础。马铃薯全粉的增稠性、成壳性、填充增量性、持油持水性等特性在速冻食品、方便食品、调理食品等的加工制造过程中有着广泛的应用。

马铃薯全粉作为食品主要应用于两个方面：一是用作冲调马铃薯泥、马铃薯脆片等各种风味和各种营养强化的食品原料；二是作为食品添加剂在面包、蛋糕和月饼中使用，可改善其品质。用马铃薯全粉可加工出许多方便食品，它的可加工性远远优于鲜马铃薯原料，可制成各种形状，可添加各种调味和营养成分，制成各种休闲食品，故马铃薯全粉也可作为马铃薯食品的一种。

新鲜马铃薯块茎的长期保存已经成为世界难题，而马铃薯全粉不但储运安全，保质期较长，且贮藏储运成本远远低于新鲜马铃薯块茎。以马铃薯全粉代替新鲜马铃薯可以大大简化生产过程，提高相对于新鲜马铃薯的标准化程度。马铃薯全粉被公认为是大规模转化、保存马铃薯块茎的有效途径。

五、马铃薯全粉研究现状

马铃薯全粉的研究始于第二次世界大战之后，其中主要以美国、德国、意大利、荷兰等国家的生产为主，且年产量大约在几十万吨至几百万吨之间。迄今为止，在国外，对马铃薯全粉的研究已经从最初马铃薯全粉的大量生产、马铃薯全粉在食品中的应用，到研究热处理和化学预处理对薯粉理化、流变学和功能特性的影响。由此可以看出，马铃薯全粉加工技术已经越来越成熟、研究内容也越来越有深度。马铃薯颗粒全粉加工品的消费量占马铃薯总产量的比例呈不断上升趋势。且马铃薯颗粒全粉加工企业在国外大多已形成规模，如美国 Glowno Pland 地区的马铃薯颗粒全粉加工业，于 1980 年投产，每日平均加工新鲜马铃薯的量为 138 吨，马铃薯全粉产出量为 20.5 吨。

在国内，首家马铃薯全粉生产企业创办于 1989 年，到 2008 年马铃薯全粉生产线约 26 条。至今，国内马铃薯全粉年生产能力还在不断提升，拥有较成熟的加工工艺和生产设备，且对马铃薯全粉加工关键工艺开始重视并展开研究。虽与国外相比我国对马铃薯全粉的研究仍有一定差距，但可以看出我国马铃薯全粉加工技术蒸蒸日上。对马铃薯全粉在食品上的应用也在逐步加大研究力度，以其为原料加工的食品，如各形各色的休闲快餐及功能性马铃薯食品，像重组米汉堡饼、雪饼、沙琪玛、马铃薯减肥代餐粉等也慢慢在市场上出现。可见，随着我国食品行业加工技术的提高、内需的增大和消费政策的提出，马铃薯全粉将变得越来越普遍且被认可，马铃薯全粉加工的市场前景也将变得越来越好。

第二节　改性马铃薯全粉

在当代食品产业中，由于新设备、新工艺、新技术的出现和使用，马铃薯原淀粉的应用受到很多限定，因此在原淀粉性质基础上研发了各种各样的改性技术，使用物理方法、化学方法或酶制剂处理原淀粉，期望改进马铃薯淀粉的性能和扩展其应用领域，增加马铃薯淀粉的某些功能特性或开发出新的特性，使其更适合于现代食品产业的要求，马铃薯全粉的改性也应用了淀粉改性的方法。通过改性和复配等技术开发不同种类食品专用的马铃薯全粉，增加马铃薯全粉在食品中的添加量，从而提高食品的营养品质，进一步扩大马铃薯全粉在食品生产中的应用。

一、化学改性

（一）氧化处理

氧化淀粉是原淀粉在酸、碱、中性介质中，与氧化剂作用，使淀粉氧化从而得到的一种化学变性淀粉。氧化淀粉具有低黏度，高固体分散性，极小的凝胶化作用等特点。反应过程中淀粉分子链上引入了羰基和羧基，使直链淀粉的凝沉作用降到最低，大大提高了糊液的稳定性、成膜性、黏合性和透明度。氧化程度主要取决于氧化剂的种类和介质的 pH。周凤超等利用不同活性氯浓度的次氯酸钠（0.1，0.2，1.0，2.0，3.0 和 4.0 g/100 g 马铃薯粉）氧化改性马铃薯粉，通过对其化学成分、结晶度和不同消化率淀粉组分的测定，对氧化马铃薯粉的消化特性进行了评价。X-衍射及化学成分的测定表明，氧化作用主要发生在马铃薯粉中淀粉颗粒的非结晶区域。随着次氯酸钠浓度的增加，马铃薯粉中的羰基、羧基和直链淀粉含量显著增加。氧化处理降低了凝胶后的马铃薯粉的消化性，随着氧化剂浓度的增加，马铃薯粉中缓慢消化性淀粉和抗性淀粉含量显著增加，而快速消化性淀粉含量显著降低。研究表明，次氯酸钠氧化处理使马铃薯粉的消化性降低，该特性将使其在肥胖及糖尿病人的营养食品中有很好的应用前景。

（二）乙酰化处理及应用

在碱性低温条件下，将乙酰基团（$CH_3CO\cdot$）引入淀粉中生成颗粒状的淀粉酯而得到乙酰化淀粉。制备乙酰化淀粉的试剂主要是乙酸酐和乙酸乙烯，这两种试剂与淀粉反应时的催化剂分别为氢氧化钠和碳酸钠。也有用乙酸和乙烯酮作为反应试剂。随着淀粉中羟基被取代程度的加深，乙酰化淀粉的热塑性和疏水性也得到了提升。苏晶莹研究显示，乙酰化马铃薯粉的最佳条件为反应温度 30 °C、反应 pH 8.0、马铃薯与醋酸酐用量比例 12∶1、反应时间 1 h；乙酰化马铃薯粉对速冻水饺品质具有优化作用。乙酰基含量的增加对乙酰化马铃薯粉的优化作用有较大的提升，乙酰基含量越高，速冻水饺的品质就越好；当添加 0.8%的乙酰化马铃薯粉时，速冻水饺的各项指标是最好的，添加量高于 1.6%时起不到相应的作用。

二、物理改性

（一）冷冻处理

冷冻处理的实验操作相对简单，设备价格较低，过程容易调控，并且对淀粉的颗粒形貌，结晶及功能特性有较大的影响。可是使淀粉颗粒内部的支链淀粉侧链聚合，增加其比表面积，增加淀粉结晶度，促进淀粉的老化。胡丛林将冷冻工艺应用于马铃薯制粉的前处理中发现，冷冻使马铃薯全粉产生新的酮、醛、烃类化合物，增加了乙酸、己酸、甘油-L-脯氨酸三种酸类物质，反式-2-壬烯醛、壬醛两种醛类物质，以及邻苯二甲酸二异丁酯、3-羟基-2-丁酮等风味物质，具有焦糖香味的糠醛含量明显增加。但同时也损失了 2-正戊基呋喃、2,4,5-三甲基唑等风味物质。冷冻会使马铃薯全粉颗粒的内部结构发生改变，有完整的、规则的、呈椭圆状的淀粉颗粒暴露出来，且颗粒表面光滑平整，与马铃薯本身的淀粉颗粒形状相似。

（二）辐照处理

辐照加工技术是指利用 γ 射线、电子束等高能射线对产品进行改性处理的一种新兴的工业手段，使其在物理、化学、生物组成上发生一定程度的改变，以达到人们所需要的预期目标。苏小军等采用不同剂量 ^{60}Co-γ 射线对其进行处理，发现马铃薯粉经 50～400 kGy 剂量辐照处理后，颗粒形貌没有发生改变，但在冷水中的溶解度大大增加，其中经 400 kGy 剂量辐照处理后，溶解度达到 61%。辐照的直接糖化效率随处理剂量的加大而增加，其中以 400 kGy 剂量处理的最明显，糖化值（DE 值）达到 5.1%。辐照处理的降解产物以麦芽糖和葡萄糖为主。

（三）湿热处理

湿热处理指在水分含量不高于 35%、温度大于糊化温度的情况下，对样品进行改性的一种物理方法。由于湿热处理的效果好，安全性高，在食品行业应用广泛。李康开展微酸处理结合湿热处理（以下简称微酸湿热处理）制备微酸湿热处理马铃薯粉（调质马铃薯粉），发现随着湿热处理温度的增加，调质马铃薯粉黏度、溶胀能力下降，溶解度、热稳定性增加，凝胶强度呈先增加后减小趋势。闫巧珍等发现湿热处理使马铃薯全粉的结晶度和溶解度升高；冻融稳定性，吸油性，膨胀度，峰值黏度，谷值黏度，最终黏度，崩解值，回生值和还原糖含量降低。当温度和时间一定，水分含量为 30%时，溶解度和还原糖含量最高，峰值黏度、谷值黏度和最终黏度最低；当水分含量和温度一定时，不同时间对马铃薯全粉各品质指标的影响之间没有明显差异；当水分含量和时间一定，温度为 110 °C 时，还原糖含量和溶解度最高；温度为 120 °C 时，冻融稳定性、峰值黏度、谷值黏度、最终黏度、回生值和崩解值均最低。湿热处理对马铃薯全粉的品质有显著影响。

（四）韧化处理

韧化处理属于湿热处理的特殊形式，与普通的湿热处理相比，韧化处理的水分含量大于 40%，且反应温度也和普通湿热处理不同。由于韧化处理的安全性比化学改性高，且操作简单，便于实施，因此韧化处理在食品、化工等行业有着巨大的优势。研究表明，韧化处理使马铃薯全粉的晶型改变，结晶度和颗粒尺寸增大，峰值黏度、谷值黏度、最终黏度、崩解值、糊化温度、还原糖、慢消化淀粉（SDS）和抗性淀粉（RS）含量整体升高；冻融稳定性、持油性、溶解度、膨胀度、回生值和快消化淀粉（RDS）含量降低；热糊稳定性降低。当水分含量为 75%，温度为 40 °C 时，RDS 含量最低，低于对照 70.65%；当水分含量为 65%，温度为 40 °C 时，RS 含量最高，高出对照 1.21 倍。

（五）干热处理

干热处理是指在 120 ~ 200 °C 的高温下对干燥的淀粉（水分含量低于 10%）进行加热处理以使淀粉的性质发生改变的改性反应过程。干热处理是一种安全、简单的物理改性方法，能保持淀粉颗粒结构，不产生污染物，经过干热处理后，淀粉的性质会发生变化。研究表明，干热处理使马铃薯全粉的结晶结构更加紧密，使还原糖含量、溶解度、膨胀度、持油性、冻融稳定性、峰值黏度、糊化温度和消化速度降低。干热时间越长，温度越高，对马铃薯全粉破坏越大。

（六）挤压处理

挤压膨化是一个高温瞬时（HTST）的深加工过程，它主要是利用水分、热量、机械剪切力和螺杆推动力等混合作用而成。挤压过程中，淀粉在受到高温高剪切力的作用下产生糊化作用，形成预糊化淀粉，由之前未形成凝胶化的白色转变为凝胶状态的无色半透明胶体，具有极高的黏性，能够溶于冷水。并且由于压力的急剧上升，淀粉内部的 1-4 糖苷键被降解，大分子结构断裂形成小分子结构，从而产生葡萄糖以及麦芽糖等次级结构。原料中的纤维素经过挤压膨化处理后，高剪切力作用导致纤维发生部分降解、细化，使可溶性膳食纤维含量上升。由于高温、高压作用下导致纤维素分子间的共价键降解断裂，并且极性发生变化，使膳食纤维更加易于被人体所吸收。物料经过挤压膨化时，也使蛋白质产生复杂的变化。大多数研究表明，蛋白质的变性同样与挤压机的各项工艺参数有着密切的联系。蛋白质在受到高温、高压、高剪切力的作用下其三级四级结构遭到破坏，分子结构进行重组。并且二硫键、氢键随着破坏程度的加深而彻底断裂，致使蛋白质完全变性。脂肪在挤压过程中所起到的作用大多数会对产品的质量产生负面作用。一般来讲，由于高剪切作用以及高压作用，原料结构破裂，脂肪溶出，与淀粉形成复合物，在淀粉周围形成油膜，不但会影响人体对淀粉的消化吸收，更会影响产品的膨化率，降低产品质量。目前已发现，在挤压过程中脂肪能与直链淀粉形成稳定复合物，结构由 V 型转换为稳定的 E 型结构。

张艳荣等采用挤压法对马铃薯全粉进行挤压处理发现，当挤压温度为 150 °C、物料水分质量分数为 35%时，马铃薯全粉的加工特性综合比较最优，溶解度较高，持水性最好，冻融稳定性较好，此时马铃薯全粉面团弹性最好；挤压处理后的马铃薯全粉表面微观结构出现褶皱，表面积增加；热稳定性减弱，凝胶性减弱，不易回生；挤压处理使马铃薯全粉的结晶度下降。章丽琳等研究发现，随物料含水量的增大，马铃薯全粉的水溶性、碘蓝值逐渐减小，吸水性、吸油性逐渐增大，膨胀性先增大后减小，在 35%时最大，糊化温度先减小后增大，峰值黏度、谷值黏度、最终黏度、凝胶性逐渐增大，热稳定性在 30%时最强；随挤压温度的增大，水溶性、碘蓝值逐渐增大，吸水性、吸油性逐渐减小，膨胀性先增大后减小，在 170 °C 最大，糊化温度、热稳定性逐渐增大，峰值黏度、谷值黏度、最终黏度、凝胶性逐渐减小；随螺杆转速的增大，水溶性、碘蓝值逐渐增大，吸水性、吸油性逐渐减小，膨胀性先增大后减小，在 360 r/min 时最大，糊化温度逐渐减小，峰值黏度、谷值黏度、最终黏度、凝胶性逐渐增大，热稳定性先减弱后增强，在 280 r/min 时最弱。吴卫国等公开了一种挤压膨化马铃薯全粉食品及其加工方法。该食品由 30% ~ 70%（重量）马铃薯全粉、0% ~ 30%大米粉、0% ~ 15%玉米粉、0% ~ 15%淀粉、1% ~ 8%白砂糖粉、0% ~ 2%全脂奶粉、1% ~ 4%膳食纤维、0.2% ~ 0.4%碳酸钙、0.1% ~ 0.3%大豆卵磷脂以粉状混合搅拌后加入 1% ~ 4%的油脂及上述配料总量 4% ~ 7%的水，再搅拌后经挤压膨化、切割、烘烤制成挤压坯料后，喷涂油脂和调味粉制备而成。该工艺生产的挤压膨化马铃薯全粉食品组织结构细腻，色泽佳，口感好，马铃薯风味浓郁。

（七）超声处理

超声波可以引起介质粒子的机械振动，从而实现与媒质发生反应。超声波在液体内产生的作用主要有热作用、机械作用和空化作用，淀粉类原料则会在这些作用的共同作用下，打断分子链，产生游离的小分子片段，同时小分子片段还发生了氧化还原反应，使淀粉类原料的结构、性质发生变化。研究发现，超声处理对马铃薯全粉理化性质和消化特性产生影响。结果表明：超声处理使马铃薯全粉的结晶度增大，晶体结构明显改变，溶解度、膨胀度、吸油性、崩解值、糊化温度和消化特性显著降低。随着超声波处理时间的延长，马铃薯全粉的结晶度、峰值黏度、谷值黏度和最终黏度先升高后降低；随着超声波处理时间的延长，快消化淀粉（RDS）含量降低，慢消化淀粉（SDS）和抗性淀粉（RS）含量升高。研究表明，超声处理显著影响马铃薯全粉的理化性质和消化特性。

三、生物改性

（一）乳酸菌发酵处理及应用

利用乳酸菌发酵不仅成本低廉，而且还满足了消费者对天然产品的喜爱，是一种传统的食品生产加工方式。乳酸菌发酵对食品的营养、风味、货架期和质构的改进效果均已得到公认。徐一涵等利用高产淀粉酶的植物乳杆菌

CGMCC14177 发酵马铃薯生粉，并与小麦粉混合压制成面条，发现添加发酵 10 h 的马铃薯粉制作的面条品质最佳，最大添加量可达 30%，与添加未发酵粉的马铃薯面条相比，面条的黏度显著降低，最大剪切力明显提高，与纯小麦制作的面条品质更为相近。

（二）葡萄糖氧化酶处理

葡萄糖氧化酶对 β-D-葡萄糖具有专一氧化性，可以产生过氧化氢和葡萄糖酸。葡萄糖氧化酶的应用领域普遍，现在被食品工业、纺织漂染等各种行业所广泛使用，应用潜力也一直被看好，在葡萄糖生物传感器、生物燃料等高新领域也有普遍应用。王常青等研究葡萄糖氧化酶（GOD）对降低马铃薯颗粒全粉中葡萄糖及还原糖的作用。结果表明，当控制马铃薯颗粒全粉的水分在 50%～60%，酸度为 35，温度为 39 °C 时，GOD 的酶解降糖速度最快。在此条件下用 GOD（500 U/kg 产品）反应 180 min，可以使原料中的葡萄糖减少 80%～90%，还原糖减低 30%以上。王常青等在国内首次采用葡萄糖氧化酶降低还原糖技术，并与热烫降糖相结合，用国产马铃薯品种，在原料含糖小于 0.5%的情况下，生产出还原糖低于 1.5%的高品质颗粒全粉。

（三）α-淀粉酶处理

α-淀粉酶属内切型淀粉酶，它作用于淀粉时从淀粉分子内部以随机的方式切断 α-1,4 糖苷键，但水解位于分子中间的 α-1,4 键的概率高于位于分子尾端的 α-1,4 键，α-淀粉酶不能水解支链淀粉中的 α-1,6 键，也不能水解相邻分支点的 α-1,4 键；不能水解麦芽糖，但可水解麦芽三糖及以上含 α-1,4 键的麦芽低聚糖。由于在其水解产物中，还原性尾端葡萄糖分子中 C1 的构型为 α-型，故称为 α-淀粉酶。α-淀粉酶作用于直链淀粉时，可分为两个阶段：第一个阶段速度较快，能将直链淀粉全部水解为麦芽糖、麦芽三糖及直链麦芽低聚糖；第二阶段速度很慢，如酶量充分，最终将麦芽三糖和麦芽低聚糖水解为麦芽糖和葡萄糖。α-淀粉酶水解支链淀粉时，可任意水解 α-1,4 键，不能水解 α-1,6 键及相邻的 α-1,4 键，但可越过分支点继续水解 α-1,4 键，最终水解产物中除葡萄糖、麦芽糖外还有一系列带有 α-1,6 键的极限糊精，不同来源的 α-淀粉酶生成的极限糊精结构和大小不尽相同。α-淀粉酶在食品、酿造、制药和纺织等工业领域的应用普遍，如用于酿造、烘焙、洗涤剂、纺织物脱浆、淀粉液化和造纸工业中的淀粉改性等。方依依等以马铃薯全粉为原料，利用 α-淀粉酶对马铃薯全粉进行酶解，其最佳酶解条件为马铃薯全粉与水按质量比为 1∶8 混合，α-淀粉酶添加量为 0.015 g/100 mL，混匀后 50 °C 搅拌酶解 10 min，然后马上沸水浴灭酶 10 min。此条件下马铃薯全粉酶解液的葡萄糖当量值为 13.5 左右。

第三节　马铃薯馒头

馒头，又称馍或馍馍，是我国传统主食，在国人的饮食文化和日常生活中占据了重要地位，其消费量约占北方面食结构的 2/3，在全国面制品中约占 46%。新中国成立以来，随着人民生活水平的不断提高，中国传统主食馒头的研究工作逐渐展开，并且取得了一定的成果。2015 年 6 月 1 日，马铃薯全粉占比 30%的第一代马铃薯馒头在北京成功上市，并在北京 200 多家超市销售。这标志着马铃薯馒头已成为居民餐桌上的一员，加速推进了马铃薯主食化进程。

一、北方马铃薯馒头的典型生产工艺

本节以薛丽丽研制北方马铃薯馒头生产工艺为代表，采用二次发酵法。

（一）工艺流程

酵母活化→配方配料→和面→发酵→成型→醒发→汽蒸→冷却→包装。

（二）操作要点

按表 4-4 中的配方称取原料，将酵母溶于温水（38 °C 左右）中活化 3 min，将酵母水溶液缓缓倒入面粉中，搅拌后手工和面成团即可，放入温度为 38 °C，相对湿度为 80%～85%的条件下，发酵 1 h，手工成型，于室温下（25 °C 左右）醒发 10 min，放入蒸锅中汽蒸 25 min，待馒头蒸熟后出锅放置于室温下冷却至 25 °C 进行包装。

表 4-4　马铃薯馒头的基本配方

原料	质量/g	原料	质量/g
面粉+马铃薯全粉	500	水	250
酵母	4	糖	2

1. 马铃薯全粉添加对馒头比容的影响

馒头比容随马铃薯全粉添加量的增加先增加后减小，添加量 10%时达到最大值（2.7 mL/g），添加量超过 10%时，馒头的比容有所下降。这是由于马铃薯全粉具有良好的持水性，适量的添加有利于面筋蛋白网络结构的维持，有利于馒头的醒发和蒸制过程中二氧化碳的保持，从而增大馒头比容，但是当马铃薯全粉添加量过大（超过 10%）时面团的拉伸性能降低，从而不利于面筋网络结构的维持，使气室中固定的气体减少，导致馒头的比容降低。

2. 马铃薯全粉添加对馒头含水量的影响

水分含量是食品中一项重要的指标，水分含量对食品的新鲜度、硬度、流动性、风味物质的呈现及食品保藏和加工等许多方面都有着极其重要的影响。馒头中水分含量较高，馒头的水分含量对馒头的口感和食用品质都起着重要作用。在同一贮藏时间内，不同马铃薯全粉添加量的馒头中的水分含量不同，马铃薯全粉的添加量越大，馒头中的水分含量越高。这是因为马铃薯全粉具有良好的持水性和保水性，其添加能够使馒头缓解失水，但是并不是水分含量越高越好，馒头的水分含量过高时会发黏，不利用食用品质且易滋生微生物。马铃薯全粉添加量为 20%以内时馒头的水分含量均符合国标中关于小麦粉馒头含水量小于 45%的规定。

3. 马铃薯全粉添加对面粉糊化特性的影响

在马铃薯全粉添加量增加的情况下，小麦粉糊化特性的各个参数均显著降低。引起面粉的糊化黏度（峰值黏度、最低黏度、最终黏度）降低的原因可能是马铃薯全粉中的淀粉发生了氧化反应，引入了羧基基团，使淀粉的结构遭到破坏，造成分子链之间的氢键大量断裂，引起大分子的解聚，造成了淀粉分子空间结构发生改变，由此增加了淀粉的溶解度，并使黏度降低。从某种意义上来讲，糊化温度降低也降低了加工的难度。

4. 马铃薯全粉添加对馒头质构特性的影响

（1）硬度。馒头中加入马铃薯全粉后硬度值均比普通小麦粉馒头的硬度值小，当马铃薯全粉的添加量为 15%时，馒头的硬度值最小，说明适量地添加马铃薯全粉能够改善馒头的硬度。这可能是因为马铃薯全粉吸水膨胀使馒头的硬度降低，当马铃薯全粉的添加量为 20%时，馒头的硬度再次增加。这是因为引起馒头硬化的一个重要因素就是支链淀粉的重结晶，马铃薯全粉含量较高时，支链淀粉发生重结晶的概率变大，淀粉回生造成馒头硬化使馒头硬度再次变大。

（2）弹性。添加马铃薯全粉能够改善馒头的弹性，当马铃薯全粉添加量为 0%～15%时，馒头的弹性不断增大；当马铃薯全粉添加量为 15%时，馒头的弹性最大；当马铃薯全粉添加量为 20%时，馒头的弹性值最小。馒头的弹性表示馒头在受到外力的压力后恢复到原来高度的能力的大小，弹性是评价馒头品质的一个重要指标。由此可知，适量的添加马铃薯全粉能够使馒头保持良好的弹性，但是马铃薯全粉添加量过大时会使馒头的弹性降低。这是因为马铃薯全粉中不含面筋蛋白，改变了面团的内部结构，面团的持气性也下降以致面团难以胀发，因此马铃薯全粉添加量过大时，对馒头的弹性产生不利影响。

（3）黏聚性。黏聚性表示馒头在受到挤压破坏时能够紧密相连，维持馒头完整的能力，通过比较馒头黏聚性值的大小能够得出馒头内部结合力的大小，反映出馒头掉渣的难易程度。馒头的黏聚性随马铃薯全粉添加量的增大而逐渐增大。添加量大于 15%时馒头的黏聚性的值又减小，说明在合适的马铃薯全粉添加量范围内，能够改善馒头维持完整状态的能力，改善其掉渣现象，但是当马铃薯全粉添加量过高时，馒头的内部结合能力下降，馒头更容易出现掉渣的情况。

（4）回复性值。馒头的回复性能够反映馒头的老化程度，回复性值越大说明馒头越不易老化。当马铃薯全粉添加量为 15%时，馒头的回复性值最大，这说明添加马铃薯全粉能够减缓馒头的老化速率，最佳添加量为 15%。

由于马铃薯全粉良好的持水性，添加马铃薯全粉后面团能够维持良好的空间结构，适量的添加量能够改善馒头的品质。但是当马铃薯全粉添加量过大时，由于马铃薯全粉中不含面筋蛋白，会稀释面筋蛋白的作用，使馒头的品质下降。因而，应综合马铃薯全粉添加量对馒头质构特性的影响。

（三）马铃薯馒头的挥发性风味物质

通过 GC-MS 检出马铃薯全粉添加量为 10%时，馒头中有 28 种挥发性风味物质，其中醇类 9 种，醛类 9 种，酯类 2 种，酮类 2 种，烃类 3 种，苯环类 3 种，杂环类 3 种，硫化物 3 种。比普通小麦粉中的风味物质少 7 种，且各种风味物质的含量也各不相同，这说明加入马铃薯全粉后，馒头中挥发性风味物质的组成和含量都发生了变化。

二、影响马铃薯馒头品质的因素

（一）马铃薯褐变

褐变是果蔬加工贮藏过程中普遍存在的一种变色现象，是造成果蔬品质下降的一个重要原因。褐变不仅可引起果蔬色、味等感观性状的下降，还会造成营养损失，甚至影响产品的安全性。果蔬褐变一般可分为两大类：一类是在氧化酶催化下的多酚类物质的氧化变色，称为酶促褐变；另一类是如美拉德反应、焦糖化作用等产生的褐变，没有酶的参与，称为非酶褐变。而果蔬的褐变，常以酚酶引起的酶促褐变反应最为常见。目前，对马铃薯的褐变特性及抑制方法等已有较多研究，亚硫酸盐类是食品加工业中应用得最广泛的一种护色剂，且由于亚硫化物食品安全性所引发的问题，探讨无毒非硫的防褐保鲜剂或保鲜方法越来越受到人们的重视。故常采用 *D*-异抗坏血酸钠、柠檬酸、苹果酸、焦磷酸氢钠等化学护色剂作为亚硫酸盐类替代物进行护色。

（二）发酵时间与酵母添加量

在馒头制作过程中，酵母菌发挥着重大的作用。酵母在发酵时，利用原料中的果糖、葡萄糖等糖类，以及 α-淀粉酶对面粉中破损的淀粉转化后的糖产生发酵作用，产生二氧化氮，促使面团体积增大，结构疏松。研究发现，在醒发 40 min 时，馒头感官品质最佳；醒发时间不足，馒头体积小；时间过长，内部出现大蜂窝状孔洞。随醒发时间的延长，馒头的高径比逐渐降低，馒头比容和白度先增大后减小。一些学者采用一次发酵法，以馒头比容、硬度以及均匀度为指标，研究了醒发条件如醒发温度、湿度、醒发时间对北方馒头品质的影响。结果表明，醒发时间为 35 min 左右，醒发温度在 35 °C 左右，醒发湿度在 80%左右时，馒头的品质最佳。

苏东民等通过感官分析和质构分析，研究了不同活性干酵母添加量和发酵时间对馒头品质的影响发现，发酵温度 38 °C、酵母添加量 0.8%时制作的馒头具有较好品质。在制作馒头的过程中，酵母菌发挥着重要作用：酵母在发酵时利用原料中的葡萄糖、果糖、麦芽糖等糖类及 α-淀粉酶对面粉中破损淀粉进行转化后的糖类进行发酵作用，产生二氧化氮，使面团体积膨大，结构疏松。在近些年的马铃薯馒头研究中，对马铃薯馒头酵母添加量与发酵时间也有不同的结论。冷劲松等认为，发酵时间在 45 min 时，马铃薯馒头品质达到最高。畅晓洁等研究发现，在酵母添加量为 0.9%，第一次发酵时间 90 min，第二次发酵时间 20 min 时，马铃薯馒头的品质最佳。

（三）品质改良剂

改良剂的种类繁多，在发酵面制品加工中占有举足轻重的地位，包括亲水胶体、乳化剂、酶、营养强化剂、面粉漂白剂、还原剂等。其中，亲水胶体可以促进无面筋发酵面团的形成，提高其持水性等，还能提供膳食纤维或蛋白质。乳化剂可以与蛋白质、油脂产生一系列的反应和作用，形成细密的网状面团结构，还可与淀粉形成不溶复合物，防止可溶性淀粉的溶出。而酶可以提升面团的发酵体积，延迟老化，促进面团孔洞的形成等。孙洪蕊等研究发现，在谷朊粉添加量 4%、玉米变性淀粉添加量 1%、α-淀粉酶添加量 20 mg/kg、乳清蛋白添加量 1%时，马铃薯馒头的品质优于未经优化的对照组，硬度值、咀嚼度值、胶着度值显著降低，弹性值、黏聚性、回复性没有显著变化。张凤婕在研制 50%马铃薯全粉馒头配比时发现，谷朊粉添加量 4.5%、蛋清粉添加量 7%、海藻酸钠添加量 0.6%的条件下，马铃薯全粉馒头的感官评分最高。姜鹏飞等发现，添加硬脂酰乳酸钠和 α-淀粉酶的马铃薯面团的发酵体积增量超过 20 mL，其他马铃薯面团的发酵体积增量均低于 20 mL；除了 α-淀粉酶和单甘酯（添加比例为 0.30%）外，其他改良剂也可以提高马铃薯发酵面团的储能模量；改良剂可以改善马铃薯面团的剪切稳定性，但是添加 α-淀粉酶的 50.00%和 60.00%马铃薯面团起始黏度最低；果胶和羧甲基纤维素钠均能改善马铃薯面团网络结构，硬脂酰乳酸钠和单甘酯有利于面团形成面筋膜，而 α-淀粉酶不利于面团网络的形成。

三、其他马铃薯馒头的生产工艺

（一）生鲜马铃薯馒头

现有的马铃薯馒头多以马铃薯全粉制成，全粉生产加工能耗高、使用成本高，用于馒头加工添加量少。如果要增加马铃薯含量，通常需要使用添加剂。以生鲜马铃薯为原料，开发马铃薯馒头加工新技术，可以提高马铃薯馒头的品质。

李泽东采用鲜马铃薯浆制作的 15%马铃薯干物质含量的馒头工艺如下：将 1.2 g 酵母用 5 mL 30 °C 温水活化，与 75 g 鲜马铃薯浆、85 g 小麦粉混合均匀，在 38 °C 环境中醒发 30 min，揉制成型，在 25 °C 醒发 20 min 后蒸制 20 min。

研究还发现，比容是影响马铃薯馒头品质最重要的因素。相同添加量，以马铃薯浆为原料加工的馒头比容显著高于以商品马铃薯全粉、商品全粉与马铃薯浆混合制成的馒头。使用荷兰 15 马铃薯为原料，添加薯浆、自制冻干全粉和热风干燥全粉制成的馒头，前者比容最大，冻干全粉的次之，热风干燥全粉馒头比容最小。1 cm×1 cm×1 cm 是适宜的切块大小，60 °C 6 min 热处理后马铃薯浆的加工适应性和褐变抑制效果较好。二次醒发有利于提高鲜马铃薯浆馒头的比容，当酵母添加量为 1.2%、第一次发酵时间为 30 min 时制成的马铃薯馒头品质最佳。以鲜薯为原料，马铃薯最大添加量（以干物质计）为 30%（m/m），在干物质添加量为 15%时，马铃薯馒头品质最好。与商品马铃薯全粉制作的馒头相比，以鲜马铃薯浆为原料，可以在不使用添加剂的前提下提高马铃薯的添加量，在相同添加量时，鲜马铃薯浆馒头品质更好。使用鲜马铃薯浆制作馒头降低了能源消耗，具有成本优势。

（二）马铃薯泥玉米馒头

张忠等以小麦粉、马铃薯泥、玉米面为主要原料，通过添加一定量活性干酵母研制薯泥玉米面馒头。配方最优方案为薯泥小麦粉配比为 11∶27，玉米面添加量为 6.5%，活性干酵母添加量为 1.0%，发酵时间为 40 min。此时馒头的弹性、组织状态、色泽、香味和口感最好，做出的产品口感细腻，表皮有光泽，弹性较好，有嚼劲，不黏牙，内部气孔均匀细小。该产品操作要点如下：

1. 薯泥的制作

挑选无芽、无绿变、无机械损伤的马铃薯清洗、削皮、切块后，放入锅内煮熟，然后趁热将煮熟的马铃薯挤压成泥。

2. 和面

把玉米粉、薯泥、泡打粉、高筋小麦粉、酵母加水和匀制成面团，和面时间大致为 10 min。小麦粉含水率为 13.5%，薯泥的含水率为 78.0%，玉米面的含水率为 14.0%，添加适量的水分，将面团的含水率固定为 40.0%。

3. 发酵

把面团置于醒发箱中，温、湿度分别设成 30°C、30%，醒发时间大概为 60 min。

4. 成型

把完成发酵的面团取出切块成型。

5. 醒发

把成型的面团在室温下醒发 20 min。

6. 汽蒸

醒面完成后，把面团置于蒸锅内蒸煮。水烧开后开始计时，时间为 20～25 min。确认蒸熟后，关火焖几分钟。

（三）马铃薯全粉、玉米粉和小麦粉复合馒头制作工艺

刘丽等为改善馒头营养结构及口感，解决马铃薯成本升高问题并提高玉米的附加值，将马铃薯全粉和玉米粉加入小麦粉中制成混合粉馒头，研究了不同比例和制作方法对馒头品质的影响。结果表明：面粉占比 70%、马铃薯粉占比 10%、玉米粉占比 20%，或面粉占比 70%、马铃薯粉占比 20%、玉米粉占比 10%时，感官评价分数较高。当酵母添加量为 0.6%，首次发酵时间 4h，二次发酵时间 30～40 min，3 种混合粉馒头的感官品质最佳。

该产品制作采用二次发酵法，操作要点如下：

称取 200 g 面粉，14 g 白砂糖，1.2 g 酵母，120 mL 水，多功能面食料理机揉面 30 min。揉好的面团表面覆盖保鲜膜置于 38 °C 恒温培养箱中醒发。揉面，将面团内的气泡赶出，下剂，成型，面团表面要揉至光滑。揉好馒头的形状后用保鲜膜覆盖置于 38 °C 恒温培养箱中进行第二次醒发。待面团再次膨胀 1.0～1.5 倍大时，面团即发好。将面团放入蒸锅，蒸锅内放冷水，大火烧开，改小火蒸 15 min，熄火后静置 5 min 后再开盖。

（四）紫色马铃薯馒头

紫色马铃薯含有大量花青素。花青素具有多种保健功能，如辅助抑制癌症、抗氧化和抗衰老等。刘振宇等对紫色马铃薯馒头加工工艺进行研究，结果表明，紫色马铃薯全粉添加量对紫色马铃薯馒头的口感影响最大，也对馒头的比容起重要作用。适宜的加水量、酵母添加量和发酵时间能改善紫色马铃薯馒头的品质。综合考虑成本与工艺要求等问题，确定了紫色马铃薯馒头加工工艺：紫色马铃薯全粉添加量 35%、加水量 175 mL（面粉 250g）、酵母添加量 0.75%、发酵时间 4 h、醒发时间 30 min 和气蒸时间 15 min。

该产品加工工艺流程如下：

小麦面粉+紫色马铃薯雪花粉→粉碎→和面（10 min）→揉面（5 min）→发酵（3 h，温度 32 °C）→二次揉面 5 min→成型→醒发 40 min→气蒸 15 min→

紫色马铃薯馒头。

四、馒头品质评价体系

馒头品质评价内容一般包括安全卫生、营养品质、感官品质以及贮藏性能等方面。目前国内外学者研究最多的是主观评价法和客观评价法。其中，加拿大、美国及澳大利亚等国家在原料品质控制、制作工艺改进、加工设备研发等方面研究比较集中，我国由于对馒头品质评价体系研究较晚，因此许多方法和工艺均较落后。目前国内馒头品质评价大多参考国内外面包的评价指标和方法，其中主要是感官品质评定。

（一）主观评价

主观评价即人们通常所说的感官评价方法，它是目前国内馒头品质评价的最普遍的方法。感官评价主要是人类应用其感觉器官如眼睛、耳朵、手、嘴巴及鼻子，通过嗅觉、视觉、触觉及味觉来分析产品的某些特性，并结合心理、生理、物理、化学及统计学而设计出的一套对食品品质进行定性及定量分析的科学检测方法。它在产品质量的提高、生产工艺的改进以及生产成本的降低过程中都起到了很大的指导作用。

馒头的感官评价是一个嗅觉、视觉、触觉、味觉与肌肉运动相结合的复杂动态过程，受唾液的分泌、温度及口腔的咀嚼程度等影响。可以通过视觉目测馒头的形状、色泽、光泽度及亮度做出视觉评价，通过触摸馒头感受其回复性、弹性以及柔软性对馒头做出触觉评价，通过咀嚼时馒头的易分解、吞咽、咀嚼用力程度及口感做出味觉评价。《馒头用小麦粉》附录 A 中提出了馒头品质评价体系。随后 Huang 等人把感官评价与色彩色差计相结合测定馒头的色泽、结构特性、弹性及黏附性；王乐凯等也在《馒头感官评价及品尝评分项目指标》中针对馒头的各项指标制定标准。感官评价是消费者对食品品质最直观的描述和判断，是界定食品好坏的主要主观评价方法。但由于其受人体主观意识的影响较大，加之地域、人群、文化背景等条件的不同，其评价结果也存在很大差异。因此，感官评价作为馒头品质评价方法在馒头产业化生产上存在很大局限性和不全面性。

（二）客观评价

客观评价一般分为力学测定、经验测定及模拟测定 3 种。目前，应用于食品特性评价的主要是模拟测定，即借助科学仪器来测定人们所感受到的食品品质。早在 1861 年，德国人就制造出了用于测定胶状物稳固程度的第一台食品品质测定仪；1955 年，Procter 等人提出了能够准确表达食品特性的比准咀嚼条件；随后在 1963 年，Szczeniak 等在前人的基础上，确立了描述食品食用特性的质构曲线分析法，并在此理论基础上，通过模拟牙齿的咀嚼行为，发明了 TPA（Texture Profile Analysis）测试方法。质构仪的出现弥补了主观评价的缺陷，提高了评价结果的准确性和客观性。

目前，国内馒头评价的方法和指标条件还处于初步探索阶段。郭波莉等研究结果表明，馒头的外观形状、白度及咀嚼性是感官评价的主要评价指标，黏着性、回复性以及弹性是物性测试仪的主要测试指标，物性测试仪所测弹性及回复性值越高，馒头的感官评价值越好，馒头的食用品质越好。张国权等以陕西省境内 92 个小麦品种为原料加工成馒头，并对其感官品质及质构品质进行测定，通过分析其两者之间的相关性表明，馒头的比容与物性测试所得的回复性、黏着性、弹性、咀嚼度以及硬度都呈极高的正相关，压缩回复性与馒头气味有极高的正显著性，馒头内部结构与质构仪所测硬度、胶着性和咀嚼度均呈显著的正相关性。并由此确定馒头的亮度、比容、弹性、回复性、黏着性、咀嚼度以及气味，这些是决定馒头品质好坏的关键性评价指标。采用百分制对上述指标进行评判，并应用其对 22 个小麦品种进行验证，测试结果与《小麦粉馒头》（GB/T 21118—2007）中感官评分馒头品质评价体系对馒头的分类结果基本一致。

第四节　马铃薯面条

面条起源于我国，已有 4000 多年的食用历史。“北方面条，南方米饭”概括了我国的地方主食特色。面条是由面粉（由谷物、豆类、薯类等加工而成）加水搅拌成面团，然后压、擀或抻成片，再使用切、压、搓、拉或捏等工序，制成条状（窄、宽、扁、圆等），最后经煮、炒、烩、炸而成的一种食品。面条是一种制作简单、食用方便、营养丰富的健康保健食品，既可作主食也可作快餐，早已为世界人民所接受与喜爱。全国各地根据饮食习惯的不同，形成了种类繁多、风味各异、颇具地方特色的面食，如拉面、扯面、刀削面等。根据贮存方式不同，面条可分为常温保存面条、冷藏面条、冷冻面条。根据我国的行业标准划分，面条可分为生切面、挂面、花色挂面、手工面、方便面、面饼、通心面。根据面条的制作方法和商业习惯，面条分为生鲜面、挂面、熟煮面、蒸面、方便面、冷冻面条、冷面、意大利面条、面皮类。采用马铃薯全粉制作面条，不仅可以提高面条的营养价值，更是实现马铃薯主食化的重要途径。

一、马铃薯品种、淀粉、添加剂对面条品质的影响

（一）马铃薯品种影响

马铃薯品种繁多，不同原料品质会影响马铃薯面条的品质。张忆洁等采用最大-最小归一化处理方法将马铃薯面团和马铃薯面条的各个品质指标转化为一维的综合评价指标，分别与 40 个马铃薯原料品种的品质指标（淀粉、维生素 C、可溶性蛋白、还原糖、粗纤维、钾、灰分、干物质、游离氨基酸、硬度、弹性、内聚性、咀嚼性、胶黏性、回复性）进行拟合并建立回归模型。采用聚类方法，将 40 个马铃薯品种按照加工适宜性分为最适宜、基本适宜和不适宜 3 类，其中最适宜加工的品种为 05-44-1、克 9、79（2）、C11、D17、C3、T3、庄 3、会 2、T4、L7、黑，共 12 个品种，基本适宜品种为 L0524-2、冀 8、T2、F5、红、郑 7、S3-28、中 901、S4-32、中 13、T5、冀 12、甘农 5、晋 18、F6、T18、78，共 17 个品种。

（二）淀粉的影响

1. 淀粉与面条感官品质的关系

面条的感官品质包括色泽、表观状态、透明度、硬度、黏性、弹性、光滑性、韧性、食味值等。张豫辉等研究了马铃薯淀粉的加量对面条色泽的影响，结果表明随着马铃薯淀粉的添加，面片的整体色泽得到改善，添加 5%的马铃薯淀粉面条感官评分最好。

2. 淀粉与面条质构特性的关系

面条的质构特性包括硬度、黏着性、弹性、黏聚性、胶着性、咀嚼性、回复性等。张翼飞的研究表明，添加马铃薯淀粉可增加熟面条的黏结性及回复性，面条品质好。

3. 淀粉与面条蒸煮品质的关系

面条的蒸煮品质包括最佳煮制时间、煮制吸水率、煮制损失率、总有机物测定值、蛋白质损失率等。Kawaljit 等研究表明，马铃薯淀粉可降低面条蒸

煮时间，但蒸煮损失率也较高。淀粉含量与煮制面条的吸水率、干物质损失率、蛋白质损失率呈正相关。张豫辉研究表明，添加马铃薯淀粉的面条，糊化温度低，制成的面条最佳蒸煮时间短；添加 5%～10%的马铃薯淀粉，面条的蒸煮品质最好，当马铃薯淀粉添加量小于 10%时，面条的拉伸品质较好。随着马铃薯淀粉的添加，面条的最佳蒸煮时间缩短，干物质吸水率减少，干物质损失率及断条率先减小后增加。赵登登研究发现，添加 6%的马铃薯淀粉制作的面条品质最好，感官得分最高，质构的硬度、黏着性、弹性和咀嚼性最大。

（三）添加剂的影响

常用的面条改良剂主要有乳化剂、增稠剂、变性淀粉、酶制剂以及一些天然蛋白。全粉的添加破坏了小麦粉中的面筋网络结构，使加工后的面条韧性差，谷朊粉中主要成分为小麦粗蛋白，其添加能促进面筋网络结构的形成，因此在面条中应用较多。增稠剂能够对面团的稳定性和黏度起到提升作用，适量的添加有利于面团形成稳定的网状空间结构，从而改善面团的流变学特性和面制品加工品质。

在马铃薯面条原料粉中添加一定比例的小麦蛋白、花生蛋白、大豆蛋白制作面条，均会降低马铃薯面条的亮度值，且随着蛋白添加量的增加，马铃薯面条亮度值降低，但大豆蛋白对马铃薯面条亮度值的影响小于小麦蛋白和花生蛋白。同时，3 种蛋白均可显著改善马铃薯面条的食用品质，降低其蒸煮损失，增强其拉伸阻力、硬度、黏合性和咀嚼性，且小麦蛋白对面条品质的改善作用最为显著，大豆蛋白次之。扫描电镜结果发现（见图 4-5），马铃薯面条中蛋白通过分子间的相互作用形成三维网状结构的骨架，而淀粉颗粒等穿插于三维网络结构的空隙中，起到充填面筋网络的作用。不同蛋白添加组的面条微观结构存在明显差异，小麦蛋白添加组马铃薯面条微观结构较为致密，淀粉颗粒与面筋网络结合得较为紧密。但花生蛋白组与大豆蛋白组的网络结构较为疏松，淀粉颗粒与面筋网络结合较为疏松，花生蛋白组还可明显看出面筋网络中存在的较大空隙，面筋网络更加疏松，对淀粉的包裹效果较差。这是由于小麦蛋白中半胱氨酸含量高于花生蛋白与大豆蛋白，半胱氨酸中的巯基发生反应生成二硫键促进了网络结构的形成。与鲜切面相比，从干面的微观结构可明显看出，面条表面发生了龟裂现象，且龟裂多发生在蛋白与淀粉的接触面。电子鼻检测结果表明，小麦蛋白和花生蛋白对马铃薯面条的气味无显著影响，而大豆蛋白会使马铃薯面条中的氮氧化合物等豆类腥味物质增加。小麦蛋白对马铃薯面条的食用品质改善效果最佳。将马铃薯变性淀粉添加到马铃薯面条中能有效降低面汤浊度。

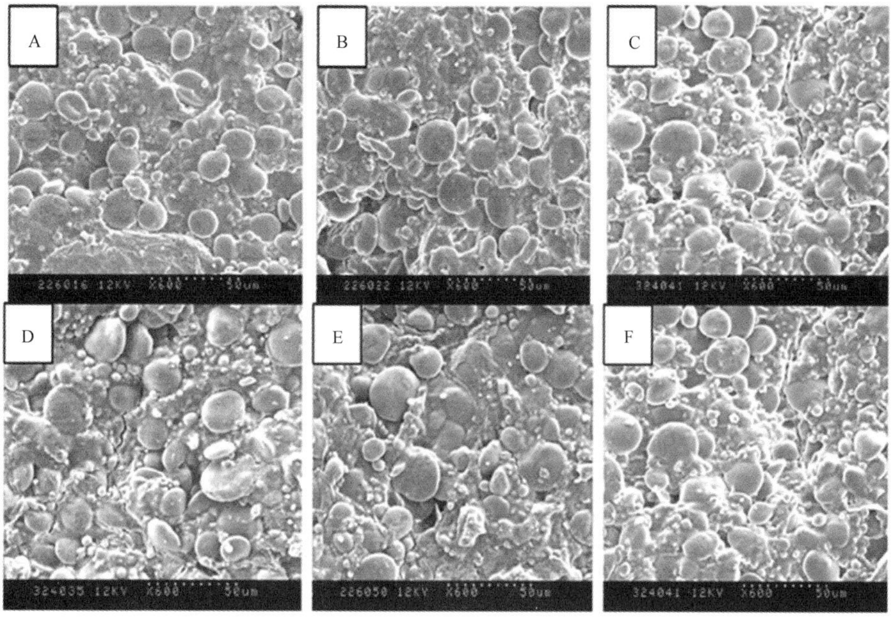

A. 小麦蛋白添加鲜切面　　B. 花生蛋白添加鲜切面　　C. 大豆蛋白添加鲜切面

D. 小麦蛋白添加干面　　E. 花生蛋白添加干面　　F. 大豆蛋白添加干面

图 4-5　不同蛋白对马铃薯面条微观结构的影响（放大倍数：600 倍）

二、马铃薯全粉-小麦粉面条的生产工艺

本节以施建斌研制的马铃薯全粉-小麦粉面条为代表。

（一）工艺流程

面粉、食盐、卡拉胶、马铃薯全粉→加水→和面、揉面→熟化→轧面→切面→干燥。

（二）操作要点。

1. 和面

按照比例称取 500 g 面粉和马铃薯全粉、卡拉胶、食盐，加水和面 3 ~ 5 min。

2. 熟化

将面团在 25 °C 条件下静置一段时间，促进面筋网络的形成，提高面条口感，改善面条色泽。

3. 压面、切条

先后用压面机在压辊轧距间隙 3 mm 和 2 mm 处压片，压片—合片—压片，反复 5 次，最后在压辊轧距间隙 1.75 mm 处压片后切成直径为 1.75 mm 的圆面条。

4. 干燥

自然晾干。

（三）工艺配方

1. 马铃薯全粉添加量

随着马铃薯全粉添加量的增加，蒸煮时间基本保持不变，说明马铃薯全粉添加量对面条的糊化特性无明显影响；随着马铃薯全粉添加量的增加，马铃薯面条断条率呈先上升后趋于稳定最终又上升的变化趋势。马铃薯全粉添加量小于 5%时，蒸煮过程中无断条发生；马铃薯全粉添加量为 10% ~ 30%时，马铃薯面条断条率保持在 2.5%。马铃薯面条的吸水率随着马铃薯全粉添加量的增加而降低，而失落率随着马铃薯全粉添加量的增加而升高。马铃薯全粉添加量为 15%时，感官评价值最高。

2. 熟化时间

随着熟化时间延长，马铃薯全粉面条蒸煮时间与断条率变化幅度较小，熟化时间 20 ~ 30 min 时，断条率较高；面条吸水率呈先上升后下降的变化趋势，熟化时间 20 min 时吸水率最高；面条失落率呈明显下降的变化趋势；面条感官评价值呈先上升后下降的变化趋势。马铃薯全粉面条和面熟化最佳时间为 30 min。在和面阶段，水分可能无法完全与淀粉及蛋白质分子水合形成氢键，通过静置熟化可实现水分、淀粉分子及蛋白质分子最大限度键合，形成网络结构，使面团的拉伸与延展性能得以提升。

3. 卡拉胶添加量

卡拉胶是一种常见的亲水性胶体，常用于面制品的加工中，以增加面团的黏弹性和口感。随着卡拉胶添加量的增加，马铃薯全粉面条蒸煮时间先维持不变后升高最终保持不变；面条断条率呈先下降后保持不变的变化趋势，卡拉胶添加量≥0.6%时，断条率为 0；面条吸水率呈明显上升的变化趋势，而失落率呈明显下降的变化趋势。卡拉胶添加量为 0.8%时，感官评价值最高。结合各项蒸煮特性指标以及感官评价值，拉胶最适添加量为 0.8%。

4. 水添加量

马铃薯全粉中由于淀粉含量高，吸水率远高于小麦粉，全粉的增加导致加水量显著增加。加水量的多少对面条的成型会产生直接影响，过低面条吸水不足，难以形成稳定的面筋网络结构，在压延过程中面絮损失很大，甚至无法成型；过高面条会出现黏辊现象。随着水添加量的增加，马铃薯全粉面条蒸煮时间、断条率均呈明显降低的变化趋势，而吸水率及失落率则呈明显上升的变化趋势。结合蒸煮特性以及感官评价值，确定马铃薯全粉面条中水的添加量为 34%时较适合。

5. 食盐添加量

食盐作为面条制作的常用辅料之一，在面条制作中添加适量食盐有利于面团形成更加紧密的面筋网络结构，增加面团的弹性、延伸性，降低面条断条率。此外，还可以抑制杂菌繁殖，延长保质期。食盐能够通过离子间作用改变蛋白质的疏水性，疏通面条水分扩散通道，使面筋充分吸水，达到强化面筋网络的目的，从而减少蒸煮过程中淀粉颗粒的溶出，降低面条蒸煮损失率。但氯化钠具有亲水性，过高食盐添加量会减少游离水的含量，不利于面筋的水合作用进而影响面筋的形成，导致面条内部组织松散，包裹淀粉颗粒的能力减弱；同样，过高的食盐添加量也会导致面条口感风味下降。食盐的添加量对马铃薯全粉面条的蒸煮时间和失落率没有明显影响，且在一定程度上降低了面条的断条率，食盐添加量高于 1.5%时，无断条发生。面条吸水率呈先下降后上升最终下降的变化趋势，食盐添加量为 3.0%时其吸水率最高。随着食盐添加量的增加，马铃薯全粉面条感官评价值呈先上升后下降的变化趋势。食盐添加量为 2.0%时，感官评价值最高。

6. 优化配方

正交试验后的优化配方为水添加量 34%、卡拉胶添加量 1.0%、马铃薯全粉添加量 10%、熟化时间 40 min。

三、马铃薯泥-小麦粉面条

与马铃薯全粉相比，以马铃薯泥为原料加工面条细胞破碎率小、水分利用率高，同时也完整地保留了鲜薯的风味物质。本节以蒲华寅研制的马铃薯泥-小麦粉面条为代表。

（一）马铃薯泥的制备

选取无损伤、无发芽、无虫害、无腐烂的新鲜马铃薯，保鲜膜包裹后置于微波炉（800 W）加热 4.5 min，取出后翻转并继续置于微波炉（800 W）加热 4.5 min 后再次取出，冷却 10 min 后去皮并置于研钵中用研磨棒捣成马铃薯泥，加入一定量的蒸馏水使马铃薯泥的含水量达到 65%左右。

（二）马铃薯泥面条制作

称取马铃薯泥及中筋粉共计 100 g，充分混匀，使其形成均匀散颗粒状，手握可成团，轻轻搓又可回到颗粒状态。将和好的面团用保鲜膜包裹，在一定温度下醒发一定时间后，取出并用压面机反复压轧，直至形成厚度为 1 mm 的光滑均匀面片，最后将压好的面片用压面机压成厚 1 mm、长 20 cm、宽 3 mm 的面条。

（三）工艺配方

1. 马铃薯泥添加量

随着马铃薯添加量的增加，面条最佳蒸煮时间减少，而吸水率、断条率及蒸煮损失率整体上呈现增加的趋势。马铃薯泥中含有一定量的膳食纤维，且马铃薯在加热过程中内部部分淀粉糊化可能是导致吸水性增加的主要原因。当马铃薯泥添加量超过 50%时，面条的断条率明显增加。提高马铃薯泥占比，面条硬度逐渐减小，而黏着性逐渐增大，面条弹性变化不大。当马铃薯泥添加量为 60%时，弹性值明显低于其他样品，此时马铃薯泥面条蒸煮品质也较差。选择 50%马铃薯泥添加量进行后续工艺优化。

2. 醒发时间

醒发时间超过 10 min 后，蒸煮损失率显著降低，随后平稳。吸水率及断条率随醒发时间的增加整体上呈先减小后增大的趋势。醒发时间 10 ~ 20 min 黏着性增加，但醒发时间 20 ~ 50 min 样品无显著性差异。面条弹性先增加，达到 30 min 后又降低。后续选择醒发时间 30 min 进行研究。

3. 面团醒发温度

增加醒发温度，最佳蒸煮时间先缩短，超过 10 °C 后无明显差异，这主要与温度的增加导致淀粉糊化相关。蒸煮损失率先降低，但当醒发温度超过

20 °C 后又明显增加，此时吸水率及断条率亦逐渐增加。表明面条品质降低，这可能与面条在较高或较低温度醒发时对面筋质（存在于小麦胚乳中，主要成分是胶蛋白和谷蛋白）的溶胀作用有关。该作用使面筋蛋白分子结合过于舒展或过于紧密，不利于面筋蛋白分子的聚合，导致面团内部不能形成较好的网络结构，从而影响了面条的品质。质构特性表明，醒发温度由 10 °C 增加至 20 °C，硬度及内聚性明显增加。但当醒发温度超过 20 °C 后，硬度和弹性差异并不大；而醒发温度由 30 °C 增加至 40 °C，黏着性及内聚性降低。面团醒发温度为 20 °C 时马铃薯泥面条的品质最好。

4. 改良剂

添加大豆分离蛋白对面条的感官品质影响不大，添加沙蒿胶及大豆磷脂反而会降低面条品质，而适当添加谷朊粉、魔芋粉或单甘酯能提升马铃薯泥面条感官品质，其中谷朊粉和单甘酯对面条的品质提升较明显，而魔芋粉对面条的口感提升较明显。

5. 优化配方

最佳工艺配方为谷朊粉添加量 3%、魔芋粉添加量 1%、单甘酯添加量 1%，马铃薯泥占比 50%、小麦粉占比 50%，面团醒发时间 30 min、醒发温度 20 °C。

四、其他马铃薯谷物复合面条

（一）马铃薯全粉-燕麦粉面条

1. 工艺流程

马铃薯粉、燕麦粉、纯净水、谷朊粉、魔芋粉、聚丙烯酸钠、食盐→和面→静置熟化→压片（重复）→切条→水蒸气蒸 5 min→干燥→缓慢降温→成品。

2. 产品配方

马铃薯粉与燕麦粉最佳配比为 5∶5，添加谷朊粉为 8%、魔芋粉添加量为 0.2%、聚丙烯酸钠添加量为 0.15%，面条的色泽、表观性状、韧性、光滑性、适口性等均得以改善。

（二）马铃薯全粉-苦荞粉面条

1. 工艺操作

先将一定比例的马铃薯全粉、小麦面粉、苦荞麦粉混合均匀，用一定温度的水加入适量食盐溶解，边缓缓加食盐水边用筷子搅拌干面粉，当搅拌到干湿均匀，粒度大小一致时，使面絮用手握时成团，松开后散开，将面絮手握成团后装在保鲜袋中在 30 °C 的恒温水浴锅中饧面 15 min 左右。然后将饧好的面团在小型压面机上进行辊压，辊压过程中反复折叠压制，形成光滑平整、厚薄均匀的宽面带后切割成长约 20 cm、宽约 0.3 cm 的面条。

2. 产品配方

马铃薯全粉与小麦粉的比例为 2∶8 的条件下，加入苦荞麦粉为 20%、海藻酸钠为 0.4%、加水量为 45%、食盐含量为 0.6%时，该面条感官评价较好。

（三）马铃薯全粉-玉米粉面条

1. 工艺操作

（1）和面。将马铃薯全粉、玉米粉、小麦粉、黄原胶按不同比例进行混合，加入溶解有适量食盐的蒸馏水进行和面，在室温下揉制 10 min，揉成表面光滑、色泽一致的面团。

（2）熟化。将和好的面团用保鲜膜进行包裹，在室温下放置 30 min 进行熟化。

（3）压片。将熟化后的面团用压面机压面，直至形成厚约为 1.5 mm 的光滑面饼。

（4）切条。将压好的面饼用压面机切割成长 20 cm、宽 4 mm 的面条。

（5）干燥。将制好的面条挂在室内干燥 10 h，即为面条成品。

2. 产品配方

马铃薯全粉添加量 10%，玉米粉添加量 15%，食盐添加量 1.0%，水添加量 48%，黄原胶添加量 0.4%。

第五章　马铃薯焙烤食品加工技术

焙烤食品泛指面食制品中采用焙烤工艺的一大类产品。焙烤食品分类非常复杂，可按生产工艺特点、产地、原料的配制、产品的制法、制品的特性等进行分类。按焙烤工艺特点分有：

（1）面包类：以面粉为主料，加入酵母、油、蛋、糖、盐或其他辅料，经过发酵、成型、醒发、焙烤等工序制成的主食面包、果子面包、软式面包、硬式面包、听式面包等。

（2）饼干类：以面粉、油、糖为主要原料，配以蛋、乳等辅料和调味品，通过调制成型、焙烤等工序，加工成具有一定特色的制品，有酥性饼干、发酵饼干、薄脆饼干、韧性饼干、曲奇饼干、夹心饼干、威化饼干、蛋圆饼干、蛋卷饼干、粘花饼干、水泡饼干等。

（3）糕点类：大多以面粉、油、糖为主要原料，配以蛋、乳、果仁等辅料和调味品，通过调制成型、焙烤、蒸制、油炸等工艺，加工成具有一定特色的各种制品。糕点分中式和西式，其品种繁多，营养丰富，味道鲜美。

焙烤食品营养丰富，可以作为一种主食，为人体提供必需的能量，因此焙烤食品在饮食平衡中占有很重要的地位，

第一节　马铃薯面包

面包是以面粉为主要加工原料，具有蜂窝状结构和特殊色、香、味的一种营养食品。面包最早是西方国家的主食。德国是欧洲面包生产的大国，面包占有 25.96%的市场份额，其次是意大利、法国、英国和西班牙。随着世界文化和科技的发展，中西方的饮食文化也在渐渐融合。现如今，面包在国内也非常普遍，已成为世界各地都常食用的一种面食。面包也因其方便、营养又美味的特点受到了人们的青睐。比较受欢迎的面包主要是谷物面包和全麦面包。面包是焙烤食品中历史最悠久、消费量最多、品种繁多的一大类食品，是人们生活中经常食用的食品，食用方便且营养丰富，但其膳食纤维含量极低，而马铃薯全粉作为一种以淀粉为主要成分的食品原料，营养丰富且膳食

纤维充足，其淀粉颗粒大，含有天然磷酸基团，具有非常好的增稠、吸水和吸油性，并能够提供特殊的口感气味。在面包中添加一定量的马铃薯全粉，不仅可提高面包的营养价值，而且可以使面包的品质得到改良。

一、面包改良剂研发现状

国内外面包加工业经常使用改良剂来改善面团操作性能及成品烘烤品质。面包改良剂是一种在面包生产过程中添加的食品添加剂，它是由还原剂、氧化剂、酶制剂、增稠剂、乳化剂、缓冲剂、水的硬度、pH 调节剂、矿物质等物质，配以天然的分散剂混合而成，能防止或延缓面包的老化，改变面筋的筋力，提高面团的机械加工性能，改善面包品质。使用面包改良剂的目的一般可归纳为以下几点：① 改善手工或机械操作过程中面团物理性状，提高面团的机械耐力，减少机械老化的影响；② 供给酵母细胞增殖所必需的氮素源，促使面团中的酵母繁殖，增强发酵能力；③ 供给酵母生存所必需的矿物质，提高酵母的代谢机能，使发酵作用旺盛；④ 调节水的硬度，使面团中钙、镁离子达到一定的标准；⑤ 调节面团的 pH，使面团适应面粉、酵母及外加酶的作用范围；⑥ 改善面筋质量，提高面团的贮气性和烘烤弹性，使面团体积增大，瓤芯纹理好，气膜薄而细密。

（一）面包改良剂中各组分的作用

1. 矿物质

酵母的营养源主要是铵盐，如氯化铵、硫酸铵、磷酸氢铵等，能促进发酵或本身分解成酸，降低 pH 刺激发酵；钙盐，如碳酸钙、硫酸钙、磷酸钙等可以调节硬度和 pH，使发酵稳定，面筋强化，从而增大面包比容。

2. 氧化剂

氧化剂能将面筋蛋白中的硫氢基（-SH）氧化为二硫基（-SS-），使蛋白分子通过二硫基互相连接，形成大分子网络结构。二硫基越多，形成的网络结构越大、越牢固，面筋的筋力越强，弹性和韧性越强，持气性越好。面团的持气性越好，保持住的气体越多，可以增大面包体积。

3. 还原剂

还原剂可以将二硫基还原为硫氢基，从而降低面团筋力，使面团具有良好的可塑性和延展性。

4. 酶制剂

酶制剂主要分为淀粉酶和蛋白酶。淀粉酶会水解淀粉，生成酵母生长所需营养物质，促进发酵，并使面包具有良好的风味和色泽，延缓老化；蛋白酶则会水解蛋白，增加面筋的延展性能，一般在面筋强度过强时使用。

5. 表面活性剂

表面活性剂如单甘酯、硬脂酰乳酸钠、硬脂酰乳酸钙等能提高面团的物理特性，提高面团的机械耐力。面包中使用活性剂可以显著改善产品品质，如增大面包体积、改善组织结构和颜色，明显延缓面包老化。

6. 淀粉或面粉

淀粉或面粉作为分散剂，可增加面包改良剂的用量，使称量简单化，通过对各种制剂的分散缓冲能防止各种制剂混合接触的害处，如吸收水分后发生化学变化。

（二）面包改良剂的研究概况

在西方国家，人们把面包作为主食，为了生产满足不同地区、不同年龄、不同口味的要求，国外研究开发的面包用的食品添加剂达 200 ~ 300 种，而且现在还在投入大量的人力物力，进一步研究开发新的面包和面食添加剂，使面食品的质量更上一层楼。我国的食品添加剂工业起步较晚，但经 20 多年努力，全国各地开发的面粉和面食品质改良剂也不少。据不完全统计，已经列入国家使用卫生标准的面粉和面食，包括面包、饼干、面条、糕点等各类食品添加剂已有 50 ~ 60 种。

随着国际上对食品安全的日益重视，国外对食品添加剂的要求趋向于绿色安全、营养。20 世纪 80 年代日本和英国经长期研究发现，溴酸钾在焙烤后有残留物，有致癌毒性。以后，FAO/WHO 联合食品添加剂专家委员会于 1994 年撤销了溴酸钾在面粉中使用的 ADI 值。近 10 多年来，我国食品添加剂行业提出了大力开发“天然营养多功能性添加剂”的发展方针，重点研究开发功能性食品添加剂。然而，针对具有致癌毒性的溴酸钾，我国食品添加剂标准化技术委员会于 1998—1999 年的年会上提出建议，停止在面粉中使用溴酸钾，直到 2005 年才明确规定禁止在面粉中使用溴酸钾。现在面包改良剂的研究方向趋向于专用型，即针对某种特定面包的需求进行研制。

（三）我国马铃薯面包专用改良剂研究

喻勤等以 20%的马铃薯全粉替代小麦粉制备面包，在不同品类改良剂单因素试验的基础上，选取 3 种具有显著良性变化的改良剂进行正交试验，得到最佳复配改良剂的配比：单甘酯 1.5%，脂肪酶 0.01‰，抗坏血酸 0.05‰。按此配方做出的面包产品体积与对照组产品相比，体积增加了 83.5%；在老化试验中与对照组相比硬度变化改善了 71%。复配改良剂能够明显改善马铃薯面包面团的持气性和成品老化速率，延长马铃薯面包货架期。田志刚等研究面包改良剂谷朊粉、马铃薯淀粉、硬脂酰乳酸钠、乳清蛋白添加量对马铃薯面包品质的影响。研究结果表明，在谷朊粉添加量 10%、马铃薯淀粉添加量 3%、硬脂酰乳酸钠添加量 0.2%、乳清蛋白添加量 3%的条件下制备的马铃薯面包品质优于未经优化的对照组，其中比容值是对照组的 1.52 倍，硬度值、胶着度值、咀嚼度值显著降低、弹性值升高。

二、面包的老化

新生产出的面包，质地柔软，口感怡人且富有弹性。但在储存过程中，面包由于物理、化学、微生物的变化易发生老化。面包的老化又指陈化，指面包皮变软、口感粗糙、没有弹性、掉渣、风味消失现象。面包的老化具体又分为面包皮老化和面包心老化。老化的面包失去了口感和营养价值，一般用于工业原料或者饲料，甚至被当作垃圾处理掉。据统计，面包由于老化所造成的经济损失为 3%～7%。面包老化的问题是学者多年来关注的一个重点问题，如何延缓老化或控制老化，延长货架期成为一个世界难题。

（一）面包老化的影响因素

面包老化现象比较常见，原因众多，主要包括配方、加工工艺、包装、贮藏 4 个方面。

1.配方对面包老化的影响

（1）含水量。面包老化受其含水量影响，因其含水量的降低而易发生老化。配方中的加水量对面包产品的保存性有重要作用。

（2）面粉。面粉的化学成分种类多样，面包变硬的主要原因是淀粉回生。面粉中所含的面筋性蛋白的品质和含量也会影响面包硬化，使用含有蛋白质含量较高的面粉制作面包，产品更不易老化。

（3）脂类物质。脂类物质与淀粉颗粒相遇后，可均匀包围在其表面，有效阻止了糊化淀粉分子的重排。另外，在生产加工过程中，将适量的起酥油加入含有油脂的天然面粉中，面粉中所含油脂可以和起酥油发生作用，减缓面包硬化速度。

（4）乳化剂。加入乳化剂后，面包不易老化。乳化剂与脂类物质按适当比例混合，具有抗老化作用，还可以和淀粉作用，降低淀粉硬化。

（5）糖和乳制品。糖类既可以增加甜度、提高营养价值、提供酵母能量，又可以提高产品的色香味，其吸湿性可防止面包发干变硬；牛奶、奶粉等制品可增加产品的营养价值并改善产品色香味，乳蛋白质可增加面团吸水量，改善面筋性，使面包膨胀作用加大，减缓面包老化速率。

（6）酵母。过量加入酵母会使面包更易老化，面团发酵过度或过嫩也都容易使产品老化。

2. 工艺对面包老化的影响

在面包的生产工艺中，调粉的加水量和搅拌速度对面包老化有一定影响，在保证面包烤熟的基础上，适当多加水可使面团适量变软，增加面包的水分含量，减慢产品硬化的速率。面团经高速搅打，产品更柔软，老化速率更慢。发酵时酵母繁殖，改善面筋，增加产品风味，使面团成熟，在面团体积膨胀的过程，合适的发酵时间和酵母用量会显著影响面包的保存性状。

3. 包装对面包老化的影响

高湿或密封保存面包，可适当延缓面包老化。包装对面包老化有重要影响，包装可以使面包产品与外界隔离，降低微生物侵染的可能性，维持面包产品的芳香气息和松软质地，还可以防止因水分耗损而变硬，从而延缓面包的老化。

4. 贮藏对面包老化的影响

贮藏环境温度对面包的老化程度影响作用较大。研究表明，将面包放置在−18 °C 下不容易老化，面包贮藏在−7 ~ 20 °C 时老化快；但是如果为了延缓老化，将贮藏温度调至较高至 43 °C，虽然老化延缓，但适合微生物的生长，会使面包发霉腐烂，也不利于维持面包产品的芳香气息和水分含量。

（二）延缓面包老化的措施

1. 优化产品配方

针对面包老化现象，可考虑对配方进行优化改进：① 可适当提高含水量，选择的含水量应既满足产品的感官要求，又不影响产品理化要求；② 选用蛋白质含量高且面筋蛋白质量好的优质面粉，在小麦粉中加入适量的米糠、变性淀粉、糯小麦粉和价格低廉的真菌 α-淀粉酶等；③ 选用猪油、起酥油、大豆磷脂与含有油脂的天然面粉；④ 添加合适种类和数量的乳化剂或抗老化剂等，可改善产品品质，增大面包体积；⑤ 适量添加糖、乳制品、藻酸盐类、β-环糊精等；⑥ 添加的酵母量一定要适宜；⑦ 适量添加脱脂大豆粉，可降低淀粉从 α 状态逆转到 β 状态程度，从而降低面包中水分的损失。但添加量过多会使面包有豆腥味。此外，添加丙二醇可适当延长面包存放时间。

2. 改善生产工艺

为了延缓面包老化、维持柔软状态、保持产品原有的口感和风味，可以对面包生产工艺进行改进：① 严格控制调粉时的加水量和搅拌速度，适当多加水且高速搅拌；② 适当控制发酵时间和酵母用量；③ 成型过程中适量涂抹乳化剂、油脂、乳酪等。

3. 选择优良包装

优良包装可防止面包变硬、增加产品美观度。包装材料和包装条件对面包的老化影响较大，简单的塑料袋密封包装就是有效的方法，可使面包保鲜达到 3 ~ 5 d。因此选择包装材料时，应选用有一定的机械强度和气密性的材料，从而预防外力机械损伤，并防止面包的水分散失。面包冷却至 32 ~ 38 °C，含水量控制在 35% ~ 40%，包装车间相对湿度控制在 75% ~ 80%为宜。

4. 满足贮藏条件

尽量避免将面包贮藏在 4 ~ 8 °C 冷藏室内，无包装面包较为适宜贮存在温度为 30°C、相对湿度为 80%的环境中，但要预防微生物的生长和繁殖。冷冻贮存法是目前国外常用的方法，实用且有效，即将面包放置在−29 ~ −23 °C 的冷冻器中，使其在 2 h 内冷却至−6.7°C 以下，再将产品温度逐渐降至−18 °C，面包在该温度下放置可保鲜 1 个月左右。同时，在贮藏时应尽量避免温度的波动。

三、马铃薯全粉-小麦粉面包生产工艺

本节以赵月研制的马铃薯全粉-小麦粉面包为代表。

（一）生产工艺流程

白砂糖、酵母、食盐、奶粉、黄油→面包粉、马铃薯全粉→称重→过

筛→加水和面至面筋形成→发酵→成型→醒发→焙烤→冷却→成品。

（二）操作要点

1. 干酵母活化

将干酵母加入 30 °C 的温水中进行溶解，放置 30 min 后使用。使用时避免与白糖直接接触。

2. 调粉

马铃薯全粉和面包粉按照一定的比例进行称量混合，然后再称取白糖、奶粉、植物油、面包改良剂、酵母液等配料并混合均匀，将混合粉和配料粉充分混合，加入温水进行调制，搅拌、和面。

3. 发酵

面团揉制好后，放置在温度 27 ~ 28 °C，相对湿度 75% ~ 80%的醒发箱中发酵 2 h。

4. 成型、醒发

结束后进行分坯，切成 100 g 小面团，揉光、搓圆、定型，放置在温度 35 ~ 40 °C，相对湿度 90% ~ 95%的醒发箱中醒发 45 min。

5. 焙烤

醒发结束后放到烤箱中焙烤，将温度控制在 170 °C，焙烤 35 ~ 38 min。

6. 冷却、包装

自然冷却后立即包装，避免长时间暴露在空气中。

（三）工艺配方

1. 马铃薯全粉添加量对面包比容的影响

马铃薯全粉添加量在 0% ~ 15%时，随着马铃薯全粉添加量的增加，面包比容缓慢增加；添加量超过 15%时，随着添加量的增多，比容显著急剧下降。低比例添加马铃薯全粉，比容缓慢增加是因为全粉中含有较多的钾、镁、氯等元素，能刺激酵母生长，同时马铃薯淀粉容易被加热糊化，有利于淀粉酶的水解作用，为酵母生长提供碳源。另外，当面团加热膨胀时，气孔壁上的淀粉粒被平行拉长，由于马铃薯淀粉颗粒大、糊化温度低、胀润性好，颗粒变得十分柔软，紧贴在气孔壁上，有利于面包的烤炉胀发和面包结构的稳定。高比例添加全粉会使面包比容急剧下降，是因为全粉中不含面筋蛋白。全粉过量添加会干扰面粉中的蛋白质-淀粉复合体的形成，同时对面筋稀释作用较大，降低了面团的强度和持气性，导致面包胀发困难，体积变小

2. 马铃薯全粉添加量对面包含水量的影响

马铃薯全粉添加量在 0%～15%时，随着添加量的逐渐增加，水分急剧增加；之后随着添加量的增加，面包含水量增加缓慢。低比例全粉添加量会使面包的含水量急剧增加，这是因为全粉中淀粉颗粒大，含有天然磷酸基团，具有非常好的增稠、吸水性，从而增加面包的含水量。随着添加量的增加，吸水性有限，所以含水量增加缓慢。

3. 马铃薯全粉添加量对面包感官品质的影响

添加马铃薯全粉对面包的各项指标均有不同程度的影响，随着全粉添加量的增加，面包的各项评价评分和总评分出现不同程度的增加。当添加量为 15%时，面包的总评分最高，但之后随着添加量的增加，各项评价评分和总评分均减小。马铃薯全粉添加量在 15%以下时，面包外观颜色和冠大小、芯色泽影响不大，但随着添加量的继续增加，面包的外观色泽和芯色泽逐渐加深，内部由平滑、细腻的结构变为粗糙、不柔软，弹性也变差，内部出现不致密、不均匀的大孔洞，口感较硬，没有面包的香味，相应的感官评分也随之下降。以上现象的出现可能是由于大量地添加马铃薯全粉，会破坏面筋蛋白，导致面包的持气能力减弱，体积减小，色泽和口感均受到影响，降低了烘烤后的面包质量。

4. 马铃薯全粉添加量对面包质构特性的影响

面包弹性和硬度能很好地反映面包老化过程中表皮质地、组织结构、口感、柔软度等品质；硬度与胶黏性共同决定耐咀性，其中硬度影响较大；胶黏性、弹性与耐咀性有关，其中胶黏性对耐咀性影响较大。即表明硬度对胶黏性和耐咀性影响较大，可用面包的硬度来间接表示胶黏性和耐咀性。马铃薯全粉添加量在 0%～15%时，面包的弹性、回复性逐渐增加，硬度、咀嚼度逐渐减少；添加量超过 15%时，随着添加量的增加，硬度、咀嚼度增加，弹性、回复性降低，凝聚性变化不大。低比例的全粉添加，弹性、回复性增强可能与马铃薯全粉含有天然磷酸基团，具有良好的吸水性有关，面筋蛋白原本聚集在分子内部的憎水基受水的强力排斥往外翻，使蛋白质分子松散伸展

开来，增加了蛋白质分子之间的接触面，使各种化学键大量形成，这就使很多蛋白质分子牢固地交织在一起，形成空间网络，所以弹性、回复性都增大，面团含水量增多，有助于酵母的增殖，同时因面团较软，容易膨胀，面包的硬度和咀嚼性均下降，口感更加柔软。而当全粉添加量过度增加时，过多的全粉对小麦粉的吸水、酵母发酵和面团结造成不利影响，导致面包的硬度和咀嚼性反而上升，面包弹性、回复性下降。

5. 优化配方

马铃薯全粉添加量在 15%时，制作得到的面包比容为 4.22 mL/g，含水量为 37.93%，此时的感官评分最高，制得的面包松软、爽口、不黏牙、有弹性，马铃薯香味和面包香协调一致。

四、马铃薯泥-小麦粉面包生产工艺

（一）参考配方

面粉 50%，马铃薯泥 50%，食用盐 0.2%，食用碱 0.1%，食用油 2%，鸡蛋 0.15%，安琪酵母 5.0 g/kg 面粉量添加，瓜尔胶、海藻酸钠、魔芋精粉按照 GB2760 标准适量添加，水适量。

（二）工艺流程

魔芋精粉、食盐、瓜尔胶、海藻酸钠、蔗糖、安琪酵母、料酒、鸡蛋、食用油、食用碱面→马铃薯→清洗→去皮→切块→蒸制→捣泥→和面→醒发→烘烤→成品。

（三）操作要点

1. 马铃薯泥的制作

将马铃薯精选，洗净，在蒸笼里蒸煮 1 h 左右，取出，去皮，用粉碎机打碎放在无污染处备用。

2. 面包的制作

将面粉和魔芋精粉、食盐、瓜尔胶、海藻酸钠、蔗糖、安琪酵母、食用碱面、食用盐混匀后，再加入马铃薯泥、料酒、鸡蛋在搅拌机搅拌 3 ~ 5 min，醒发 40 min，烘烤时间 140 min。

（四）注意事项

（1）原料混匀是关键，特别是马铃薯泥，不易和其他原料混匀。

（2）添加鸡蛋有腥味，适当添加料酒可去除腥味。

（3）魔芋精粉、瓜尔胶、海藻酸钠是从植物中提取的，在《食品安全国家标准食品添加剂使用标准》（GB2760）中属于适量添加，没有明确限量，而且这些物质可有效降低人体血糖、血压、血脂，添加到面制品中可有效改善口感、感官品质、降低断条率，但价位较高，不宜过多添加。

（4）食用碱食用量不宜超过 0.1%，否则面包色泽发乌。

（5）制作面包发酵时间不宜太长，否则面包易塌陷。发酵温度掌握在 25 °C 左右。

五、其他新型马铃薯面包

（一）马铃薯猴头菇面包

1. 工艺流程

一级发酵液的制备→发酵醪液的制备→酵母预活化→原辅料处理→主面团调制→主面团一次发酵→分割、成型→醒发→焙烤。

2. 优化后的产品配方

马铃薯全粉 20%、猴头菇粉 5%、猴头菇发酵液 80%、酵母 4%。该产品具有饱满光滑的外观、规则的形状、均匀一致的气孔，疏松程度好。

（二）马铃薯大列巴

李明安等公开了一种马铃薯大列巴及其制备方法和应用。采用该方法制备的马铃薯大列巴具有良好的风味，通过多种原料的合理搭配，可使马铃薯大列巴的膨发充分，口感相对细致，营养全面，维生素和矿物质含量都比精制面粉制成的传统大列巴高，并且热量低，具有俄式风味和口感，解决了现有大列巴大多是以小麦粉为原料进行制备、存在口味风格单一的问题。

1. 产品配方

马铃薯全粉 20 ~ 75 份、全麦粉 1 ~ 10 份、高筋面粉 30 ~ 180 份、食盐 0.1 ~ 4 份、白砂糖 10 ~ 50 份、黄油 1 ~ 8 份、奶粉 1 ~ 10 份、鸡蛋 5 ~ 30 份、酵母 1 ~ 4 份、啤酒花液 20 ~ 120 份、谷朊粉 2 ~ 10 份、面包改良剂 0.1 ~ 2 份、双

乙酰酒石酸单甘酯 0.1 ~ 2 份、硬脂酰乳酸钙 0.1 ~ 0.5 份、水 10 ~ 70 份。

2. 操作要点

（1）调制面团。按照比例称取马铃薯全粉、全麦粉、高筋面粉、水、白砂糖、食盐、奶粉、鸡蛋、酵母、谷朊粉、面包改良剂、双乙酰酒石酸单甘酯与硬脂酰乳酸钙进行混合后加入啤酒花液和匀面团，得到调制面团。

（2）揉搓面团。调制面团中加入黄油继续揉搓，得到揉搓面团。

（3）第一次发酵。揉搓面团放入 28 ~ 30 °C 的发酵箱中发酵 1.5 ~ 2.0 h（具体根据面团软硬程度以及发酵程度合理调节），发酵至体积增大为 2 ~ 2.5 倍，微酸最好，得到第一次发酵面团。

（4）第二次发酵。第一次发酵面团排气整形后揉至光洁，放入烤盘中，再放入 36 ~ 38 °C 的发酵箱中发酵至体积增大为 2 ~ 2.5 倍，得到第二次发酵面团。期间要注意发酵箱的湿度。

（5）焙烤。第二次发酵面团刷上蛋液，放入烤箱在 170 ~ 190 °C 焙烤 20 ~ 40 min，得到所述马铃薯大列巴。

（三）马铃薯-杏鲍菇复合面包

1. 工艺流程

原料预处理→配方→和面→发酵→整形→摆盘、醒发→烘烤→冷却→产品。

2. 操作要点

（1）原料预处理。干品杏鲍菇经粉碎机粉碎后，过 50 目筛滤去残渣，得到细腻的杏鲍菇干粉。

（2）调粉。按配方比例，将杏鲍菇粉、马铃薯全粉、面包改良剂、高筋面粉和白砂糖、奶粉、食盐混合。

（3）和面。将混合好的粉剂、鸡蛋、酵母加入植物油和适量水，和成表面光滑且富有弹性的面团。

（4）面团发酵。调制好的面团在 35 °C、相对湿度 70%条件下发酵 1 h，手指轻压面团时，面团轻微塌陷而不立即恢复原状，表明面团已发酵成熟，再将面团分成大小均匀的小块，搓成圆形。

（5）面团醒发。将面团在温度 35 °C、湿度 75%条件下醒发 1 h 左右，醒发好的面团一般膨胀为原体积的 2 倍。

（6）烘烤。烘烤温度 180 °C，烘烤时间 10 min。

（7）冷却。将面包取出，冷却。

3. 优化后的产品配方

马铃薯全粉 15.0%、杏鲍菇 4.3%、酵母 2.2%。

（四）马铃薯儿童面包

王同阳以马铃薯代替部分淀粉，以功能性卵磷脂、钙粉为强化剂，生产适合儿童生长发育需要的低脂、高营养、多功能的儿童面包，具体操作如下：

1. 马铃薯泥的制备

（1）选料选择优质马铃薯，无青皮、虫害、个体均匀，禁止使用发芽或发绿的马铃薯。

（2）切片。将马铃薯切成 15 mm 左右的薄片。

（3）浸泡。切片后，立即将马铃薯薄片投入 3%柠檬酸和 0.2%抗坏血酸溶液或亚硫酸溶液中。因为去皮后马铃薯易发生褐变，经过浸泡处理后，可避免马铃薯片在加工过程中的褐变。

（4）蒸煮。常压下用蒸气蒸煮约 30 min。

（5）捣烂。蒸煮后冷却片刻，用搅拌机搅成马铃薯泥。

2. 面包的制备

将面粉和酵母混合均匀后，倒入搅拌机中，与制备好的马铃薯泥搅拌均匀。将糖、鸡蛋、面包添加剂加入 30 °C 的温水中调匀，投入搅拌机继续搅拌。在面坯中面筋尚未充分形成时，加入色拉油继续搅拌。当面团不粘手、手拉面团有很大弹性时，加入精盐再搅拌 10 ~ 15 min。从搅拌机中取出已经揉好的面团，静置，将面团分割成 100 g 左右的生坯，揉圆入模，在 38 °C、相对湿度 85%以上的恒温恒湿箱中发酵 2.5 h，送入远红外烘箱 198 °C 烘烤约 10 min。

（五）马铃薯米醋强化面包

1. 配方

面包粉 380 g，马铃薯 75 g，绵白糖 60 g，盐 4 g，鸡蛋 1 个，油 30 g，酵母 4 g，面包添加剂 1.5 g，卵磷脂、米醋、水适量。

2. 工艺流程

（1）米醋的制备。

糯米→清洗→浸泡→蒸煮→冷却→混合→酒精发酵→压滤→酒液稀释→

接种→醋酸发酵→陈酿→灭菌→米醋。

（2）马铃薯泥的制备。

新鲜马铃薯→选料→洗涤→剥皮→切片→浸泡→蒸煮→马铃薯泥。

（3）面包的制备。

鸡蛋、糖、米醋、卵磷脂、面包添加剂→加水调配→混合→搅拌→面坯→静置→整形→发酵→烘烤→冷却→成品。

3. 操作要求

（1）米醋的制备。精白米用水洗净后，在水中浸泡 20 h，捞出后放在锅中蒸煮，常压下蒸 30 min 左右，使米粒松软熟透。冷却至 35 ~ 38 °C 后接入酒曲，置培养室培养发酵，在糖化的同时进行酒精发酵。在 28 ~ 30 °C 下经过 30 天的酒精发酵后，得到酒醪，乙醇含量为 16% ~ 18%。然后挤压出酒糟，分离酒液。将酒液用水稀释至酒精含量为 8%左右，达到醋酸菌的发酵浓度，再将醋酸菌菌种接入酒液，进行醋酸发酵。醋酸发酵结束后，进行陈酿、杀菌后制得所需米醋产品。最后所得米醋的氨基酸含量在 250 mg/L 以上，可溶固形物为 2.5%。由于米醋酿造阶段加入了多种微生物，如米曲霉、乳酸菌、酵母菌、醋酸菌等，通过代谢产生多种营养物质，如维生素 VB_1、VB_2、VB_6、VB_{12}、泛酸、烟酸、烟酰胺、叶酸、肽、肌醇、胆碱和生物素等。这些营养素在面包中具有极为重要的作用。

（2）马铃薯泥的制备。

① 选料。选择优质马铃薯，无青皮、虫害、大小均匀，禁止使用发芽或发绿的马铃薯。因为马铃薯含有茄科植物共有的茄碱苷，主要集中在薯皮和萌芽中。马铃薯受光发绿或萌芽后，产生大量的茄碱苷，超过正常含量的十几倍。茄碱苷在酶或酸的作用下可生成龙葵碱和鼠李糖，这两种物质是对人体有害的毒性物质。因而当马铃薯发芽或发绿时，必须将发绿或发芽部分削除，或者整个剔出。

② 切片。将马铃薯切成 1.5 cm 左右的薄片。

③ 浸泡。切片后，立即将马铃薯薄片投入 3%柠檬酸和 0.2%抗坏血酸溶液或亚硫酸溶液中。因为去皮后马铃薯易发生褐变，浸泡处理可避免马铃薯片在加工过程中的褐变。

④ 蒸煮。常压下用蒸汽蒸煮 30 min 左右。

⑤ 捣烂。蒸煮后稍冷却片刻，用搅拌机搅成马铃薯泥。

（3）面包的制备。将面粉和酵母混合均匀后，倒入搅拌机中，与制备好的马铃薯泥搅拌均匀。将糖、鸡蛋、米醋、面包添加剂、卵磷脂等加入 30 °C

的温水调匀，投入搅拌机继续搅拌。在面坯中面筋尚未充分形成时，加入色拉油继续搅拌。当面团不粘手、手拉面团有很大弹性时，加入精盐再搅拌15 min 即可。从搅拌机中取出已经揉好的面团，静置，将面团分割成 100 g 左右的生坯，揉圆入模，在 38 °C、相对湿度 85%以上的恒温恒湿箱中发酵2.5 h，送入远红外烘箱 198 °C 烘烤约 10 min。

第二节　马铃薯饼干

一、马铃薯韧性饼干生产工艺

（一）参考配方

低筋粉 50 kg、白砂糖 15 kg、植物油 7.5 kg、食盐 0.3 kg、小苏打 0.35 kg、水 5 kg。

（二）工艺流程

原辅料的预处理→称量→调粉→静置→辊轧→成型→烘烤→冷却→成品。

（三）操作要点

1. 原辅料的预处理

选择优质、无青皮、虫害、大小均匀的马铃薯，洗去表面的泥沙等杂质，切成 1 cm 厚的圆片，迅速去皮于沸水中煮制 15 min，待筷子可以穿透即关火，待其冷却后捣成泥备用。

2. 调粉

按配方称取原辅料，将白砂糖、小苏打、食盐、水充分混合均匀，然后加入面粉和马铃薯泥进行充分调制，最后加入植物油搅拌均匀，调制时间为 10 ~ 15 min。调粉时面团温度要保持在 37 ~ 40 °C。面团要求：软硬适中，有一定的可塑性。

3. 静置

将调制好的面团置于恒温恒湿的培养箱中静置。静置可以消除搅拌时的张力，降低面团黏性和弹性。静置时间为 15 ~ 20 min，温度 36 °C。

4. 辊轧

将调制的面团辊轧成 1 mm 厚、光滑、平整和质地细腻的面带。

5. 成型

辊轧后的面带，采用自制的针孔成型工具均匀扎孔，且针孔应穿透饼坯，然后用自制饼干模具成型。

6. 烘烤

将成型的饼干面胚置于上火 180 °C、下火 130 °C，且上下火稳定的烤箱中，烘烤 10 min 左右即可。

二、马铃薯全粉酥性饼干生产工艺

（一）参考配方

马铃薯全粉 40 kg，马铃薯淀粉 20 kg，面粉 40 kg，植物油 14 ~ 16 kg，鸡蛋 8 kg，糖 30 ~ 32 kg，香精、碳酸氢钠和碳酸氢铵适量。

（二）工艺流程

面团调制→辊轧成型→烘烤→冷却→包装→成品。

（三）操作要点

1. 面团调制

将疏松剂碳酸氢钠、碳酸氢铵放入和面机中，加入冷水将其溶解，然后依次加入糖、鸡蛋液和香精，充分搅拌均匀后，将预先混合均匀的马铃薯全粉、马铃薯淀粉及面粉放入和面机内，充分混匀。面团调制温度以 24 ~ 27 °C 为宜，面团温度过低黏性增加，温度过高则会增加面筋的弹性。

2. 成型

面团调制好后，送入辊轧成型机中经辊轧成型即可进行烘烤。

3. 烘烤

采用高温短时工艺，烘烤前期温度为 230 ~ 250 °C，以使饼干迅速膨胀和定型；后期温度为 180 ~ 200 °C，是脱水和着色阶段。因酥性饼干脱水不多，且原料上色好，故采用较低的温度，烘烤时间为 3 ~ 5 min。

4. 冷却、包装

烘烤结束后的饼干采用自然冷却的方法进行冷却，在 6 °C 下冷却 8 min。冷却过程是饼干内水分再分配及水分继续向空气扩散的过程。不经冷却的酥性饼干易变形。经冷却的饼干待定型后即可进行包装，经过包装的产品即为成品。

三、马铃薯桃酥生产工艺

（一）参考配方

面粉、马铃薯泥为 8∶2（面粉 48 kg、马铃薯泥 12 kg）、白砂糖为面粉的 40%、猪油为面粉的 35%、鸡蛋 6 kg、水 6 L、小苏打及碳酸氢铵适量。

（二）工艺流程

预处理→切块→蒸煮→制泥→调配→面团调制→切块→成型→烘烤→冷却→包装→成品。

（三）操作要点

1. 原料选择

马铃薯块茎表面光滑，清洁，不干皱，无明显缺陷（包括病虫害、绿薯、畸形、冻害、黑心、空腔、腐烂、机械伤和发芽薯块）。

2. 马铃薯泥的制备

马铃薯清洗后，切成厚薄均匀的马铃薯块。为防止马铃薯发生褐变，将切好的马铃薯放入蒸盘中蒸制 15 min 左右，将蒸好的马铃薯去皮，制成泥备用。

3. 调配

将低筋粉、马铃薯泥、鸡蛋、小苏打和碳酸氢氨称好装入小盘中，搅拌均匀。将水加入已经称好的白砂糖中，于电磁炉加热溶解，再将猪油与之混合搅拌均匀，冷却至室温。其间要不断搅拌防止再次凝固。

4. 面团调制

将上述糖和油的混合液体加入面粉混合物中，搅拌并和成面团。

5. 成型

把调好的面团在操作台上摊开，擀压成约 1 cm 的厚片。

6. 摆盘

将生坯摆入擦过油的烤盘内，要求摆放均匀，并留出摊裂空隙。

7. 烘烤

摆盘后立即进行烘烤，烘烤炉温为 180 ~ 220 °C，时间约 15 min。前期 210 °C 入炉，开面火、关底火，让其摊裂；中期面火、底火同时开，让其定型；后期开面火、关底火，使其上色且防糊底。待产品上色均匀后进行冷却。

8. 冷却

刚出炉的桃酥易变形破碎，所以必须冷却。充分冷却后才能表现出应有的特点，冷却后即为成品。

四、低糖型马铃薯饼干生产工艺

（一）工艺流程

原辅料预处理→称量→无盐奶油→水浴软化→分次加蛋液→搅匀→加入牛奶、奶粉、糖粉、盐、泡打粉、乳化剂、香草粉→搅匀→加入过筛低筋小麦粉、马铃薯、苦荞粉→拌和均匀→擀压→成型→烘烤→出炉→冷却、包装→成品。

（二）操作要点

1. 原辅料预处理

马铃薯雪花片状全粉粉碎、过 80 目筛；小麦面粉、苦荞粉过 80 目筛，备用。

2. 称量

按配方准确称量各种原辅料，做好试验准备工作。

3. 辅料预混

将蛋液分次加入软化打发好的无盐奶油中搅拌均匀；将 5 g 糖粉、5 g 奶粉、2.5 g 泡打粉、0.4 g 盐、0.9 g 单甘酯、0.5 g 香草粉、小麦粉、马铃薯粉、苦荞粉等干料混合，并探讨小麦面粉、马铃薯粉、苦荞粉的配比和无盐奶油、奶水添加量对饼干质构特性的影响。

4. 面团调制

将混合干料加入奶油和蛋液混合液中，用刮板不断搅拌，直至混合均匀，再加入小麦面粉、马铃薯粉、苦荞粉，充分拌和均匀，调制成面团。

5. 擀压、成型

将面团压片，利用模具进行造型。

6. 烘烤

将已成型的饼干放入面火 175 °C 左右、底火 130 °C 的烤箱中烤制 12 ~ 15 min，烤至表面微微金黄色即可。

7. 冷却、包装

将烤好的饼干放置在晾架上冷却，采用 PVC 塑料片材热成型盒内装，用 PE/PET/AL//PE 复合袋外包装。

（三）优化的工艺配方

小麦粉 100 g、马铃薯 40 g、苦荞 5 g、奶粉 5 g、糖粉 5 g、无盐奶油 50 g、牛奶 25 mL、全蛋液 25 g、泡打粉 2.5 g、盐 0.4 g、单甘酯 0.9 g、香草粉 0.5 g。

第三节　马铃薯蛋糕

蛋糕是以面粉、鸡蛋、食糖等为主要原料，经搅打充气，辅以膨松剂，调制成发松的面糊，浇入模盘，通过烘烤或汽蒸而使组织松发的一种疏松绵软、适口性好、营养丰富且方便的食品，深受国内外消费者的青睐。

一、马铃薯全粉蛋糕

本节以马莹研制的马铃薯全粉蛋糕为代表。

（一）工艺流程

辅料（含蛋白）→打发→原辅料（含蛋黄）→搅拌→调糊→浇模→烘烤→

冷却→出模→成品。

（二）基础配方

马铃薯全粉蛋糕的基本配方如表 5-1 所示。

表 5-1　马铃薯全粉蛋糕基础配方（以面粉和马铃薯全粉总和 100 g 粉作为基准）

原料	添加量/g	原料	添加量/g
色拉油	45	鸡蛋（蛋黄）	120
白砂糖（蛋白）	50	食用醋	3～4 滴
全脂牛奶	50	蛋糕专用粉	80
鸡蛋（蛋白）	228	马铃薯全粉	20

（三）操作要点

1. 马铃薯全粉制备

以新鲜马铃薯为原料，经清洗、去皮、挑选、切片、漂洗、蒸煮、捣泥、烘干，粉碎成颗粒状，过 100 目筛后得到马铃薯全粉。

2. 蛋黄调糊

用手动搅打器将蛋黄搅打均匀待颜色变浅后，依次加入全脂牛奶、色拉油、白砂糖、马铃薯全粉与糕点专用粉的混合粉，充分搅打，慢慢搅匀至光滑细腻无颗粒感。

3. 蛋白打发

蛋白 pH 在 7.6～8,加入 2～3 滴食用醋调节蛋白 pH,用搅打器搅打均匀。后分 3 次加入白砂糖低速打至可呈现纹路状态，固定方向搅打至蛋白糊成干性发泡状态。

4. 混合调制

用刮刀取 1/3 蛋白糊加入蛋黄糊中，用刮刀翻拌均匀：继续刮取 1/3 蛋白糊加入蛋黄糊中，持续翻拌均匀，倒入模具。

5. 蛋糕烘烤、冷却

烤箱预热 20 min。第一阶段：先关闭上火温度，设置底火温度 160 °C，烘烤 35 min 时间；第二阶段：设置上火温度 110 °C，底火温度不变，烘烤时间 10 min。烤制结束后立即倒扣冷却。

（四）工艺配方

1. 马铃薯全粉添加量

马铃薯添加量为 20%时，感官评定分数最佳，品质接近且稍优于对照组蛋糕。当马铃薯全粉含量超过 20%，感官品质降低。随着马铃薯全粉添加量的增加，蛋糕比容显著降低，可能由于马铃薯全粉中面筋和淀粉含量的降低，在受热过程中，形成面筋网络蓬松结构的力降低，黏度增大，持气力降低，马铃薯全粉蛋糕的比容降低。所以马铃薯全粉选取的最佳范围为 10% ~ 30%。

2. 色拉油添加量

添加色拉油的目的是使蛋糕更加滋润柔软细腻，同时还可以有效锁住蛋糕里的水分，减缓蛋糕因缺水变干硬的时间。随着色拉油添加量的增加，马铃薯全粉蛋糕感观评定分数先增加后降低。蛋糕比容呈现缓慢上升后缓慢降低趋势，变化不大。当大豆色拉油添加量为 30%时，感官品质最佳。当色拉油添加量为 30%和 40%时，蛋糕比容分别达到最大值。蛋糕比容变化的原因可能由于色拉油加的量过少，蛋糕会变得干瘪，不能有效锁水；色拉油加的量过多，则不易均匀地融入蛋黄糊里，还会破坏蛋白糊中的泡沫，最终影响蛋糕的感官评定及比容。所以色拉油选取的最佳范围为 20% ~ 40%。

3. 牛奶添加量

蛋糕中加入牛奶可以增加蛋糕的香味，使蛋糕蓬松柔软。添加的牛奶是全脂牛奶，含有 3.5%的脂肪，起到软化、保湿的作用。随着牛奶添加量的增加，蛋糕的比容感官评分呈先上升后降低趋势。牛奶添加量为 50% ~ 60%时，分数增加且差异显著。蛋糕比容同样在此范围内有显著差异。牛奶添加量超过 60%时，感官评分及蛋糕比容降低，主要是由于蛋糕在烘焙过程中，牛奶充当水分，加热后变为蒸气，蒸汽与蛋糕中的空气和二氧化碳结合，使蛋糕逐渐蓬松，体积增大，充盈蛋糕内部。当牛奶加入量过多时，一方面蛋糕出炉后，水蒸气无法全部排出，造成蛋糕塌陷、制品体积收缩；另一方面蛋糕中的脂肪也增加，造成蛋糕软化过度，最终造成比容、感官品质降低。所以牛奶添加量为 50% ~ 60%最适宜。

4. 白砂糖添加量

蛋糕中加入白砂糖可以增加蛋糕的甜味；改善表皮颜色，在烘烤过程中，发生美拉德反应，增加表皮颜色并发出香味；糖可以削弱面糊中的结构剂，减缓并减少蛋白质之间的相互作用（形成面筋蛋白）及鸡蛋白的凝固，还能降低淀粉的凝胶化，延长烘焙时间，使蛋糕口感柔软细腻；糖会吸附水分子，有助于保持水分，帮助蛋白打发，糖晶体使空气包裹到蛋白糊中，受热膨胀，使蛋糕蓬松。随着白砂糖的增加，蛋糕的感官评分先增加后降低。当白砂糖添加量为55%时，感官评分与比容达到最大。造成感官与比容呈现这一趋势的原因是：首先加入糖的量较少，导致蛋糕表皮上色不足，蛋糕不够细腻，感官品质较差。加入糖少使蛋糕在搅拌过程中摩擦力小，拌入空气不足，蛋糕无法充盈，比容较小。加入糖过量，会使蛋糕表皮颜色过深，蛋糕过甜，口感不够细腻，感官品质降低。在搅打蛋白时，白砂糖过多，蛋白糊中留下的间隙较小，空气拌入不足，在加热过程中，产生气体较少，内部结构有损害，抑制了蛋糕的蓬松，比容降低。

5. 优化后的工艺配方

以面粉和马铃薯全粉的总和 100 g 为基数，鸡蛋添加量为 587 g、马铃薯全粉 20 g、色拉油 40 g、全脂牛奶 55 g、白砂糖 50 g。

二、干果马铃薯蛋糕

（一）基本配方

干果马铃薯蛋糕的基本配方如表 5-2 所示。

表 5-2　干果马铃薯蛋糕的基本配方

原料名称	烘烤百分比/%	投料量/g
面粉和马铃薯粉	100.0	154.0
白砂糖	100.0	154.0
鸡蛋（带壳）	130.0	200.0
碳酸氢铵	0.5	0.8
水	40.0	62.0
干果	10.0	16.0

注：154 g 面粉和马铃薯粉中 61.6 g 为马铃薯粉，92.4 g 为低筋面粉。

（二）操作要点

1. 打蛋

首先将蛋液慢速搅打 1 min；加入白砂糖再快速搅打 8 ~ 10 min，直至蛋液呈乳白色泡沫状；加入碳酸氢铵和水搅打 10 ~ 15 s。

2. 搅拌

将面粉和马铃薯粉称量、过筛后混合，搅打 15 ~ 30 s，分布均匀，理想面糊温度为 24 °C。

3. 注模

将蛋糊注入已刷油的蛋糕纸杯中，注入 2/3 即可。

4. 烘焙

上火 150 °C，下火 180 °C，烘焙时间 15 min。表面刷油并冷却包装。

（三）优化后的工艺配方

以马铃薯全粉与低筋面粉混合计为烘烤百分比 100%，其中低筋面粉与马铃薯全粉质量比 3∶2，鸡蛋的烘烤百分比 130%，白砂糖烘烤百分比 110%，碳酸氢铵 0.5%，水 40%，干果 10%。与传统的蛋糕相比，干果马铃薯蛋糕维生素、膳食纤维和矿物质元素更加丰富，蛋糕内部组织扎实细腻，薯香浓郁，口感更加润泽。

三、马铃薯全粉戚风蛋糕

（一）工艺要点

1. 蛋黄糊调制

将与蛋白分离后的蛋黄打散加入占总糖量为 30%的白砂糖、植物油、牛奶混匀，加入马铃薯全粉、低筋面粉，用刮刀从下往上翻拌。

2. 蛋白糊调制

向蛋清中加入 8 滴柠檬汁，用电动打蛋器打到鱼眼泡状，然后加入 1/3 的细砂糖，继续打，打到蛋白开始变浓稠，再加入 1/3 的细砂糖，再继续用电动打蛋器打，打到蛋白比较浓稠，表面出现纹路，加入剩下的 1/3 细砂糖，再继续打。当提起打蛋器，蛋白能拉出弯曲的尖角时，表示已经达到湿性发泡的程度。当提起打蛋器时，蛋白能拉出一个短小直立的尖角，就表明达到了干性发泡的状态，停止搅打。

3. 蛋白糊和蛋黄糊混合

用刮刀将 1/3 蛋白加入蛋黄糊中，用刮刀轻轻翻拌均匀（从底部往上翻拌，不要划圈搅拌，以免蛋白消泡），翻拌均匀后，再用刮刀分 2 次将余下的 2/3 蛋白加入蛋黄糊中，翻拌均匀，使之呈浅黄色。

4. 入模

将混合好的蛋糕糊倒入模具中，用手端住模具在桌子上用力震几下，把内部的大气泡震出来。

5. 烘烤

烤箱 180 °C 预热 5 min，然后将模具放入烤箱进行烘烤，上火 180 °C，下火 180 °C，烘烤 50 min。

6. 脱模

将烤好的蛋糕从烤箱取出后，用力在桌子上震两下，立即倒扣在冷却架上，直到冷却脱模。

（二）优化后的工艺配方

牛奶 50 g、低筋面粉与马铃薯全粉质量比为 6∶4（即低筋面粉 60 g、马铃薯全粉 40 g）、白砂糖 90 g、鸡蛋 300 g、柠檬汁 8 ~ 10 滴、植物油 50 g。按照该配方制作的戚风蛋糕组织蓬松，口感色泽良好。

四、马铃薯蛋糕老化特性

老化是烘焙产品在贮藏过程中发生的包括物理、化学和感官品质等综合变化的复杂过程，涉及淀粉回生、水分迁移、淀粉-蛋白质之间的相互作用以及在非晶区内淀粉聚合物的重组等，会导致蛋糕变硬、失去光泽、口感变粗糙、风味发生劣变。对马铃薯蛋糕在贮藏期间的老化特性进行研究发现，蛋糕贮藏 1 h 后，在 X-射线衍射（XRD）2θ 12.5°和 20°附近出现衍射峰，分别对应于禾谷类淀粉的无定形峰和由直链淀粉与脂肪酸形成的螺旋形复合物（V-型结晶）。当贮藏时间达到 120 h 时，在 2θ 17°附近出现由支链淀粉回生产生的 B-型结晶。傅里叶变换红外光谱（FT-IR）在波数 925、995、1 025、1 047、1 079、1 155 和 1 243 cm^{-1}附近出现吸收峰，1025 和 1 047 cm^{-1}附近的吸收峰分别对应淀粉的非结晶区特征和结晶区特征。（1 047/1 025）cm^{-1}峰强度比值能够反映淀粉分子的有序程度，其比值越大，有序度越高。马铃薯蛋糕在贮藏期间的 X-射线衍射峰和红外吸收峰强度以及（1 047/1 025）cm^{-1}比值均小于普通蛋糕，表明其老化速度慢于普通蛋糕。老化会导致蛋糕硬度、咀嚼性、胶着性、黏聚性降低，从而使蛋糕失去光泽、口感变粗糙、风味发生劣变。

第四节　马铃薯月饼

一、马铃薯酥皮月饼

（一）工艺流程

1. 豆沙馅的制备

红小豆→挑选→煮制→捣碎→炒制→豆沙馅。

2. 马铃薯泥的制备

马铃薯→清洗→切片→蒸煮→去皮→捣碎→马铃薯泥。

3. 马铃薯酥皮月饼的工艺流程

水皮面团：油 + 水→快速搅打→乳化+面粉→搅打；
油酥面团：面粉+马铃薯泥+植物→调制→搓绵；
水皮面团+油酥面团→酥皮制作→包馅→成型→烘烤→冷却→包装→成品。

（二）操作要点

1. 豆沙馅的炒制

挑选出红小豆中的杂质，包括黑点、褐斑、虫害以及大型颗粒状杂质等。洗净红小豆，加水煮熟捣碎加白砂糖进行炒制浓缩，待用。

2. 马铃薯泥的制备

选择表面光滑无霉烂的马铃薯清洗干净并切片，蒸熟后去皮捣碎即成马铃薯泥。

3. 水皮面团的调制

先将油和水进行充分搅拌（约 10 min）成乳化状，然后加入面粉搅拌成不粘手、软硬适宜的柔软面团。

4. 油酥面团的调制

将面粉、马铃薯泥与色拉油脂充分揉搓均匀，形成与水皮面团软硬一致即可。

5. 酥皮（月饼皮）的制作

将水皮面团，于工作台上擀成圆形片状，油酥面团铺于其中心，用水皮面包油酥面，擀成圆形薄片，在面片中心挖一小孔 360° 向四周卷起，用刀切割成定量的面块，再将面块碾压成圆形薄片，即成酥皮。

6. 包馅成型

将事先分摘称量并经过搓圆的豆沙馅包入酥皮内，把酥皮封口处捏紧，压成扁圆形饼坯即成。酥皮月饼一般不借助饼模成型。

7. 烘烤

酥皮月饼要求“白脸”，一般要求上火温度略低（170 °C），下火稍高（180 °C），烘烤时间 25 ~ 30 min。熟透的酥皮月饼饼面光滑，鼓起外凸，饼边周围呈乳黄色，起酥。

二、马铃薯黔式月饼

黔式马铃薯月饼改变了只用面粉精粉制作月饼皮的习惯，将马铃薯全粉、面粉、猪油按一定比例混合后作为马铃薯月饼的制备材料。制得的黔式马铃薯月饼既有马铃薯的薯香味，又色泽金黄、外壳酥脆，层次分明，口感细腻，有弹性、韧性，粘连性较好。具体操作如下：

（1）油皮的制作。按质量份数计算，中筋面粉 100 ~ 150 份，马铃薯全粉 100 ~ 150 份，猪油 40 ~ 70 份，细砂糖 5 ~ 10 份，70 °C 热水 40 ~ 70 份。将中筋面粉、马铃薯全粉、细砂糖倒入碗里，一边搅拌一边加水，待水分完全吸收后，分 3 次加入猪油，边加边揉成光滑的面团。揉好后放在桌子上静置 20 min，倒扣上盘子。

（2）油酥的制作。按质量份数计算，中筋面粉 60 ~ 80 份，猪油 25 ~ 40 份。将中筋面粉和猪油充分混合，用手搅拌均匀，直到猪油和面粉完全融合成面团。

（3）将油皮分成 20 g/个、油酥分成 15 g/个，揉成圆形备用。

（4）取一个油皮面团，用手掌压扁。将一个油酥面团放在油皮面团中央，包起来，收口捏紧。将面团的收口朝上，光滑的一面朝下放在案板上，先用手掌压扁。

（5）用擀面杖将面团自上而下，自左而右擀开成长方形面片。将擀好的面片左右两边向中间折过来，然后再将面片上下部分向中间对折，擀平成长方形面片。同样的操作手法重复做 3 次，直到面团表面变得非常光滑，平整。注意擀的过程中面皮不能破，否则油会外漏。

（6）将擀好的酥皮面团静置 20 min 左右。

（7）馅料的制备：① 五仁馅：核桃仁 30 ~ 50 份，葵花籽仁 50 ~ 70 份，腰果 30 ~ 50 份，西瓜子仁 50 ~ 70 份，白芝麻 30 ~ 50 份，糖冬瓜 30 ~ 50 份，橘饼 10 ~ 30 份，玫瑰糖 5 ~ 15 份，细砂糖 70 ~ 90 份，水 70 ~ 90 份，朗姆酒 5 ~ 15 份，植物油 20 ~ 40 份，熟糯米粉 110 ~ 130 份。② 所有的干果在使用之前都需要先烤熟，180 °C 烤 10 ~ 15 min，烤出香味即可。烤好的干果冷却后，将干果压碎。不同的干果烤的时间可能不同，尽量将不同种类的干果分批烤熟。③ 橘饼和糖冬瓜切成小丁备用。把所有准备好的干果、橘饼、糖冬瓜全部放入大碗混合均匀，倒入细砂糖、玫瑰糖、朗姆酒、植物油、水，用筷子搅拌均匀。最后加入熟糯米粉，然后揉成团，即成五仁馅。

（8）取一块酥皮面团，压扁，放上五仁馅，然后将面团放于左手虎口位置，用大拇指的大鱼际部位推动面皮，让面皮慢慢地包裹在馅上，收口成半圆形。

（9）将制作好的马铃薯月饼放入烤箱中，上火 200 °C，下火 180 °C，20 min 左右，中途翻面。

（10）月饼冷却至室温，置于小型托盘包装盒中，装入脱氧剂，包装密封即可。

三、马铃薯云腿月饼

（一）工艺流程

（1）饼皮：马铃薯全粉、小麦粉→加入水混匀→加入蜂蜜、白砂糖、猪油→混匀。

（2）馅料：云南宣威精制火腿切丁→加入蜂蜜、白砂糖、猪油→加入炒熟面粉混匀。

（3）饼皮+馅料→包入馅料→成型→烘烤→冷却→成品。

（二）操作要点

1. 原料处理

小麦粉（中筋面粉）、马铃薯全粉分别过筛备用。

2. 面团制作

将小麦粉和马铃薯全粉混合均匀放入和面机，依次加入水、蜂蜜、白砂糖、猪油，其中以面粉含量为100%计算，水相对含量为25%，白砂糖相对含量为3.5%，蜂蜜相对含量为6.5%，小苏打相对含量为0.125%，和面至面团有一定的韧性且不粘手即可。

3. 静置

将面团于室温下醒发30 min，使面团性能保持一定的稳定性。

4. 馅料选择

精选肥瘦适中、肉质细腻、香气浓郁、咸香适口的云南宣威火腿，切丁备用。

5. 馅料混合

加入蜂蜜、白砂糖、猪油混合均匀，其中猪油呈黏稠状且有一定的流动性。

6. 面粉炒制

小火翻炒，略微发黄。

7. 馅料调制

将拌好的火腿丁加入炒熟后的面粉，揉搓至无干粉状态。

8. 包馅

将饼皮和火腿馅料按比例分割，云腿馅料包入饼皮后，整形成半圆形，收口朝下。

9. 烘烤

在成型后的马铃薯云腿月饼的饼坯表面刷蜂蜜蛋液，放入烤箱，上火200°C，下火185°C，烘制15 min。

（三）优化后的工艺配方

马铃薯全粉与小麦粉的配比20∶80，猪油相对含量20%，云腿馅料与饼皮面团配比50∶50。采用此配方生产的马铃薯云腿月饼具有良好的外观形态、滋味口感和组织结构。

第六章 马铃薯菜肴加工技术

第一节 不同烹饪方法对马铃薯品质的影响

马铃薯经过不同的烹饪方法加工后会发生一系列的感官和生物化学变化，从而影响其感官品质和营养成分含量。因此，采用不同的烹调方法和适宜的烹制条件，不仅可以保证菜肴的感官特征，还能使其具有较高的营养价值。目前，国内外已对马铃薯进行了广泛的研究，但从营养角度对其开展烹制工艺的优化还有很大的研究空间。

一、国内外研究进展

（一）国内研究进展

我国马铃薯产量较高，而且物美价廉，是居民日常膳食中的重要食物原料。针对不同烹调方法烹制后的马铃薯中营养成分含量会发生变化，潘兴昌等对其进行了研究，他们采用炒、烧、焯、炸、蒸等烹调方法，研究马铃薯在不同烹饪方法下各种维生素和矿物质的保留情况。结果表明：马铃薯经烹调后各种维生素和矿物质都有不同程度的损失；同一种营养素在不同的烹调方法下保留因子也存在一定的差异。也有人就不同烹调方法对其他蔬菜中部分营养成分的影响进行了研究。还有一些学者运用质构仪从质地特性方面展开了一系列的研究。

（二）国外研究进展

相比国内而言，国外就不同烹饪方法对马铃薯品质的影响以及烹制条件的优化等方面做了较多的研究，如 P.Garc'a-Segovia 等人以马铃薯为原料，采用连续的真空烹煮、低温和压力烹调 3 种方法，对其加工后质地变化的影响进行了研究，通过质地剖面分析（TPA）来评定样品，用冰冻电镜扫描来评估微观结构。结果表明，TPA 参数（如硬度、咀嚼性、凝聚力、黏合度等）受蒸煮温度和处理时间的影响。PhilippeBurg 等对马铃薯烹饪过程中维生素 C

的损失率进行了测定，结果表明在烹饪过程中维生素 C 的损失主要是由于酶遭到了破坏，低含水量和烹饪过程中空气的存在进一步增加了维生素 C 的损失率。

二、烹饪对马铃薯中水分含量的影响

马铃薯生样中水分含量较为丰富。经蒸、焯后水分含量略有升高，其中焯后水分含量最高，在 90%左右；而经炒、烧、炸后水分含量均有下降，其中炸后水分含量最低，接近 50%，而烧后水分含量与生样较为相近。

马铃薯在炒、烧、炸后水分的损失可能是因为高温高热导致水分吸收热能而迅速汽化，造成水分的蒸发流失，并且马铃薯的完整性受到损伤，也会造成水分的渗出流失。其中，马铃薯烧后水分的损失量比炒、炸后低，原因可能是在一部分水分蒸发或渗出的同时，有一部分外源的水分进入，最终表现为水分含量变化不大。另外，马铃薯在蒸和焯后水分含量均有升高，主要是因为蒸和焯的烹饪过程中提供了充足的水分，当吸收的水分量高于蒸发或渗出的损失量时，整体表现为水分含量升高。

三、烹饪对马铃薯中淀粉含量的影响

马铃薯经炒、烧、炸、蒸、焯后总淀粉都有一定程度的损失。马铃薯生样中总淀粉干基含量较丰富，经不同的烹饪方式处理后，总淀粉的损失程度不同。经烧、蒸、焯处理后总淀粉干基含量较为相近，均在 70%以上，其中烧后总淀粉干基含量较高，在 80%左右。经炒、炸处理后总淀粉损失较多，干基含量均低于 50%，其中炸后总淀粉干基含量最低，接近 40%。

马铃薯总淀粉在烹饪过程中有所损失可能是因为马铃薯细胞的完整性受到损伤，造成淀粉的流失；也可能因为加入水分之后，淀粉容易随着菜肴汤汁被舍弃；还可能是淀粉颗粒在烹饪过程中被破坏，发生降解作用从而导致总淀粉干基含量降低。温度和时间是影响马铃薯淀粉含量的两个重要因素。根据本实验结果，炒、炸后马铃薯中的总淀粉损失较大。其原因可能是炒、炸的温度较高，高温对淀粉有直接破坏作用。炒制后总淀粉的损失比炸制后的损失量小，原因可能是在整个炒制过程中，大部分马铃薯处在一个相对开放的烹饪条件下，只有同锅底或油接触时才有较高温度，因此炒制的加热程度远不如油炸过程。烧制后总淀粉损失相对较少，可能是因为烧制的煸炒过程时间较短，淀粉的流失较少。在蒸制马铃薯时，水蒸气的温度为 100 °C，淀粉损失的原因可能是被水蒸气凝结所成的水冲刷掉。而焯制过程是以水为传热介质的，有水存在就会使淀粉流失。

四、烹饪对马铃薯中蛋白质含量的影响

马铃薯经炒、烧、炸、蒸、焯后，蛋白质均有一定程度的损失。经不同的烹饪处理后，蛋白质的损失程度也不同。经蒸、焯处理后，马铃薯的蛋白质干基含量较高，在 12%左右；经炒、烧、炸后，马铃薯的蛋白质干基含量较为接近，在 10%左右。炒、烧、炸后马铃薯中的蛋白质含量比蒸、焯低，可能是大部分蛋白质发生了降解同时降解产物转移到汤汁中。

温度和时间是影响蛋白质降解程度的两个重要因素。在炒、烧、炸烹制过程中，高温高热的条件使蛋白质的降解程度高于蒸、焯的烹制。

五、烹饪对马铃薯中脂肪含量的影响

马铃薯经过不同的烹饪处理后，脂肪含量的变化程度也不同。经炒、烧、炸后，脂肪干基含量显著升高，其中，炸后脂肪干基含量最高，超过 7%，炒、烧后脂肪干基含量接近，均在 6%左右；而经蒸、焯后脂肪干基含量均下降，接近 2%。在烹饪过程中，脂肪被分解的同时，可能有外界添加食用油的吸收，当吸收量大于损失量时，最终表现为脂肪检出量增加。

六、不同烹饪方法对马铃薯影响研究的前景评价

采用不同的烹饪方法不仅改变了菜肴的色、香、味、形等感官性状，同时也使马铃薯中的营养成分发生了很大的变化，如在漂烫过程中，马铃薯中的维生素 C、有机酸、可溶性糖及氨基酸等成分会因为易溶于水而损失严重。为了使马铃薯中的营养成分得到最大化的保留，在国外的一些文献中，真空低温烹调方法被广泛研究。此法主要是通过真空包装、低温烹煮来更大限度地保留原料中的营养成分以及保持原料原有的鲜味。我国也可以将此法应用到马铃薯烹饪方法优化的研究中，从科学角度指导人们健康饮食，从而满足人们的生活需要。我国对马铃薯的研究还有很大的提深空间，比如可将主观和客观相结合，同时分析马铃薯的感官品质和营养成分含量来达到使人们的饮食既美味又健康的目的，并探讨两者的相关性，最终建立马铃薯的合理的品质评价体系，为人们科学膳食提供理论参数。

第二节　中式马铃薯菜肴

一、代表性中式主菜

（一）黄焖马铃薯鸡

1. 原料

马铃薯、土鸡、姜、大葱、蒜、米辣椒、酱油、食用油、盐。

2. 制作方法

将马铃薯去皮切块，鸡洗净切块；姜蒜切片，大葱切段备好；将油倒进锅里预热，大火，把鸡放入油中爆炒，炒至表面金黄，加入马铃薯快速翻炒；再加入姜、蒜、大葱、米辣椒，放入适当的盐和酱油、少量水，用小火焖，至马铃薯、鸡块熟透后改用大火收汁，出锅即可。

（二）粉蒸马铃薯

1. 原料

马铃薯 2 个、胡萝卜 1 根、南乳汁、郫县豆瓣、橄榄油、糖、麻辣味蒸肉米粉、小葱、小红椒。

2. 制作方法

将马铃薯、胡萝卜去皮切块；豆瓣切碎，小葱、红椒切末；将切碎的豆瓣、15 mL 的南乳汁和橄榄油、一勺糖与马铃薯、胡萝卜均匀搅拌，腌制 15 min；撒上打好的米粉包裹均匀；装盘上锅大火蒸 0.5 h；出锅时撒上葱花和红椒末即可。

（三）茄子炖马铃薯

1. 原料

茄子 3～4 根、马铃薯、五花肉、大蒜、小葱、鸡精、酱油、盐、醋、香油、食用油。

2. 制作方法

将茄子用手撕成大小均匀的块；马铃薯去皮切块；五花肉切片；大蒜切

片，小葱切成葱花；将油烧热，放入大蒜炒香，将肉放入锅中翻炒，再将肉装出；马铃薯和茄子下锅，加鸡精，大火烧，变色之后向锅内加入清水，淹没至菜的3/4的位置，加生抽、盐、醋、肉，改小火盖上锅盖焖，出锅前改大火收汁，加上香油和葱花即可。

（四）马铃薯烧牛肉

1. 原料

马铃薯300 g，牛腩400 g，葱段10 g，姜块6 g，淀粉15 g，桂皮3 g，八角4 g，黄酒20 g，酱油50 g，白糖10 g，植物油50.0 g。

2. 制作方法

马铃薯洗净去皮，切成4 cm大小的滚刀块待用；牛腩切与马铃薯等大的形状，过热水焯烫后用温水洗净，挤出血水。炒锅放油，烧至七成热，放入马铃薯块炸至淡黄色，倒入漏勺沥油。锅底留油 60 g，烧至六成热，倒入牛肉煸干水分。牛肉出现小焦斑时，放入姜、葱、黄酒、桂皮、八角，加水没过肉面，沸后转成小火，烧50 min后加入白糖、酱油，焖至酥烂，放入马铃薯，10 min后转旺火收稠汤汁，装盘即成。

（五）青椒马铃薯丝

1. 原料

马铃薯、青椒、花椒、醋、盐、食用油。

2. 制作方法

将马铃薯去皮切丝，青椒切丝；锅内烧水，水沸之后加点白醋（使马铃薯保持清脆口感），将马铃薯丝焯一下水，见马铃薯丝颜色变黄即可；锅内放油烧热，撒入花椒炒香，放入马铃薯丝翻炒，加入青椒丝，加少许盐，出锅。

（六）玛瑙薯枣

1. 原料

马铃薯500 g，花生米50 g，豌豆苗100 g，泡打粉5 g，面粉20 g，食盐2 g，番茄酱50 g，白糖8 g，植物油500 g（实耗50 g）。

2. 制作方法

马铃薯蒸熟后去皮压成泥；花生米泡水后放入油中炸至酥香；豌豆苗氽

水后装盘。马铃薯泥中加入面粉、泡打粉、盐、拌匀，用手搓成直径约 2 cm、长约 3 cm 的枣形。薯枣上嵌入 1 粒油炸花生米。炒锅上火，放入植物油，油烧至七成热，放入薯枣，待炸至金黄色，捞出放在豌豆苗上。锅中留底油，加番茄酱略炒，加调料并勾芡后淋在薯枣上即成。

（七）马铃薯炖豆腐

1. 原料

马铃薯 2 个、豆腐 1 块、东北大酱、葱、姜、蒜、香菜、酱油、糖、盐、食用油。

2. 制作方法

马铃薯去皮切小块，豆腐切小块；葱、姜、蒜、香菜切末；豆腐用沸水焯一下，以防炖烂；锅内加油，葱、姜、蒜爆香，大火，将马铃薯放入锅内翻炒变色；中火，加水将马铃薯盖过，加盐、酱油焖；待马铃薯八分熟时改小火，放入豆腐和 2 勺东北大酱；炖好后大火加糖烧几秒，关火；继续盖上盖焖 3 min，让大酱入味；起锅撒上香菜末。

（八）马铃薯煎风肉

1. 原料

马铃薯 250 g，风肉 150 g，面粉 25 g，阴辣椒 20 g，食盐 5 g，植物油 20 g。

2. 制作方法

马铃薯切成长 6 cm、宽 4 cm 的片；风肉切成同等的片。水中加一定量的盐，浸泡马铃薯片 10 min。用水调面粉，将一片马铃薯贴一片风肉。炒锅上火，放少许油，把马铃薯风肉片煎好装盘，阴辣椒炸黄，放在上面即成。

（九）香辣马铃薯虾

1. 原料

马铃薯、虾、葱、姜、蒜、盐、油、干辣椒、料酒、淀粉、生抽、老抽。

2. 制作方法

将虾挑掉肠洗净，用料酒、盐、生抽、老抽、淀粉腌制 10 min；马铃薯切条或切块；锅内放油，将姜、蒜、干辣椒爆香，大火，放入马铃薯翻炒，可加少许生抽，放盐；马铃薯八分熟后放入虾一同翻炒，炒熟后加入葱花出锅。

（十）辣白菜五花肉马铃薯片

1. 原料

辣白菜、五花肉、马铃薯、葱、酱油、料酒、糖、盐、鸡精、胡椒。

2. 制作方法

将辣白菜切小片，肉切片，马铃薯切片，不要太薄；锅里放油烧热，将马铃薯倒进炸一遍，放盐，待马铃薯炸至表面金黄捞出；锅里留油，将葱爆香，放入肉片爆炒，加料酒、酱油、盐、糖炒至肉变色；再加入马铃薯片、辣白菜、鸡精、胡椒爆炒；加入少量水，盖上锅盖焖，水沸后大火收汁出锅。

（十一）酸笋炒薯片

1. 原料

马铃薯、泡酸笋、红椒、大蒜、盐、味精、油。

2. 制作方法

将马铃薯去皮切成薄片，将酸笋切成段，红椒切成块，大蒜切片；锅里下油，将大蒜炒香，放入马铃薯片翻炒，加入酸笋、红椒、盐、味精炒熟出锅。

（十二）马铃薯炖羊肉

1. 原料

马铃薯、羊肉、酱油、料酒、盐、葱、姜、蒜、八角、植物油。

2. 制作方法

羊肉洗净，切成 2 cm 的方块，下入沸水焯一下；马铃薯削皮，切成滚刀块；姜切丝，蒜切片，小葱切末；锅中放油烧热，放进马铃薯炸至金黄色捞出；锅中留油，放入姜、蒜、八角炸香，放入羊肉、料酒、酱油、盐，加水，小火烧沸，待羊肉八成熟时将马铃薯加入烧沸；倒入砂锅，用小火炖至熟烂。

（十三）锅烧马铃薯

1. 原料

小型圆马铃薯、辣椒、蒜蓉、生抽、蚝油、白糖、料酒、香醋、味精、盐、油。

2. 制作方法

将马铃薯洗净不去皮，辣椒切片；油烧热，放入马铃薯炒至外皮金黄；加水，放入生抽、料酒、少许醋、盐、味精、蒜蓉，小火焖熟；加糖、耗油，大火上色收汁。

（十四）脆皮马铃薯条

1. 原料

马铃薯 400 g，面粉 50 g，番茄酱 50 g，生粉 70 g，鸡蛋 1 个，食盐 30 g，味精 3 g，鸡精 3 g，植物油 250 g（实耗 50 g），白糖 20 g。

2. 制作方法

将马铃薯洗净去皮后，切成小条，放入盐水中浸泡 15 min 后备用。用鸡蛋、面粉、生粉、植物油做成脆皮糊备用。把薯条放入脆皮糊里；锅上火，放入植物油，待油烧到三成热，小火，放入均匀蘸有脆皮糊的薯条，炸至干香脆，即可起锅装盘。番茄酱中加白糖，做成糖醋汁，小碗盛上，供蘸薯条用。

（十五）铁板马铃薯

1. 原料

马铃薯 400 g，青、红椒各 10 g，猪肉末 20 g，水芡 5 g，虾皮 10 g，蒜泥 2 g，姜泥 2 g，食盐 3 g，味精 3 g，花草辣椒酱 5 g，植物油 100 g。

2. 制作方法

将马铃薯去皮洗净，切成大块，蒸熟待用。将青椒、红椒、猪肉末、辣椒酱、虾皮放入锅中，炒熟后放 10 g 水，再放入盐、味精，加入水芡起锅。将铁板上火烧烫，将蒸好的薯块倒在铁板上，淋上汁即成。

（十六）西红柿马铃薯条

1. 原料

马铃薯、番茄酱、盐、酱油、柠檬酸或醋、糖、油。

2. 制作方法

马铃薯去皮洗净切成条；锅内放油将马铃薯清炒一遍；倒少许水，位置在马铃薯的一半便好，加盐、酱油少许，加番茄酱，焖炖 5 min 左右；开盖加上一点柠檬酸或醋，2 勺糖，大火收汁，当汤如黏稠状即可出锅。

（十七）鱼肉马铃薯

1. 原料

马铃薯 250 g，鲳鱼 1 条（约 250 g），胡萝卜、生芹菜、洋葱、花生油、料酒、盐、姜、胡椒粉。

2. 制作方法

将胡萝卜、芹菜、洋葱、姜切成末；胡萝卜末焯水；将鲳鱼整条煮熟，去骨和刺，用匙压碎鱼肉，加入料酒、胡萝卜末、芹菜末、洋葱末、姜末、胡椒粉，与鱼肉搅拌均匀；马铃薯洗净放入锅内煮熟，出锅后剥皮碾成泥；油锅烧热，将鱼肉倒进去煸炒，倒入马铃薯泥，加水和盐，炒匀即可出锅。

（十八）马铃薯炖芸豆

1. 原料

马铃薯、芸豆、大葱、肉、东北大酱、油、盐。

2. 制作方法

将马铃薯洗净切条，大葱、肉切丝；锅内放油，将大葱与肉放入锅内炒香，加进马铃薯与芸豆，加水、盐、东北大酱，炖 10 min 即可出锅。

（十九）肉末土豆松

1. 原料

马铃薯 400 g，红椒 10 g，猪肉末 20 g，食盐 3 g，味精 3 g，植物油 500 g（实耗 60 g）。

2. 制作方法

将马铃薯去皮洗净，切成银针丝；将红椒切成细粒备用。炒锅上火，加入植物油，烧 2 min，将薯丝放入油锅炸至金黄色捞出，装入盘中待用。锅底留油，放入猪肉末和红椒粒炒熟，加入盐、味精即可起锅，浇在薯丝上即成。

（二十）泡椒土豆鸡

1. 原料

马铃薯 400 g，土鸡 200 g，泡椒 100 g，芹菜 15 g，食盐 3 g，味精、鸡精各 3 g，美极鲜 5 g，蚝油 5 g，白糖 5 g，料酒 5 g，植物油 500 g（实耗 60 g）。

2. 制作方法

将马铃薯去皮，洗净，切粒，氽水；芹菜切成节；土鸡砍成粒，备用。炒锅上火，放入植物油，土鸡炸至成熟后备用。锅底留油，把泡椒、芹菜炒香，加薯粒、土鸡、高汤和调味料，烧至成熟，起锅即成。

（二十一）风味土豆丝

1. 原料

马铃薯 400 g，涪陵榨菜 10 g，火腿肠 30 g，红椒丝 3 g，食盐 2 g，植物油 40 g，味精 1 g，醋 2 g。

2. 制作方法

马铃薯去皮，切成粗丝，用清水浸泡。榨菜改切细丝；火腿肠切细丝。炒锅上火，加清水烧开，分别下薯丝、红椒丝，煮断生。炒锅上火，放植物油，下火腿肠丝煸至酥，下薯丝、榨菜丝、红椒丝及调料，翻炒即成。

（二十二）凉拌马铃薯丝

1. 原料

马铃薯、大蒜、香菜、酸醋、小米辣椒、盐、味精。

2. 制作方法

马铃薯去皮切成丝，放入沸水里焯熟；小米辣椒切碎，香菜切碎，大蒜切成末；将小米辣椒、蒜醋、香菜、蒜泥、盐、味精和马铃薯丝一起搅拌均匀即可。

（二十三）什锦马铃薯泥

1. 原料

马铃薯、黄瓜、胡萝卜、玉米粒、沙拉酱、黄油。

2. 制作方法

将马铃薯去皮洗净，切成小块，入锅蒸烂拿出，用汤匙捣成泥晾凉；将胡萝卜、黄瓜洗净去皮，切成丁；将黄瓜、胡萝卜、玉米粒放入锅内焯一下水捞出，与马铃薯泥一起搅拌；同时加入少许黄油、沙拉酱一起搅拌均匀。

二、代表性中式汤菜

（一）马铃薯南瓜汤

1. 原料

马铃薯、南瓜、杏脯、红枣、枸杞、盐、蘑菇精、油。

2. 制作方法

将马铃薯和南瓜去皮切成小块；杏脯和红枣切成小粒；枸杞泡水；锅内放油，将马铃薯和南瓜倒入翻炒几下；加水、盐、蘑菇精少许；再倒入杏脯、红枣、枸杞，将以上食物转入炖锅内慢炖，至马铃薯和南瓜炖烂即可。

（二）西红柿马铃薯汤

1. 原料

马铃薯、西红柿、油、鸡蛋、小葱、盐。

2. 制作方法

将马铃薯去皮切片，西红柿切块；锅内加油，西红柿下锅过油；加入马铃薯片；加水，加盐，大火煮；马铃薯熟了之后将鸡蛋打进去，撒上葱花便可出锅，还可依据自己的口味放其他调料。

（三）咸菜马铃薯汤

1. 原料

马铃薯、咸菜、豆瓣、蘑菇精、高汤、盐、糖、油。

2. 制作方法

将咸菜洗干净，切碎；马铃薯去皮切条；锅放油，下入咸菜煸炒；加入豆瓣炒香；加高汤，煮沸；水沸后放马铃薯，加盐；炖到马铃薯酥软后加蘑菇精、糖调味，起锅。

（四）椰子马铃薯牛肉汤

1. 原料

椰子 1 个、马铃薯 2 个、洋葱 1 个、胡萝卜 1 个、牛肉 1 斤、姜、盐。

2. 制作方法

将马铃薯、胡萝卜、洋葱去皮切块；椰子肉切块；牛肉洗净焯水，切块；姜切片；锅内放大量水，水烧沸之后下椰子、马铃薯、洋葱、胡萝卜、牛肉、姜，小火煲 2 h；出锅前放盐即可。

（五）番茄马铃薯牛肉汤

1. 原料

马铃薯、番茄、卷心菜、牛肉原汤、姜、葱、香油、盐。

2. 制作方法

马铃薯去皮切小丁；卷心菜洗净切片；番茄洗净去皮切小块；姜、葱切末；牛肉汤放火上，倒入马铃薯、姜；水烧开后倒入卷心菜、番茄；8 min 后加盐，搅匀；淋上香油和葱就可关火上桌。

（六）马铃薯鸭块汤

1. 原料

鸭、马铃薯、料酒、胡椒粉、姜、大葱、盐、味精。

2. 制作方法

将鸭切成 3 cm 长的方块，洗去血水，倒入沸水中焯水；马铃薯去皮切滚刀，泡水；葱打结，生姜切片；锅内加多点水，放入鸭、姜、大葱、料酒，盖上盖大火煮沸，小火焖一会儿；加入马铃薯，煮至酥烂；放盐、味精，出锅撒上胡椒粉便完成。

（七）鹅肉马铃薯汤

1. 原料

鹅肉、马铃薯、红枣、枸杞、生姜、小葱、香油、盐、胡椒粉、味精、料酒。

2. 制作方法

鹅肉洗净切成长方形条块，入沸水焯水；马铃薯去皮切块；生姜切片，小葱切段；锅内放置清水，下姜片、枸杞、红枣、鹅肉、料酒；小火炖煮 1 h；加马铃薯，炖煮 0.5 h；出锅前加入胡椒粉、香油、小葱即可。

（八）番茄马铃薯泥鳅汤

1. 原料

泥鳅、马铃薯、番茄、姜、盐。

2. 制作方法

将泥鳅洗净、擦干水；番茄、马铃薯去皮切块；锅内放一汤勺油，将姜片、泥鳅下锅爆炒，煎至两面金黄，盛出；汤锅放水，烧沸，将马铃薯与泥鳅放入汤里；小火炖煮约 1 h，汤变奶白色时加入番茄；再沸时加盐调味便可关火。

（九）胡萝卜马铃薯汤

1. 原料

胡萝卜、马铃薯、猪棒骨、盐、香油、胡椒粉。

2. 制作方法

将猪棒骨洗净；胡萝卜、马铃薯去皮切块；高压锅内放清水，将猪骨放入烧开，炖煮 40 min；将胡萝卜、马铃薯放入煮沸后改小火；出锅前放盐、香油、胡椒粉便可。

（十）地三鲜汤

1. 原料

马铃薯、黄瓜、干木耳、酱油、盐、麻油、白胡椒粉。

2. 制作方法

马铃薯去皮，切片；黄瓜切片；木耳泡发撕成小朵；锅内加水，放入马铃薯和木耳，煮沸后改小火，加酱油；煮熟后加入黄瓜片、麻油、盐、白胡椒粉，黄瓜片变色即关火出锅。

（十一）酸菜土豆汤

1. 原料

马铃薯 200 g，葱花 5 g，姜末 3 g，酸菜 30 g，食盐 2 g，味精 2 g，胡椒粉 2 g，植物油 30 g。

2. 制作方法

马铃薯去皮后切成薄片；酸菜切成段。炒锅上火，放少许植物油，加姜末爆香，然后加入酸菜炒香，加入调料，加清水煮开后，下马铃薯片煮至汤酸香，撒入葱花即成。

三、代表性中式点心

（一）马铃薯年糕

1. 原料

马铃薯、米饭、淀粉、黄油。

2. 制作方法

取 4 ~ 5 个马铃薯，煮熟剥皮；取一碗煮好的米饭捣烂，与马铃薯搅匀，并一点点地加入 200 g 淀粉；揉搓成年糕团，揉至硬度与耳垂硬度相近；将年糕团搓成直径为 5 cm 的棒状；切成 1 ~ 2 cm 厚的圆片；在平底锅中放入黄油烧热，下年糕片；煎至两面金黄便可享用。没用完的年糕可放入冰箱冷冻保存。

（二）薯条手卷

1. 原料

薯条、生菜、海苔、芦笋、沙拉酱、白芝麻。

2. 制作方法

将生菜洗净沥干；薯条用烤箱烤 12 ~ 15 min，外表金黄时拿出放凉备用；海苔片对角剪成三角形；取一张三角形海苔片平铺，将生菜放在中间，再依次放入薯条、芦笋、沙拉酱、白芝麻；从左至右卷紧，将海苔多余的边塞入尾部；再取一张海苔，将其从右至左卷紧，摆盘食用。

（三）洋芋擦擦

1. 原料

马铃薯、面粉、辣酱、葱、辣椒油、盐、油。

2. 制作方法

将马铃薯去皮洗净，切成黄豆大小的小丁；将马铃薯丁均匀地裹上面粉；裹好面粉后将马铃薯丁上蒸笼蒸，待酥软后取出晾凉、打散；锅内放油，下辣酱、葱末、马铃薯丁煸炒；可适当加点辣椒油，加上盐便可出锅。

（四）椒盐小马铃薯

1. 原料

小马铃薯、油、盐、糖、香葱、椒盐。

2. 制作方法

小马铃薯洗净，煮熟后晾凉，用刀压扁；锅内放油，烧热，放入马铃薯翻炒；加入盐、糖、椒盐，撒上葱花即可出锅。

（五）油炸马铃薯饼

1. 原料

马铃薯、草果粉、盐、油。

2. 制作方法

将马铃薯蒸熟去皮，捣成泥；将草果粉、盐与马铃薯泥搅拌均匀，捏制成饼；锅内下油，将马铃薯饼放入锅内，炸至金黄出锅。

第三节　西式马铃薯菜肴

一、代表性西式主菜

（一）奶油芝士焗马铃薯

1. 原料

马铃薯、黄油、奶油、豆蔻粉、车达奶酪、洋葱、白酒、盐、胡椒粉、蔬菜类。

2. 制作方法

先将马铃薯洗净去皮，并切成均匀的薄片（用刨片器最好）。制作奶油芝士酱汁：取一锅加热放入黄油，待融化后炒洋葱丝，炒香后倒入白酒并收稠，然后加入淡奶油小火加热，等待奶油有一点稠度后放入车达奶酪碎，用豆蔻粉、盐和胡椒粉调味即可。取一个不锈钢盒，在最底层轻轻地抹一层黄油，然后均匀地放入马铃薯片，再放入制作好的薄薄的一层奶油芝士酱，反复重复 4 次，最后在上边均匀地撒上车达奶酪。将摆放好的奶油芝士马铃薯放入烤箱中 160 °C 烤 40 min，取出即可。

（二）马铃薯沙拉

1. 原料

马铃薯、蛋黄酱、黄芥末酱、酸奶、洋葱、盐、胡椒粉、混合生菜、帕尔玛火腿。

2. 制作方法

将马铃薯洗干净放入锅中蒸熟（或放入水中煮熟）去皮切成小块状备用。制作酱汁，将洋葱切成碎，然后分别加入蛋黄酱、黄芥末酱、酸奶，用勺将它们搅拌均匀，加入盐和胡椒粉调味。将制作好的酱汁与准备好的马铃薯混合即可。按照喜好可以任意配蔬菜沙拉和帕尔玛火腿等配菜。

（三）西式烤土豆

1. 原料

无盐黄油、马铃薯、百里香、盐。

2. 制作方法

把电烤箱调到最高温度，加热。在烘烤盘里刷上一层油放入电烤箱加温。把清洗的马铃薯沿竖向切割成若干片“月牙形”，将每一块月软毛牙刷上一层油。电烤箱热后，取出烘烤盘，把土豆块撒落在烘烤盘上。注意，土豆块在烘烤盘上只铺一层。在土豆块上滴上百里香碎、盐，放进烤箱烤 20 min，直至马铃薯变为金深褐色。

（四）西式炒土豆丁

1. 原料

马铃薯、小红辣椒、蒜瓣、柠檬、孜然、小茴香、辣椒粉、香菜、橄榄油、盐。

2. 制作方法

柠檬洗净，皮去切丝备用。土豆洗净连皮煮熟，然后捞出去皮切丁备用。蒜，红辣椒，香菜切碎备用。炒锅倒入橄榄油，至土豆表皮微焦，加入红辣椒，蒜末，再加入孜然，小茴香，辣椒粉继续翻炒出香味。加入盐调味，加入胡椒粉，挤入柠檬汁翻炒，最后撒上香菜，盛入碗中再撒上柠檬皮碎即好。

（五）西式蒜香土豆泥

1. 原料

马铃薯 907 g、蒜 25 g、干酪 56 g、黄油适量。

2. 制作方法

土豆去皮，可以放整个也可以切成大块（切块煮的时间短一些）；烧一大锅水，放盐，待土豆烧开后加盖改小火慢慢煮至土豆松软；将煮熟的土豆沥干水分，放入黄油、打碎的干酪和大蒜，可以加盐和黑胡椒调味。

（六）意大利马铃薯丸子

1. 原料

马铃薯、面粉、鸡蛋、干酪。

2. 制作方法

将马铃薯蒸熟，去皮，压成蓉，加入干酪，可以适当地加一些黑胡椒粉，拌匀，加入鸡蛋和面粉，揉成团。将面团分成几份，揉成条状，再切成一口大小的小丸子；用叉子在切好的丸子上压痕成面疙瘩；丸子热水下锅，加半勺盐，大概两三分钟，捞起沥干，加入酱汁拌匀即可食用。

（七）咖喱马铃薯

1. 原料

马铃薯 3 个、洋葱 1 个、胡萝卜 1 根、糖、盐、咖喱粉、油。

2. 制作方法

马铃薯切块泡水，胡萝卜切丁，洋葱切丝；咖喱加水调开；锅里放油，将马铃薯、胡萝卜、洋葱一起大火翻炒；改中火，加多一些水，加入咖喱、盐，待洋葱煮融后开小火，加糖，稍后即可关火出锅。

（八）法式烩马铃薯

1. 原料

马铃薯、洋葱、黄油、蒜、浓蔬菜汤、香叶、盐、胡椒面、味精、植物油、芹菜、白葡萄酒。

2. 制作方法

将马铃薯去皮洗净，切成丁；大蒜拍碎；洋葱、芹菜切碎；锅内放入黄油，下蒜和洋葱，将洋葱炒至透明状；下马铃薯丁煸炒；加入蔬菜汤、香叶、盐、胡椒面、味精搅拌均匀，也可加入少许水；小火，微沸一段时间，其间不停搅拌，以防煳锅；待锅内马铃薯熟透，汤汁黏稠时放些植物油和酒搅拌；出锅装盘，撒上芹菜即成。

（九）法式金沙马铃薯泥

1. 原料

马铃薯、咸蛋、盐、味精、香油、葱。

2. 制作方法

将马铃薯去皮切片蒸熟，碾成泥；将咸蛋蒸熟，取出蛋黄碾成泥；锅中放油烧至五成热，下咸蛋黄炒香，将马铃薯泥一起下锅，小火翻炒，加入盐、味精；出锅前加上香油、撒上葱花。

二、代表性西式汤菜

（一）奶油马铃薯汤

1. 原料

马铃薯、奶油、百里香、盐、胡椒粉、烟熏三文鱼和松露油。

2. 制作方法

将马铃薯洗净去皮，然后切成均匀的小块或片状。准备一个加入适量水的小锅并放入切好的马铃薯将其完全煮熟（煮烂）。将煮好的马铃薯和水放入打碎机中完全打碎，然后过箩。过箩后的马铃薯汤倒入锅中并放入一个百里香，小火煮开，然后加入适量的奶油并搅拌均匀，加入盐和胡椒粉调味。还根据个人喜好在汤中加入烟熏三文鱼和松露油。

（二）培根土豆浓汤

1. 原料

马铃薯、培根、洋葱、食盐、黑胡椒、淡奶油、香草。

2. 制作方法

将马铃薯洗净去皮切丁，洋葱切丁，培根切碎小火煸炒至颜色深红、体积变小即可出锅；接着就用培根油煸炒洋葱，待洋葱炒出香味变软后再放入土豆丁继续煸炒片刻；倒入清水没过土豆煮熟，然后放入搅拌机加适量清水打成土豆糊；将土豆糊再倒回锅中，加适量淡奶油继续熬煮，最后加盐和黑胡椒粉调味即可关火，盛入碗中加入煎过的培根碎和香草即可食用。

第七章　马铃薯膨化食品

第一节　膨化食品生产技术

一、膨化食品的概念与分类

（一）膨化食品的概念

膨化食品是以谷类、薯类、豆类、果蔬类或坚果籽类等为主要原料，采用膨化工艺制成的组织疏松或松脆的食品。

（二）膨化食品的分类

膨化食品按加工工艺可分为以下 5 类。

1. 焙烤型

采用焙烤或焙炒方式膨化制成的膨化食品。

2. 油炸型

采用食用油煎炸方式膨化制成的膨化食品。

3. 直接挤压型

原料经挤压机挤压，在高温、高压条件下，利用机内外压差膨化而制成的膨化食品。

4. 花色型

以焙烤型、油炸型或直接挤压型产品为坯子，用油脂、酱料或果仁等辅料夹心、注心或涂层而制成的膨化食品。

5. 其他型

采用微波、气流或真空等方式膨化制成的膨化食品。

二、食品膨化技术

（一）油炸型膨化技术

油炸型膨化是将物料放进高温的油中，热油使食品表面温度立即升高，水分的气化使其表面形成一层具有多孔结构的干燥层，食品内部水分仪蒸汽形式溢出，原来的空间便由油取代，形成松脆口感，且食品中的营养物质如蛋白质、碳水化合物等因高温发生一系列的化学反应，从而形成酥脆口感及特殊风味，但也因此提高了产品的含油率，且存在油反复使用产生有害物质的隐患，有悖于人们健康环保的绿色观念。现在的真空低温油炸膨化对于改善食品的品质、降低油脂的劣化程度有很大的意义。真空油炸是指在负压条件下食品在油中脱水干燥。在真空度 2.67×10^3Pa、油温 100 °C 进行油炸，这时所产生的水蒸气为 60 °C。若油炸时油温采用 80 ~ 120 °C，则原料中的水分可充分蒸发；水蒸发时使体积显著膨胀。采用真空油炸制得的产品有显著的膨化效果，而且油炸时间相对缩短。

（二）焙烤型膨化技术

焙烤型膨化是一种新兴的膨化技术，市面上常见于饼干和面包的加工，其原料多为豆类、薯类，经过烘烤、焙炒等手段使产品膨化。经过这种方式膨化的产品具有更佳的色、香、味品质，深受消费者的喜爱。

（三）挤压膨化技术

挤压膨化技术在 20 世纪 40 年代末期逐渐应用到食品领域。它不但应用于各种膨化食品的生产，还可用于豆类、谷类、薯类等原料及蔬菜和某些动物蛋白的加工。近年来，挤压膨化技术发展十分迅速，目前已成为最常用的膨化食品生产技术之一。它具有产品种类多、生产效率高、成本低、产量高、产品质量好、能使用低价粗原料、无废弃物、可实现生产全过程的自动化和连续化等特点，是膨化食品加工技术发展的一个方向。挤压膨化可以使产品的质量得到改进和提高，促使淀粉的糊化、蛋白质的变性以及淀粉、蛋白质和脂类复合体的形成，从而提高蛋白质的可消化率。因而，挤压膨化食品味美可口、易于消化吸收，深受广大消费者的青睐。

膨化食品的生产原料主要是含淀粉较多的谷物粉、薯粉或生淀粉等。这些原料由许多排列紧密的胶束组成，胶束间的间隙很小，在水中加热后因部分胶束溶解空隙增大而使体积膨胀。当物料通过供料装置进入套筒后，利用螺杆对物料的强制输送，通过压延效应及加热产生的高温、高压，使物料在挤压筒中被挤压、混合、剪切、混炼、熔融、杀菌和熟化等一系列复杂的连续处理，胶束即被完全破坏形成单分子，淀粉糊化，在高温和高压下其晶体结构被破坏，此时物料中的水分仍处于液体状态。当物料从压力室被挤压到大气压力下后，物料中的超沸点水分因瞬间蒸发而产生巨大的膨胀力，物料中的溶胶淀粉体积也瞬间膨化，这样物料体积也突然被膨化增大而形成了疏松的食品结构。

（四）微波膨化技术

微波技术主要利用果蔬中的水分、碳水化合物等电解质吸收微波，从原来的无序分布变为有序，在转变过程中，物料中的极性分子间相互碰撞、摩擦产生的热量，能够使产品内部水分迅速蒸发从而达到膨化目的，且正因其加热快，耗能少，易控制，热效率高等特点而迅速发展。微波膨化使食品受热时间大大缩短，能较完整地保存食品内的营养成分，短时间内同时完成膨化、灭菌的工艺，能避免油炸型膨化和挤压型膨化的许多弊端。

三、膨化食品的特点

（一）减少营养素成分的损失且利于其吸收

挤压膨化的过程一般温度较高、时间较短，因而对物料中营养素成分的影响程度也大大低于其他食品加工技术。挤压膨化过程中，可能使物料中的大分子物质，如蛋白质、脂肪、淀粉等分子结构发生变化，使其降解，从而更容易被人体吸收。有研究表明，膨化过程会破坏淀粉微晶束结构，即使降低温度也不易重新形成微晶束，因而长时间放置也不会出现老化现象。而物料中的蛋白质经膨化后也会发生变性，形成一种多孔的结构，增加了蛋白酶的作用位点，因而更容易被人体消化吸收。一些膨化食品如豆类制品、谷物制品等能够基本满足人体所需的营养。

（二）改善食品品质且便于贮藏

高粱、燕麦等粗粮中含有许多对人体有益却不易消化且十分影响口感的营养物质，如纤维素、钙、磷等矿物质以及多种维生素。物料膨化过程中产生的多孔结构使其口感更加松脆可口，并且膨化过程可能引起美拉德反应，提升了产品的色、香、味，从而改善产品的品质。并且膨化过程中，物料经过高温、高压等一系列加工，可以杀灭物料中的大量微生物、减少微生物繁殖、抑制酶活性、显著降低含水量，因而大大延长了食品的保质期，利于储藏和销售。另外，也可以通过添加抗氧化剂或其他营养物质来延长货架期。

（三）加工工艺较为简单、成本低廉

一般物料熟化至上市需经过混合、成型、粉碎、加工、杀菌等多道工序，因而需要相应的多种设备以及大量人力，而膨化技术可以在膨化的同时完成干燥、杀菌，缩短生产工序，降低生产成本、节约耗能，且更加环保。

（四）原料来源广泛、种类繁多

膨化类的设备具有独特的结构，一般都比较简单，并且可以通过调节不同参数对不同物料进行膨化。目前市面上的膨化产品可分为 4 类：淀粉类如大米、小麦等食品；蛋白类如豆类及制品；蛋白、淀粉混合类如鱼片和虾片；果蔬类如苹果、草莓、马铃薯等食品。大部分都可以用同一种设备进行膨化。

（五）提高原料利用率

大部分膨化技术都是在密封容器中进行的，加工过程不会产生废水、废气，减少对环境的污染且节省了处理废料的花费。另外，膨化过程中谷物、果蔬类、豆类等原料物尽其用，不会产生果渣、豆渣等可以加工再利用。

第二节　马铃薯薯片

马铃薯薯片制品不但营养丰富，香脆可口，而且食用方便、包装精美、便于贮携，已成为当今世界上流行最广泛的马铃薯食品，也是重要的方便食品和休闲食品。随着马铃薯食品加工工艺的不断改进，马铃薯薯片制品的种类也不断增加。以马铃薯粉、脱水马铃薯片等为配料经油炸、烘烤、膨化等工艺制成的薯片制品香酥可口，风味各异，不但各具特色，而且工艺简单，非常适合中小型食品加工企业生产。

一、油炸马铃薯片

油炸马铃薯薯片是经过清洗、去皮、切片、漂烫、油炸和调味等工序而制成的产品，其松脆可口、口味多样、食用方便，是一种非常受欢迎的马铃薯食品。早在 1995 年，北美生产的 10%马铃薯就已用于炸片的生产。而近年来，受西方饮食文化的影响，马铃薯炸片的需求量和消费量也在日益增加。从产值上来说，油炸马铃薯片比鲜薯的价值增加了 5 ~ 6 倍，是一个利润比较高的行业。

（一）工艺流程

马铃薯→清洗→去皮→切片→漂洗→漂烫→脱水→油炸→脱油→调味→冷却→包装。

（二）操作要点

1. 原料处理

选择形状整齐、大小均一、皮薄芽浅、比重大、淀粉含量高的马铃薯品种作原料。另外，需注意的是，在原料投入生产之前首先对其成分进行测定，主要监测还原糖的含量。还原糖含量最好低于 0.2%，如果含量高于 0.3%时不宜用于加工，需贮藏放置，待糖分达到标准才可使用。

2. 清洗和去皮

用滚笼式清洗机，去除表面泥土，然后采用机械摩擦去皮法。一般一次投料 30 ~ 40 kg，去皮时间 3 ~ 8 min。要求除尽外皮，外表光洁，并且去皮时间不宜过长，以免损失原料。

3. 切片

将原料以均匀的速度送入离心式切片机，将马铃薯切成薄片，厚度控制在 1.1 ~ 1.5 mm。薄片的厚度和尺寸尽量保持一致，要求表面光滑，否则影响油炸后薯片的颜色和含水量，如太厚导致薯片不能炸透。切片机的刀片必须锋利，因为钝刀会损坏马铃薯表面细胞，从而在漂洗过程中造成干物质的损失。

4. 漂洗

切好的薯片需立即漂洗，否则在空气中易发生褐变。将薯片投入 98 °C 的热水中处理 2 ~ 3 min，以除去表面淀粉和可溶性物质，防止油炸时切片相互粘连，或淀粉浸入食油影响油的质量。

5. 漂烫

在 80 ~ 85 °C 的热水中漂烫 2 ~ 3 min，热处理的作用主要有以下作用：一是在淀粉的 α-熟化过程，防止在油温逐渐变热，切片后淀粉糊化形成胶体隔离层，影响内部组织的脱水，降低脱水速率；二是破坏酶的活性，稳定薯片色泽。经热处理的脆片硬度小，口感好。

6. 脱水

去除薯片表面的水分，热风的温度为 50 ~ 60 °C。薯片尽量晾干，因为薯片内部表面的水分越少，油炸所需要的时间越短，产品的含油量就越少。

7. 油炸

脱水后的薯片可直接输送到油炸锅，油温 185 ~ 190 °C，油炸 120 ~ 181s，使薯片达到要求的品质。油炸所用的油脂必须是精炼油脂，如精炼玉米油、花生油、米糠油、菜籽油、棕榈油等，要求是不易被氧化酸败的高稳定油脂。在油炸过程中，含油量温度越高，薯片含油量越少。

8. 脱油

油炸薯片是高油分食品，在保证产品质量的前提下，应尽量降低含油率。将炸后的薯片放入离心机中，1 200 r/min，离心 6 min，去除表面余油。

9. 调味

将油炸后的薯片通过调味剂着味后，可制成多种不同风味的产品。目前我国的调味料主要有麻辣味、烧烤味、番茄味、五香牛肉味等，一般将调味料的添加量控制在 1.5% ~ 2%。

10. 冷却和包装

将薯片冷却到室温后，将薯片称重包装。为保持薯片的风味、口感，以及延长产品的保存时间，一般采用真空充氮或普通充气包装。

二、低脂油炸薯片

低脂油炸薯片具有低脂肪、低热量、富含膳食纤维，保持了马铃薯本身的营养组分，口感和风味良好，获得了广大消费者的青睐。

（一）工艺流程

马铃薯→清洗→去皮→切片→护色液浸泡→漂洗→离心脱水→混合→涂抹→微波烘烤→调味→包装→成品。

（二）操作要点

1. 原料配比

新鲜马铃薯 100%，大豆蛋白粉 1%，$NaHCO_3$ 0.25%，植物油 2%，调味品及香料适量。

2. 去皮

采用碱液去皮法，去皮后检查薯块，除去不合格薯块，并修整已去皮的薯块。

3. 切片

切成厚度均匀 1.8 ~ 2.2 mm 的薯片。切好的薯片用 1%的食盐渍一下，时间 3 ~ 5 min，可除去 10%的水分。

4. 护色液浸泡

用 0.045%的偏重亚硫酸钠和 0.1%的柠檬酸配成护色液浸泡薯片 30 min，可抑制酶褐变和非酶褐变。浸泡时间若长达 2 ~ 4 h，也可使薯片漂白。

5. 离心脱水

用清水冲洗浸泡后的薯片至口尝无咸味即可，然后将薯片在离心机内离心 1 ~ 2 min，脱除薯片表面的水分。

6. 混合和涂抹

将离心脱水的薯片置于一个便于拌合的容器内，按薯片重量计，加入脱腥的大豆蛋白粉 1%、$NaHCO_3$ 0.25%、植物油 2%（人造奶油或色拉油）充分拌合，使薯片涂抹均匀，静置 10 min 后烘烤。

7. 微波烘烤

用特制的烘盘单层摆放薯片，然后放在传送带上进行微波烘烤，速度可任意调控，受热 3 ~ 4 min，再进入热风段，除去游离水分，3 ~ 4 min 后又进入下一段微波烘烤，整个过程约 10 min。

8. 调味

直接将调味品和香料细粉撒拌在薯片上混匀，也可直接将食用香精喷涂在热的薯片上，调味后立即包装。

三、低温真空油炸薯片

低温真空油炸马铃薯片是将新鲜马铃薯经过低温真空油炸等技术加工而成的一种休闲食品。低温油炸技术将油炸和脱水作用有机地结合在一起，使样品处于负压状态下，其绝对压力低于大气压。在这种相对缺氧的情况下进行食品加工，一方面可以减轻甚至避免氧化作用（如脂肪酸败、酶促褐变等）所带来的危害；另一方面使食品中水汽化温度降低，能在短时间内迅速脱水，实现低温真空油炸。

（一）工艺流程

原料→去皮→护色→真空油炸→脱油→成品。

（二）操作要点

1. 预处理

选用优质新鲜的马铃薯品种作为原料，经过清洗、去皮、修整，切片厚度以 1.5 ~ 2.0 mm 为宜，清水反复漂洗后，在 85 ~ 90 °C 热水中漂烫 2 ~ 3 min，浸入温度为 30 °C 的 0.1%柠檬酸中护色 10 min，沥干水分后备用。

2. 真空油炸

将干燥后的薯片油炸，工艺参数设置为温度 105 °C，时间 20 min，真空度 0.090 MPa。由于真空油炸用油的品质会因反复使用而发生氧化变质，并影响最终产品马铃薯片的品质，因此需要定期对油炸用油进行检测换，当油的过氧化值（以脂肪计，meq/kg）≤20 时需要进行更换。

3. 脱油

油炸后的薯片油脂含量很高，过高的含油量直接影响产品的色泽和口感，而且会缩短产品的保质期，因此薯片油炸后需及时脱油处理，以降低产品的含油量。将油炸后的马铃薯薯片脱油，设定转速 400 ~ 500 r/min，时间 5 ~ 7 min，真空度 0.09 MPa。

四、复合型马铃薯薯片

复合薯片的主要原料是马铃薯全粉，其中全粉的含量占总量的 70%～80%，其他为工艺性配料和少量用来改善制品性能的功能性配料，如玉米淀粉、马铃薯淀粉、玉米粉、糊精和改性剂等。复合薯片与其他马铃薯食品相比具有以下特点：一是复合薯片采用马铃薯全粉、马铃薯淀粉等马铃薯一次加工产品为原料进行生产，其对加工点的选择就不如油炸薯片那样严格；二是复合薯片采用复合工艺加工生产，与其他马铃薯食品相比，在产品的形状、品种、规格，尤其是产品的口味、风味的调制、薯片含油量的控制等方面与油炸薯片相比有更大的灵活性；三是复合薯片大多采用纸复合罐等硬性容器包装。与同样重量的油炸薯片产品相比，包装容积缩小、保质期大大增加。

（一）工艺流程

原料、配料→搅拌→压片→成型→油炸→调味→冷却→包装。

（二）操作要点

1.原料的计量

将马铃薯雪花粉、马铃薯淀粉和玉米淀粉按照工艺配方的原料组成要求，分别准确计量复合薯片的各种主辅料。

2. 混合拌料

各种主料和盐按混合的顺序与水分混合均匀，原料的吸水性和黏性影响产品的质量，因此要求原料达到一定的含水量。将和好的胚料放置 10 min 后备用。

3. 压片

混合好的物料进入辊压机，压片厚度为 0.6～0.7 mm。

4. 成型

利用成型机对面片进行成型处理，成型面片为椭圆形。

5. 油炸

成型后的薯片由传送带送至油炸机，利用棕榈油油炸，温度为 170～185 °C，时间为 15～20s。生产同种产品时应保持恒温。

6. 调味

油炸后的薯片在传送带的输送下进入调味机，将预先调好的粉末状调料均匀喷洒到每一片薯片上，形成所需的口味。

五、琥珀马铃薯片

（一）工艺流程

原料选择→清洗→去皮→切片→漂洗→烫漂→护色→干制→涂糖→油炸→冷却→脱油→调味→包装→成品。

（二）操作要点

1. 原料选择、清洗

选择新鲜的白皮马铃薯，要求同一批原料大小均匀一致。小批量可采用人工洗涤，在洗池中洗去泥沙后，再用清水喷淋；大批量可采用流槽式清洗机或鼓风式清洗机进行清洗。

2. 去皮、切片

小批量可采用人工去皮，大批量生产应使用摩擦去皮机或碱液去皮。采用碱液去皮时，碱液浓度为 10% ~ 15%，温度为 80 ~ 90 °C，时间为 2 ~ 4 min。小批量生产可采用人工切片，注意厚度要均匀一致。大批量生产可采用切片机将去皮马铃薯切成均匀的薄片。

3. 漂洗

切片后迅速放入清水中或喷淋装置下漂洗，以去除表层的淀粉。

4. 烫漂、护色

马铃薯片的褐变主要包括酶促褐变和非酶促褐变两种，在加工过程中以酶促褐变起主要作用。所以须对切好的马铃薯片进行灭酶及护色处理。烫漂温度为 75 ~ 90 °C，处理时间控制在 20 ~ 60 s，可以使马铃薯中的多酚氧化酶和过氧化酶充分钝化，降低鲜马铃薯的硬度，基本保持原有的风味和质地，软硬适中。护色液组成为柠檬酸和亚硫酸氢（0.05%，pH 4.9）时，结合烫漂操作，护色效果最理想。

5. 干制

干制可采用自然晒干或人工干制。自然晒干是将烫漂护色后的马铃薯片放置在晒场，于日光下晾晒，每隔 2h 翻 1 次，以防止晒制不均匀，引起卷曲变形。人工干制可采用烘房，温度控制在 60 ~ 80 °C，使干制品水分低于 7%即可。

6. 涂糖

糖液组成为：白砂糖 50 kg，液体葡萄糖 2.5 kg，蜂蜜 1.5 kg，柠檬酸 30 g，水适量，置夹层锅中溶解并煮沸。将干马铃薯片放入 50% ~ 60%的糖液中，糖煮 5 ~ 10 min，使糖液浓度达 70%，立即捞出，滤去部分糖液，摊开冷却到 20 ~ 30 °C。

7. 油炸

在低温（温度低于 140 °C）条件下油炸时，马铃薯片表面起泡、颜色深，影响外观和口感；在高温（温度高于 170 °C）下油炸则可以避免上述现象。

8. 冷却

将炸好的马铃薯片迅速冷却至 60 ~ 70 °C，翻动几下，使松散成片，再冷却至 50 °C 以下。

9. 脱油

将上述油炸冷却的马铃薯片，进行离心脱油约 1 min，使表面油分脱去。

10. 调味、包装

可在油炸冷却后的马铃薯表面撒上或滚上熟芝麻或其他调味料，使其得到不同的风味。在油炸后冷却 1 h 内，装入包装袋，并进行真空封口。若冷却时间过长，则会由于吸潮而让产品失去应有的脆度。产品包装后即为成品。

六、低温真空马铃薯脆片

马铃薯脆片是近年开发的新产品，利用真空低温（90 °C）油炸技术，克服了高温油炸的缺点，能较好地保持马铃薯的营养成分和色泽，含油率低于 20%，口感香脆，酥而不腻。

（一）工艺流程

马铃薯→分选→清洗→切片→护色→脱水→真空油炸→脱油→冷却→分选→包装→成品。

（二）操作要点

1. 切片、护色

由于马铃薯富含淀粉，固形物含量高，其切片厚度不宜超过 2 mm。切片后的马铃薯片的表面很快就有淀粉溢出，在空气中放置过久会发生褐变，所以应将其立即投入 98 °C 的热水中处理 2 ~ 3 min，捞出后冷却沥干水分即可进行油炸。

2. 脱水

去除薯片表面的水分可采用的设备有冲孔旋转滚筒、橡胶海绵挤压辊及离心分离机。

3. 真空油炸

真空油炸系统包括工作部分和附属部分，其中工作部分主要是完成真空油炸过程，包括油炸罐、贮罐、真空系统、加热部分等。附属部分主要完成添加油、排放废油、清洗容器及管道（包括贮油槽、碱液槽）等过程。真空油炸时，先往贮油罐内注入 1/3 容积的食用油，加热升温至 95 °C，将盛有马铃薯片的吊篮放入油炸罐内，锁紧罐盖。关闭贮罐真空阀后，将油炸罐抽真空，开启两罐间的油路连通阀，油从贮罐内被压至油炸罐内，关闭油路连通阀，加热，使油温保持在 90 °C，在 5 min 内将真空度提高至 86.7 kPa，并在 10 min 内将真空度提高至 93.3 kPa。此过程中可看到大量的泡沫产生，薯片上浮，可根据实际情况控制真空度，以不产生“暴沸”为度。待泡沫基本消失，油温开始上升，即可停止加热。然后使薯片与油层分离，在维持油炸真空度的同时，开启油路连通阀，使油炸罐内的油在重力作用下，全部流回贮罐内。随后再关闭各罐体的真空阀，关闭真空泵。最后缓慢开启油炸罐连接大气的阀门，使罐内压力与大气压一致。

4. 离心脱油

趁热将薯片置于离心机中，设定 1 200 r/min 的转速，离心 6 min。

5. 分级、包装

将产品按形态、色泽条件装袋、封口。最好采用真空充氮包装，将成品含水量保持在 3%左右，以保证质量。

七、非油炸马铃薯脆片

非油炸马铃薯脆片利用滚筒干燥设备进行成型干燥，其脆片营养更加丰富健康，符合现代人多口味且少油的理念，值得积极开发。

（一）工艺流程

马铃薯、黄豆→预处理→护色→混合打浆→干燥→切分→烘烤→包装。

（二）操作要点

1. 原料预处理

选择新鲜的马铃薯和黄豆，清洗去杂，洗去表面的灰尘等杂质。黄豆在室温下用水浸泡，使其充分吸水软化，便于后续的打浆工艺。

2. 护色

将洗净的马铃薯切成 1 cm 左右的方丁状，然后浸泡在护色液中。

3. 打浆

将马铃薯、黄豆和面粉，加入适量的水混合打浆，要求浆料细腻均匀，无明显颗粒，过 60 目筛即可，然后将浆料与调味料、膨松剂混合均匀。

4. 干燥

将调配好的物料加入滚筒干燥成型设备中，使物料均匀地流到上料板形成一层料膜，但料膜达到滚筒底部的时候由刮刀刮下，然后传送到下个工序。

5. 切分和烘烤

将料膜切分成边长为 4 cm 的正方形，单层平铺在铁网上，放进 95 °C 的烘箱内烘烤，要求水分含量在 5%以下，最后冷却即可包装。

八、酥香马铃薯片

（一）工艺流程

脱水马铃薯片→粉碎→拌料→挤压膨化→成型→油炸→调味→包装。

（二）工艺要点

1. 粉碎

将脱水马铃薯片粉碎成粉状，过 0.6 ~ 0.8 nm 的孔径筛。粉碎颗粒大，膨化时产生的摩擦力也越大，同时物料在机腔内搅拌糅合不匀，故膨化制品粗糙，口感欠佳；颗粒过细，物料在机腔内易产生滑脱现象，影响膨化。

2. 拌料

在拌粉机中加水拌混，一般将加水量控制在 20%左右。加水量大，则机腔内湿度大，压力降低，虽出料顺利，但挤出的物料含水量高，容易出现黏结现象；如加水量少，则机腔内压力大，物料喷射困难，产品易出现焦苦味。

3. 挤压膨化

配好的物料通过喂料机均匀进入膨化机中。将膨化温度控制在 170 °C 左右，膨化压力 3.92 ~ 4.9 Mpa，进料电机电压控制在 50 V 左右。

4. 成型

挤出的物料经冷却送入切断机切成片状，厚度按要求而定。

5. 油炸

棕榈油及色拉油按一定比例混合后作为油炸用油。油温控制在 180 °C 左右，炸后冷却的产品酥脆，不能出现焦苦味及未炸透等现象。

6. 调味

配成的调味料经粉碎后放入带搅拌的调料桶中，将调味料均匀地撒在油炸片表面，然后立即包装即为成品。

九、马铃薯酥糖片

马铃薯酥糖片加工简单而且容易，并具有香、甜、酥等特点，是非常受欢迎的一种休闲小零食。

（一）工艺流程

马铃薯→清洗→切片→漂洗→水煮→烘干→油炸→上糖衣→冷却→包装。

（二）操作要点

1. 选料

选择沙质、向阳土地生长，且无病虫、无霉烂的马铃薯。要求薯块的重量在 50 ~ 100 g，因为这种薯块淀粉含量高。

2. 切片

洗净的薯块用 20% ~ 22%的碱液去皮，然后用切片机切成厚度 1 ~ 2 mm 的薄片。要求薄厚均匀，将切好的薯片浸入水中以防变色。

3. 水煮

将薯片倒入沸水锅内，待薯片达到八成熟时，迅速捞出晾晒。

4. 干制

可自然干制或人工烘干，直至抛洒有清脆的响声，一压即碎为止。

5. 油炸

将薯片炸成金黄色时，迅速捞出，沥干油分。炸时注意翻动，使受热均匀。

6. 上糖衣

将白糖放入少量水加热溶化，倒入炸好的薯片，不断搅拌均匀，缓慢加热，使糖液中的水分完全蒸发并在薯片表面形成一层透明的黏膜，冷却后包装密封。

十、微波膨化马铃薯片

马铃薯经微波膨化制成脆片，代替了传统的油炸膨化，制品能完整地保持原有的营养成分，微波的强力杀菌作用避免了防腐剂的使用。产品颜色金黄、松脆、味香，最大的特点是产品不含油脂，不含强化剂和防腐剂，适合老年人和儿童作为休闲食品食用。

（一）工艺流程

原料→去皮→切片→护色、浸胶、调味→微波膨化→包装→成品。

（二）操作要点

1. 原料

选择无霉、无虫、不变质、无芽、无青色皮，贮存期小于一年的马铃薯。

2. 配制溶液

考虑原料的褐变、维生素 C 损失、品味调配，所以溶液要兼有护色、调味等作用，且应掌握好时间。量取一定量水分，加入食盐 2.5%、明胶 1%，加热至 100 °C 全部溶解。制作同样的两份溶液，一份加热沸腾，一份冷却至室温。

3. 去皮

马铃薯去皮切分，深挖芽眼。切片厚 1 ~ 1.5 mm，要求薄厚均匀一致。

4. 护色和调味

先将马铃薯片放入沸腾溶液中烫漂 2 min 后，立即捞出放入冷溶液中，并在室温中浸泡 30 min。

5. 微波膨化

捞出后马上放入微波炉内膨化，调整功率为 1 W，2 min 后翻动，再次进入 750 W 微波炉 2 min，调整功率 75 W，持续 1 min 左右，至产品呈金黄色无焦黄，内部产生细腻而均匀的气泡、口感松脆。

6. 调味和包装

及时封装，采用真空包装或气体包装，低温低湿避光贮藏。包装材料要求不透明、非金属、不透气。

十一、风味马铃薯膨化薯片

此种薯片原料配方多种多样，加工工艺大同小异，仅以此配方为例加以介绍。

（一）工艺流程

原料、配料→调配→蒸煮→冷冻→成型→干燥→膨化→调味→成品。

（二）操作要点

1. 调配

马铃薯粉 83.74 kg，氢化棉籽油 3.2 kg，熏肉 4.8 kg，精盐 2 kg，味精（80%）0.6 kg，鹿角菜胶 0.3 kg，棉籽油 0.78 kg，磷酸单甘油 0.3 kg，BHT（抗氧化剂）30 g，蔗糖 0.73 kg，食用色素 20 g，水适量。按配方比例称量物料，将各物料混合均匀。

2. 熏煮

采用蒸汽蒸煮，使物料完全熟透（淀粉充分糊化），或者将混合原料投入双螺杆挤压蒸煮型机中，一次完成蒸煮成型工作。将物料挤压成片状。

3. 冷冻

将片状的马铃薯在 5 ~ 8 °C 的温度下，放置 24 ~ 48 h。

4. 干燥

利用干燥的方法，将成型的薄片干燥至含水量为 25% ~ 30%。

5. 膨化

采用气流式膨化设备进行膨化，即为成品。

十二、中空薯片

中空薯片是利用马铃薯淀粉（生淀粉）的连接性，用冲压装置冲压后，两层面片相互紧密地连接在一起，炸过后，两层片之间膨胀起来，形成了一种特别的中间膨胀的产品。这种产品组织细密，食用时感觉轻而香脆。

（一）工艺流程

原料→混合→压片→冲压成型→油炸→成品。

（二）操作要点

1. 混合

马铃薯粉 100 kg，发酵粉 0.5 kg，化学调味料 0.5 kg，马铃薯淀粉 20 kg，乳化剂 0.6 kg，水 65 kg，精盐 1.5 kg。按配方称料，在和面机中混合均匀。

2. 压片

用压面机将和好的面团压成 0.6 ~ 0.65 mm 厚的薄片料（片状生料中含水量约为 39%）。

3. 冲压成型

将两片面片叠放在一起，用冲压装置从其上方向下冲压，得到一定形状的两片叠压在一起的生料片。

4. 油炸

生料片不经过干燥，直接放在 180 ~ 190 °C 的油中炸 40 ~ 45 s。加进 20% 的马铃薯生淀粉，生料的连接性很好，组织细密，炸后两层面片之间膨胀起来，成为一种特别的中间膨胀的产品即为成品。

十三、马铃薯三维膨化干片

马铃薯三维膨化干片是近几年在欧美流行的一种马铃薯休闲食品，它有科技含量高、配方独特、形状特异、口感好、品种齐全等优势，市场十分走俏。马铃薯三维膨化食品主要选用马铃薯雪花全粉、马铃薯变性淀粉、马铃薯精淀粉为主要原料，经挤压工艺制成各种立体形状的膨化干片，再经油炸工艺制成口味纯正的小食品。美国百事食品公司所生产的马铃薯三维膨化食品在我国市场上十分走俏。据专家介绍，马铃薯全粉、变性淀粉、精淀粉产品经加工成三维干片可以增值 3 倍，而三维干片再经油炸膨化后可以增值 10 多倍，是寻求和创造利润增长点的新途径。

（一）工艺流程

原料→熟化→挤压→冷却→复合成型→烘干→油炸→调味→包装→成品。

（二）操作要点

1. 原料预处理

将马铃薯淀粉、玉米淀粉、食用植物油、大米淀粉等物料混合均匀后，用水调和，使混合后的物料含水量为 28% ~ 35%。

2. 熟化

预处理后的原料经螺旋机挤出，使之达到 90% ~ 100%的熟化。

3. 挤压

经过熟化的物料自动进入挤压机，温度控制在 70 ~ 80 °C，挤压出宽 200 mm、厚 0.8 ~ 1 mm 的大片，呈透明状，有韧性。

4. 冷却

挤压过的大片经过 8 ~ 12 m 输送带的冷却处理。

5. 复合成型

（1）压花：由两组压花辊来操作。

（2）复合：压花后的两片经过导向重叠进入复合辊，复合后的成品随输送带进入烘干。

（3）多余物料进入回收装置。

6. 烘干

挤出的坯料含水量为 20% ~ 30%，要求在较低温度下较长时间进行烘干，使坯料水分降到 12%为宜。

7. 油炸

烘干后的坯料进入油炸锅，产品水分为 2% ~ 3%，坯料可膨胀 2 ~ 3 倍。

8. 调味、包装

用自动滚筒调味机对产品表面喷涂韩国泡菜调味粉 5% ~ 8%，然后包装，即为成品马铃薯三维膨化食品。

第三节　马铃薯薯条

一、复合马铃薯膨化条

（一）工艺流程

选料→切片→护色→蒸煮→混合→老化→干燥→挤压膨化→调味→包装→成品。

（二）操作要点

1. 选料

选择白粗皮且存放期至少一个月的马铃薯，因为白粗皮的马铃薯淀粉含量高，营养价值高，存放后的马铃薯香味更浓。

2. 切片和护色

将选好的马铃薯利用清水洗涤干净去皮，然后进行切片。切片的目的是减少蒸煮时间，而柠檬酸钠溶液的处理是为了减少在入锅蒸煮前这段较短的时间内所发生的酶促褐变，保证产品的良好外观品质。柠檬酸钠溶液的浓度用 0.1%～0.2%即可。

3. 蒸煮、揉碎

将马铃薯放入蒸煮锅中进行蒸煮，待马铃薯蒸熟后，将其揉碎。

4. 混合、老化

将揉碎的马铃薯与各种辅料进行充分混合，然后进行老化。蒸煮阶段，淀粉糊化，水分子进入淀粉晶格间隙，从而使淀粉大量不可逆的吸水，在 3～7 °C、相对湿度 50%左右下冷却老化 12 h，使淀粉高度晶格化从而包裹住糊化时吸收的水分。在挤压膨化时，这些水分就会急剧汽化喷出，从而形成多空隙的疏松结构，使产品达到一定的酥脆度。

5. 干燥

挤压膨化前，原、辅料的水分含量直接影响产品的酥脆度。所以，在干燥这一环节必须严格控制干燥的时间和温度。本产品可采用微波干燥法进行干燥。

6. 挤压膨化

挤压膨化是重要的工序，除原料成分和水分含量对膨化有重要影响之外，膨化中还要注意适当控制膨化温度。因为温度过低，产品的口味口感不足，温度过高，又容易造成焦煳现象。膨化适宜的条件为原辅料含水量 12%、膨化温度 120 °C、螺旋杆转速 125 r/min。

7. 调味

因膨化温度较高，若在原料中直接加入调味料，调味料极易挥发。将调味工序放在膨化之后是因为刚刚膨化出的产品具有一定的温度、湿度和韧性，此时将调味料喷撒于产品表面可以保证调味料颗粒黏附其上。

二、橘香马铃薯条

（一）原料配方

马铃薯 100 kg，面粉 11 kg，白砂糖 5 kg，柑橘皮 4 kg，奶 1 ~ 2 kg，发酵粉 0.4 ~ 0.5 kg，植物油适量。

（二）工艺流程

选料→制泥→制柑橘皮粉→拌粉→定型→炸制→风干→包装→成品。

（三）操作要点

1. 制马铃薯泥

选无芽、无霉烂、无病虫害的新鲜马铃薯，浸泡 1 h 左右后用清水洗净其表面泥沙等杂质，然后置蒸锅内蒸熟，取出去皮，粉碎成泥状。

2. 制柑橘皮粉

将柑橘皮，用清水煮沸 5 min，倒入石灰水中浸泡 2 ~ 3 h，再用清水反复冲洗干净，切成小粒，放入 5% ~ 10%的盐水中浸泡 1 ~ 3 h，并用清水漂去盐分，晾干，碾成粉状。

3. 拌粉

按配方将各种原料放入和面机中，充分搅拌均匀，静置 5 ~ 8 min。

4. 定形、炸制

将适量植物油加热，待油温升至 150 °C 左右时，将拌匀的马铃薯混合料通过压条机压入油中。当泡沫消失，马铃薯条呈金黄色即可捞出。

5. 风干、包装

将捞出的马铃薯条放在网筛上，置干燥通风处冷却至室温，经密封包装即为成品。

三、蛋白质强化马铃薯条

（一）工艺流程

马铃薯→清洗→切片→热烫→预干燥→挤压成型→油炸→冷却→成品。

（二）操作要点

1. 清洗和切片

将马铃薯用清水洗净后，用切片机将马铃薯切成 0.5 cm 厚度的薄片。

2. 热烫

将切片后的马铃薯薯片在 60 °C 温水中漂烫 15 s，使原料中的酶失去活性。

3. 预干燥

将热烫后的马铃薯沥干，放入干燥箱进行预干燥，温度设置为 200 °C，时间约为 15 min，使薯片的水分含量控制在一定的范围内。

4. 挤压成型

将干燥后的马铃薯薯片与植物蛋白粉混合均匀，送入挤压机，制成条状。

5. 油炸

将薯条在棕榈油中油炸 3 min 后捞出，滤去多余油分，冷却后即可称量包装。

四、酥脆薯条

（一）工艺流程

马铃薯清洗→去皮、修整→切条→漂烫→冷却→冻结→真空油炸→脱油→包装→成品。

（二）操作要点

切片厚度为 8 ~ 10 mm，切条长度为 60 ~ 70 mm，用 100°C 热水漂烫 4 min，真空油炸后的薯条在转速为 900 r/min 的条件下离心脱油 3 min。

（三）优化后的工艺配方

−30°C 冷冻 18 h 后，在温度为 95°C、真空度为 0.096 ~ 0.100 MPa 条件下油炸 30 min，900 r/min 离心脱油 3 min。在该工艺下制得的酥脆薯条具有良好的酥脆性，并含有丰富的马铃薯特征气味物质。

（四）酥脆薯条的香气特征

以大西洋品种的马铃薯为原料，采用上述工艺制作薯条，共检出19种化合物，以酯类和烷烃化合物最多，其次是醛类、烯烃、醇类等，以及少量呋喃类、酮类、吡咯类、酚类化合物、低级饱和脂肪酸、醇反应生成酯，含有各种香气。醛类物质(E,E)-2,4-癸二烯醛是典型的油炸食品风味活性物质，2,4-癸二烯醛是亚油酸氧化的基本产物，亚油酸的自氧化作用产生了亚油酸的9-氢过氧化物和13-氢过氧化物。13-氢过氧化物断裂生成己醛，9-氢过氧化物断裂生成2,4-癸二烯醛。2-甲基丁醛、壬醛、癸醛、安息香醛、苯乙醛等脂质类衍生物对油炸薯条的风味有一定影响。癸醛被认为是棕榈油在油炸产品感官上潜在的标记物质。安息香醛可呈现出特杏仁气味，苯乙醛有玉簪花的浓郁香气。而一些含氧杂环化合物是产生焦糖类、焙烤香气的主要原因，比如3，5-二羟基-2-甲基-4(H)吡喃-4-酮、3,4-环氧四氢呋喃等，这些化合物通常与美拉德反应和焦糖化反应有关。C7以上的醇类物质带有令人愉悦的芳香气味，如月桂醇就具有花香味。另外，还有一些烯烃类化合物也有一定的作用，如柠檬烯提供了类似柠檬的香气。

马铃薯的烫漂过程中，在脂肪氧合酶催化下，不饱和脂肪酸氧化形成过氧化物的过程会产生一些醛类和醇类物质。脂质氧化是生成特殊马铃薯风味的重要途径。马铃薯泥中起主要作用的挥发性风味物质有2-苯氧基乙醇、壬醛、癸醛、邻苯二甲酸二异丁酯、(E,E)-2,4-癸二烯醛。

五、速冻薯条

速冻薯条是将新鲜的马铃薯经过去皮、切条、蒸煮、干燥、油炸和速冻等工艺加工而成的产品，是西式快餐的主要食品之一。随着麦当劳、肯德基、比萨饼等快餐店的发展，速冻薯条在中国的市场正在不断扩大。

（一）工艺流程

马铃薯→清洗→去皮→切条→漂烫→干燥→油炸→预冷→速冻→包装→冷冻。

（二）操作要点

1. 选料

选择表皮光滑、芽眼浅、无病变、发芽、变绿表皮干缩的长椭圆形或长圆形马铃薯，要求干物质含量高，还原糖含量低于 0.25%。若还原糖含量过高，则应将其置于 15 ~ 18 °C 的环境中，进行 2 ~ 4 周的调整。

2. 去皮

清洗后的马铃薯宜采用机械去皮或化学去皮，应防止去皮过度，降低产量。

3. 切片

用切片机将马铃薯切成 3 mm 左右的条状备用。

4. 漂洗和热烫

漂洗的目的是洗去表面的淀粉，以免油炸过程中出现产品的黏结现象或造成油污染。热烫、漂烫可灭酶、去糖、杀菌，亦可使薯条部分淀粉糊化，改善原料组织结构，减少油炸时表面淀粉层对油的吸收，提高坚挺度并加快脱水速率。采用 85 ~ 90 °C 的热水漂烫，利于改善薯条质地。

5. 干燥

通常，采用压缩空气进行干燥，目的是除去薯片表面的多余水分，减少油炸过程中油的损耗和分解，同时使漂烫过的薯片保持一定的脆性，应避免干燥过度而造成黏片。

6. 油炸

油炸是利用油脂作热交换介质，使薯条的蛋白质变性、淀粉糊化、水蒸气溢出，进而获得酥脆外壳、疏松的结构及特殊的风味。将干燥后的薯片放入油锅中油炸，将油的温度控制在 170 ~ 180 °C，时间为 1 min 左右。

7. 速冻

油炸后的薯片经预冷后进入速冻机速冻，速冻温度在-36 °C 以下，使薯片中心温度在 18 min 内降至零下 18 °C 以下。速冻后的薯片要迅速包装，然后在零下 18 °C 以下的冷冻库内保存。

第四节　马铃薯其他膨化食品

一、马铃薯营养泡司

马铃薯营养泡司的特点是口感香脆，易于消化，可根据产品需要调节不同风味，另外还可添加营养强化剂作为老人、儿童补钙、补铁的休闲食品。

（一）工艺流程

淀粉→打浆→调粉→成型→汽蒸→老化→切片→干燥→油炸→膨化→调味→成品。

（二）操作要点

1. 打浆

将马铃薯淀粉和水按照 1∶1 的比例加入搅拌机，共 20 kg 物料，搅拌均匀，制成马铃薯浆状备用。

2. 糊化

在马铃薯浆中加入沸水，一边加入一边搅拌，直到呈透明糊状。

3. 调粉

在已糊化的淀粉中加入蔗糖 0.6 kg、精盐 0.85 kg、味精 0.2 kg、柠檬酸钙 0.86 kg，可根据不同的产品需求额外添加其他强化剂。

4. 成型

将面团制成长为 45 mm、直径为 30 mm 的椭圆形的面棍。

5. 汽蒸

利用 98.067 kPa 压力的蒸汽蒸 1 h 左右，使面棍熟化充分，呈透明状，组织较软，富有弹性。

6. 老化

将汽蒸的面棍完全冷却后，在 2 ~ 5 °C 温度下放置 24 ~ 48 h，使汽蒸后涨粗的面棍恢复原状。此时面团呈不透明状，组织变硬且富有弹性。

7. 切片

用不锈钢道具将面棍切成 1.5 mm 厚的薄片，或 1.5 mm 厚、5 ~ 8 mm 宽的条状。

8. 干燥

将条状或片状的胚料放置在烘干机内，于 45 ~ 50 °C 的低温下烘干，时间为 6 ~ 7 h。烘干后的胚料呈半透明，质地脆硬，用手掰开后断面有光泽，水分的含量为 5.5% ~ 6%。

9. 油炸

可采用间歇式或连续式油炸，投料量应均匀一致，油温应控制在 180 °C 左右。若油温过低，配料内的水蒸气汽化速度较慢，短时间内形成的喷爆压力较低，使产品的膨化率下降；若油温过高，产品则易发生卷曲、发焦，影响感官效果。

10. 调味

在制品上拌撒不同类型的调味料，最后包装即为成品。

二、油炸膨化马铃薯丸

（一）产品配方

去皮马铃薯 79.5%，人造奶油 4.5%，食用油 9.0%，鸡蛋黄 3.5%，蛋白 3.5%。

（二）工艺流程

马铃薯→洗净→去皮→整理蒸煮→熟马铃薯捣烂→混合→成型→油炸膨化→冷却→油氽→滗油→成品。

（三）操作要点

1. 去皮及整理

将马铃薯利用清水清洗干净后去皮，去皮可采用机械摩擦去皮或碱液去皮。去皮后的马铃薯应仔细检查，除去发芽、碰伤、霉变等部位，防止不符合要求的原料进入下道工序。

2. 煮熟、捣烂

采用蒸汽蒸煮，到马铃薯完全熟透为止，然后将蒸熟的马铃薯捣成泥状。

3. 混合

按照配方的比例，将捣烂的熟马铃薯泥与其他配料加入搅拌混合机内，充分混合均匀。

4. 成型

将上述混合均匀的物料送入成型机中进行成型，制成丸状。

5. 油炸膨化

将制成的马铃薯丸放入热油中进行炸制，油炸温度控制在 180 °C 左右。

6. 冷却、油氽

油炸膨化的马铃薯丸，待冷却后再次进行油炸。

7. 滗油、成品

捞出沥油后的油炸膨化马铃薯丸。成品马铃薯丸的直径为 12 ~ 14 mm，香酥可口，风味独特。

三、洋葱口味马铃薯膨化食品

（一）产品配方

马铃薯淀粉 29.6%，马铃薯颗粒粉 25.6%，精盐 2.3%，浓缩酱油 5.5%，洋葱粉末 2%，水 34.6%。

（二）工艺流程

原料→混合→蒸煮→冷冻→成型→干燥→膨化→调味→成品。

（三）操作要点

1. 混合

按配方比例称量物料，将各种物料混合均匀。

2. 蒸煮

采用蒸汽蒸煮，使混合物料完全熟透（淀粉质充分糊化）。

3. 冷冻

于 5 ~ 8 °C 的温度下放置 24 ~ 48 h。

4. 干燥

将成型后的坯料干燥至水分含量为 25% ~ 30%。

5. 膨化

宜采用气流式膨化设备进行膨化。

第八章　其他马铃薯加工食品

第一节　马铃薯果脯、果酱、罐头

一、马铃薯果铺

马铃薯果脯是一种蜜饯型糖制品，其块形整齐，色泽鲜艳透明发亮，呈淡黄色，酸甜适中，具有马铃薯特有风味。

（一）工艺流程

选料→清洗→去皮→切片→护色→硬化→漂洗→预煮→糖渍→糖煮→控糖（沥干）→烘烤→成品。

（二）操作要点

1. 选料

要求选用新鲜饱满、外表面无失水起皱、无病虫害及机械损伤，无锈斑、霉烂、发青发芽，无严重畸形，直径 50 mm 以上的马铃薯。

2. 清洗和去皮

制坯用清水洗去泥土，人工去皮可用小刀将马铃薯外皮削除，并将其表面修整光洁、规则。也可采用化学去皮法，即在 90 °C 以上 10%左右的 NaOH 溶液中浸泡 2 min 左右，取出后用一定压力的冷水冲洗去皮。制坯时，可根据消费者需要加工成各种形状，以增加成品的美观。

3. 切片、护色、漂洗

用刀将马铃薯切成厚度为 1 ~ 1.5 mm 的薄片。切片后的马铃薯应立即放入 0.2% $NaHSO_3$、1.0% VC、1.5%柠檬酸和 0.1% $CaCl_2$ 的混合液中浸泡 30 min，然后用清水将护色硬化后的马铃薯片漂洗 0.5 ~ 1 h，洗去表面的淀粉及残余硬化液。

4. 预煮

将漂洗后的马铃薯片在沸水中烫漂 5 min 左右，直至薯片不再沉底时捞出，再用冷水漂洗至表面无淀粉残留为止。

5. 糖煮

按一定比例将白砂糖、饴糖、柠檬酸、CMC-Na 复配成糖液，加热煮沸 1 ~ 2 min 后，放入预煮过的马铃薯片，直接煮至产品透明、终点糖度为 45%左右时取出，并迅速冷却到室温。需要注意的是，糖煮时应分次加糖，否则会造成吃糖不均匀，产品色泽发暗，产生“返砂”或“流糖”现象。

6. 糖渍

糖煮后不需捞出马铃薯片，直接在糖液中浸泡 12 ~ 24 h。

7. 控糖（沥干）

将糖渍后的马铃薯片捞出，平铺在不锈钢网或竹筛上，使糖液沥干。

8. 烘烤

将盛装马铃薯片的不锈钢网或竹筛放入鼓风干燥箱中，在 70 °C 温度下烘制 5 ~ 8 h，每隔 2 h 翻动 1 次，烘至产品表面不粘手、呈半透明状、含水量不超过 18%时取出。

二、马铃薯果酱

马铃薯果酱具有含糖量低、优质营养成分丰富、有较佳的口感品质的特点，产品主要用作面制品的夹心填料或涂抹用的甜味料。

（一）工艺流程

马铃薯→清洗→蒸煮→去皮→打浆→化糖、浓缩→装瓶→杀菌→成品。

（二）操作要点

1. 原料处理

将马铃薯清洗干净后，放入蒸锅中蒸煮，然后去皮、冷却，送入打浆机中打成泥状。

2. 化糖、浓缩

将白砂糖倒入夹层锅内，加适量水煮沸溶化，倒入马铃薯泥搅拌，使马铃薯泥与糖水混合，继续加热并不停搅拌以防煳锅。当浆液温度达到 107 ~ 110 °C 时，用柠檬酸水溶液调节 pH 为 3.0 ~ 3.5，加入少量稀释的胭脂红色素，即可出锅冷却。温度降至 90 °C 左右时加入适量的山楂香精，继续搅拌。

3. 装瓶、杀菌

为延长保存期，可加入酱重 0.1%的苯甲酸钠，趁热装入消过毒的瓶中，将盖旋紧。装瓶时温度超过 85 °C，可不灭菌；酱温低于 85 °C 时，封盖后，可放入沸水中杀菌 10 ~ 15 min，冷却后即为成品。

三、低糖奶式马铃薯果酱

低糖奶式马铃薯果酱的特点是，果酱含糖量低、优质营养成分丰富，有较佳的口感品质。产品主要用于作为面制品的夹心填料或涂抹用的甜味料。

（一）原料配方

马铃薯泥 150 kg、奶粉 17.5 kg、白砂糖 84 kg、菠萝浆 15 kg、适量的柠檬酸（将 pH 调至 4）、适量的碘盐、增稠剂和增香剂，水为马铃薯泥、奶粉、白砂糖总重量的 10%。

（二）工艺流程

马铃薯→去皮→护色处理→蒸煮捣碎→打成匀浆→混匀（加菠萝→去皮→打浆→压滤）→煮制→调配→热装罐→封盖倒置→分段冷却→成品。

（三）操作要点

1. 切片

马铃薯去皮后要马上切成 5 ~ 6 片，用 0.05%的焦亚硫酸钠溶液浸泡 10 min，并清洗去除残留硫，汽蒸 10 min 后备用。

2. 过筛

菠萝去皮打浆过 80 目绢布筛；增稠剂琼脂与卡拉胶按 1∶2 的比例混合后加 20 倍热水溶解制备。

3. 加配料

马铃薯浆与白砂糖、菠萝浆、奶粉和增稠剂，先在温度 100 °C 条件下煮制。起锅前按顺序加柠檬酸、碘盐（占物料总量的 0.3%）和增香剂。

4. 热装罐、封盖、冷却

采用 85 °C 以上热装罐，瓶子、盖子应预先进行热杀菌，装罐后进行封盖倒置，然后再分段冷却，经过检验合格者即为成品。

四、马铃薯果酱干

马铃薯果酱干为一种颗粒状产品，食用方便，用水一冲就成为可食用的果酱。马铃薯果酱干遇水具有很好的膨胀性，以适量水或牛奶兑好就成为果酱食品。根据口味可加盐或糖、油、调味品等，食用更加可口。

（一）工艺流程

选料→清洗→去皮→蒸煮→双辊干燥→冷却→制粒→对流干燥→成品。

（二）操作要点

选料、清洗、去皮、蒸煮工序与制作其他马铃薯食品相同。关键是把煮好的马铃薯用双辊干燥器干燥到含水 40%左右。该干燥器为一种特殊干燥器，能使煮好的薯块挤压成片，水分迅速蒸发，干燥时间也短。经过双辊干燥器出来的片状中间品，待冷却后再制成颗粒状，然后把这些颗粒放入对流干燥器的隔板上干燥到含水 6%～7%，即为成品马铃薯果酱干。

五、马铃薯软罐头

（一）原料配方

马铃薯泥 25 kg，色拉油 0.63 kg，大葱 0.5 kg，食盐 0.18 kg，花椒面 50 g，味精 25%，水 6.25 kg。

（二）工艺流程

马铃薯→清洗、去皮→熟化→捣泥→调味→加热→装袋→封口→杀菌→成品。

（三）操作要点

1. 原料预处理

选择无腐烂、无损伤的优质马铃薯洗净、去皮，并立即放入 1.2%的盐水中，防止变褐。

2. 熟化和制泥

在容器中将马铃薯蒸煮后捞出，可用捣制机制成马铃薯泥，或人工捣成细腻泥状。

3. 调味和加热

将锅加热后，先放入葱花炒香，加入马铃薯泥，再加入其他调味料和水，加热熬至干物质占 60%，约 30 min 左右即可出锅。

4. 装袋

将熬至后的马铃薯泥装入袋中，并用真空封口机封口。

5. 杀菌

用高温灭菌的方法杀菌，结束后，将产品放入水中冷却至 40 °C，擦干后即可销售。

六、盐水马铃薯罐头

（一）工艺流程

选料→清洗→去皮→修整→预煮→分选→配汤→装罐→排气、密封→杀菌→冷却→成品。

（二）操作要点

1. 选料

剔除伤烂、带绿色、虫蛀等不合格的马铃薯，按横径大小分为 2.5 ~ 3.4 cm、3.5 ~ 5.0 cm 两级。

2. 清洗

将马铃薯浸泡在清水中 1 ~ 2 h，再刷洗表面的泥沙，清洗干净后备用。

3. 去皮

在温度 95 °C 以上、20%的碱液中，浸泡 1 ~ 2 min，搅拌至表皮呈褐色，然后捞出去皮，并及时用水冲洗。再用清水浸泡约 1 h，洗去残留碱液，并于 2%的盐水中进行护色。

4. 修整

利用刀修整马铃薯不合格部分如芽窝、残皮及斑点，按大小切成 2 ~ 4 片。

5. 预煮

利用 0.1%的柠檬酸溶液和马铃薯之比为 1∶1，以薯块煮透为准。煮后立即用清水冷却并及时装罐。

6. 分选

白色马铃薯与黄色马铃薯分开装罐，修整面光滑，大小分开。

7. 配汤

在 2% ~ 2.2%的沸盐水加入 0.01%的维生素 C，配制罐头汤水。

8. 装罐

按罐大小分别装入一定比例的薯块和汤水。

9. 排气及密封

将上述装罐后的产品送入排气箱中进行排气，其真空度为 40 ~ 53 kPa。

10. 杀菌及冷却

高温杀菌后冷却，擦干附在罐身上的水分。抽样，在 30 °C 下存放 7 天，检验合格即可出厂。

第二节　马铃薯粉条（丝）类

马铃薯粉条（丝）类均是以马铃薯淀粉为原料，经过生产加工后，直径大于 0.7 mm 的产品为粉条，直径小于 0.7 mm 的产品为粉丝。马铃薯粉条（丝）类的生产原理主要是使淀粉适度老化，使直链淀粉束状结构排列合理。粉条按形状又可分成圆粉条、粗粉条、细粉条、宽粉条及片状粉条等数种。

一、马铃薯瓢漏式粉条

瓢漏式粉条加工在我国已有数十年的历史。传统的手工粉条加工使用的漏粉工具是刻上漏眼的大葫芦瓢，以后逐步演变成铁制、铝制、铜制和不锈钢制的金属漏瓢。

（一）工艺流程

马铃薯→提粉→淀粉→冲芡→调粉→漏粉→冷却→干燥→成品。

（二）操作要点

1. 提粉

选用淀粉含量高、新鲜的马铃薯作为原料，经清洗、破碎、磨浆、沉淀等工序处理，提取淀粉。

2. 冲芡

将马铃薯淀粉和温水混合调成稀状，100 kg 的含水量、35%以下的湿淀粉加水 50 kg，再将沸水从中间猛倒入容器内，按一个方向快速搅拌 10 min，使淀粉凝成团状产生较大黏性即为芡。

3. 调粉

为增加淀粉的韧性，一般添加明矾改变淀粉的凝沉性和糊黏度。先在芡中加入 0.5%的明矾，搅拌后再加入湿淀粉，混合后和面，使和好的含水量在 48%～50%，面温保持在 40～45 °C。考虑长期过量食用明矾对人体有害，生产时也可利用氯化钠或β-葡聚糖等进行替代，使粉条达到稳定性能。

4. 漏粉

将面团放入漏粉机内，然后挂在锅上，锅内保持一定的水位，水温在 97～98 °C。使水面和出粉口平行，即可开机漏粉。根据生产实际情况和需求调整漏粉机的孔径、漏粉机与水面的高度，粉条的直径一般为 0.6～0.8 mm。粉条在锅内熟化的标志是漏入锅中的粉条由锅底再浮上来。如果强行把粉条从锅底拉出或捞出，会因糊化不彻底而降低粉条的韧性，如果粉条煮时间过长则易折断。

粉条和粉丝的主要区别在于芡用量、漏粉机的筛孔。加工粉丝时，如芡的用量多于粉条，则面团稍稀；生产粉丝时，漏粉机用圆形筛孔，粉条用长方形筛孔。

5. 冷却和清洗

冷却和清洗是将糊化过的淀粉变成凝胶状，洗去表层的黏液，降低粉条之间的黏性。当粉条浮出水面后即可将捞出，放在低于 15 °C 的水中泡 5～10 min，进行冷却、清洗。

6. 冷冻

冷冻是加速粉条老化最有效的措施，是国内外最常用的一种老化技术。通过冷冻，粉条中分子运动减弱，直链淀粉和支链淀粉的分子都趋向于平行排列，通过氢键重新结合成微晶束，形成有较强筋力的硬性结构。冷冻能防止粉条粘连，起到疏散作用。粉条沥水后通过静置，粉条外部的浓度较内部低。冷冻时外部先结冰，然后内部结冰。结冰时粉条脱水阻止了条间粘连，故通过冷冻的粉条疏散性很好。另外，冷冻也能促进条直。由于粉条结冰的过程也是粉条脱水的过程，冰融后粉条内部水分大大减少，晾晒时干燥速度加快，加之粉条是在垂直状态下老化而定型的，干燥后能保持顺直形态。

将清洗后的粉条在 3 ~ 10 °C 环境下晾 1 ~ 2 h，可以增加粉条的韧性。在 −9 ~ −5 °C 条件下，缓慢冷冻 12 ~ 18 h，冻透为宜。

7. 干燥

将冷冻后的粉条浸泡在水中一段时间，待冰溶化后轻轻揉搓散条，然后晾晒干燥，环境的温度以 15 ~ 20 °C 最佳。当含水量降到 20%即可保存，降到 16%即可打捆包装作为成品销售。

二、马铃薯挤压式普通粉条（丝）生产技术

挤压法下，用螺旋挤压机，将淀粉挤压成形，经煮沸后，冷水浸泡，最后晾晒干燥即为成品。我国马铃薯挤压式粉条的生产主要是从 20 世纪 90 年代初开始的。在此之前，挤压式粉条生产多用于玉米粉丝和米线的生产。在 20 世纪末的最后几年，马铃薯挤压式粉条的生产发展较快，机械性能也有了较大的改进，单机加工量由原来的 30 ~ 60 kg/h 发展到 150 kg/h 以上。挤压式粉条（丝）生产的最大优点是：占地面积小，一般 15 ~ 20 m^2 即可生产；节省人力，2 ~ 3 人即可；操作简便；一机多用，不仅可生产粉丝（条），还可以生产粉带、片粉、凉面、米线，能提高机械利用率；粉条较瓢漏式加工的透明度高。

（一）工艺流程

配料→打芡→和面→粉条机清理→预热碎→开机投料→漏粉→鼓风散热→粉条剪切→冷却→揉搓散条→干燥→包装入库。

（二）操作要点

1. 原料要求

用于粉条加工的淀粉，要求色泽鲜而白，无泥沙、无细渣和其他杂质，无霉变、无异味：湿淀粉加工的粉条优于干淀粉。干淀粉中往往有许多硬块，在自然晾晒中除了落入灰尘外，还容易落入叶屑等植物残体。对于杂质含量多的淀粉要经过净化，即加水分离沉淀去杂、除沙，吊滤后再加工粉条。若加工细度高的粉条，要求芡粉必须洁净无杂质。对色度差的淀粉结合去杂进行脱色。吊滤的湿淀粉利用湿马铃薯淀粉加工粉条，淀粉的含水量应低于40%，先要破碎成小碎块再用。

2. 添加剂配方

挤压式粉条入机加工前，粉团含水率较瓢漏式面团含水率高，而且经糊化后黏度较大，粉条间距小，容易粘连。为了减少粘连，改善粉条品质，需要在和面时加入一些添加剂。提倡使用无明矾配料，根据淀粉纯净度、黏度可适当加入以下食用配料：食用碱 0.05% ~ 0.1%，可中和淀粉的酸性，中性条件有利于粉条老化；和面时按干淀粉重量加入 0.8% ~ 1.0%的食盐，使粉条在干燥后自然吸潮，保持一定的韧性；加入天然增筋剂，如 0.15% ~ 0.20%的瓜尔胶或 0.2% ~ 0.5%的魔芋精粉，为了便于开粉，再加 0.5% ~ 0.8%的食用油（花生油、豆油或棕榈油等）。

3. 打芡

在制粉条和面时，需要提前用少量淀粉、添加剂和热水制成黏度很高的流体胶状淀粉糊。制取和淀粉面团所用淀粉稀糊的过程被称为打芡。打芡方法有手工打芡和机械打芡。打芡的基本程序是先取少量淀粉调成乳，并加入添加剂，加开水边冲边搅，直到熟化为止。

如果是干淀粉，将干淀粉加入温水调成淀粉乳，加水量为淀粉的 1 倍左右。如果是湿淀粉，加水量为淀粉的 50%，水温以 55 ~ 60 °C 为宜，在 52 °C 时，淀粉开始吸水膨胀，60 °C 时开始糊化。如果调粉乳用水温度超过 60 °C，过早引起糊化，会使再加热水糊化成芡的过程受到影响。调粉乳所用容器应和芡的糊化是同一容器，一般用和面盆或和面缸。二制芡前应先将开水倒入和面容器内预热 5 ~ 10 min，先倒掉热水，再调淀粉乳，以免在下道工序时温度下降过快，影响糊化。调淀粉乳时，将明矾提前研细，用开水化开，晾至 60 °C 时再加入制芡所需的淀粉。调淀粉乳的目的是让制芡的淀粉大颗粒提前吸水散开，为均匀制芡打好基础。

4. 和面

和面过程实际上是用制成的芡，将淀粉黏结在一起，并揉搓均匀成面团的过程。和面的方法分人工和面、机械和面。芡同淀粉和加水的比例：用干淀粉和面时，每 100 kg 干淀粉加芡量应为 20 ~ 25 kg，加水量为 60 ~ 65 kg；若用湿淀粉（含水量 35% ~ 38%）和面，加芡量为 10 ~ 15 kg，加水量为 15 ~ 20 kg。不论是人工还是机械和面，用湿粉或干粉和面，和好的面团含水率应为 52% ~ 55%。有些挤压式粉条加工，不打芡。把添加剂和温水溶在一起，直接和面，不过没有经用芡和面后加工的粉条质量好。不论采用哪种和面方法，各种添加剂都应在加水溶解后加入，但食用油是在和面时加入。

和面方法是先把淀粉置于盆内，再将芡倒入。用木棍搅动，边搅边加芡，待芡量达到要求后，再搅一阵，用手反复翻搅、搓揉，直至和匀为止。机械和面的容器为和面盆或矮缸，开动机器将淀粉缓慢倒入盆内或缸内，并且不断地往里面加芡和淀粉，直到淀粉量和芡量达到要求为止。机械搅拌时，应将面团做圆周运动和上下翻搅运动，使面团柔软、均匀。

挤压式制粉条的要求是淀粉乳团表面柔软光滑，无结块，无淀粉硬粒，将含水量控制在 53% ~ 55%。和好的面呈半固体半流体，有一定黏性，用手猛抓不粘手，手抓一把流线粗细不断，粗细均匀，流速较快，垂直流速为 2 m/s。

5. 挤压成型

电加热型挤压式粉条自熟机工作时，先将水浴夹层加满水，接通电源，预热约 20 min，拆下粉条机头上的筛板（又称粉镜），关闭节流阀，启动机器，从进料斗逐步加入浸湿了的废料或湿粉条。如无废料，则用 1 ~ 2 kg 干淀粉加水 30%，待机内发出微弱的鞭炮声，即预热完毕。待用来预热机器的粉料完全排出后，用少量食用油擦一下粉条机螺旋轴，装上筛板。再开动粉条机，从进料斗倒入和好的淀粉乳团，关闭出粉闸门 1 min 左右，让粉团充分熟化，再打开闸门，让熟粉团在螺旋轴的推力下，从钢制粉条筛板挤出成型。生产时要控制节流阀，始终保持粉丝既能熟化，又不夹生，使水保持沸腾状态。

用煤炉加热的，先将浴锅外壳置炉上，水浴夹层内加热水，再按上述方法生产。生产过程中，要始终保持水浴夹层的水呈微沸状态，随时补充蒸发的水。机械摩擦自然升温的粉条机、先开机，待机械工作室发热后再将淀粉乳倒入进料斗内。这类粉条机不需打芡，将吊滤后的粉团（含水量 40% ~ 45%）捣碎掺入添加剂后直接投入机内可出粉条，还可将熟化后的粉头马上回炉做成粉条，减少浪费，提高成品率。

6. 散热与剪切

粉条从筛板中挤出来后，温度和黏度仍然很高，粉条会很快叠压黏结在一起，不利于散条。因此，在筛板下端应设置一个小型吹风机（也可用电风扇代替），使挤出的热粉条在风机的作用下迅速降温，散失热气，降低黏性。随着机械不停地工作，粉丝的长度不断增加。当达到一定长度时，要用剪刀迅速剪断放在竹箔上。由于此时粉条还没有完全冷却，粉条之间还容易粘连。因此，在剪切时不能用手紧握。应一手轻托粉条，另一手用刃薄而锋利的长刃剪刀剪断。亦可一人托粉，一人剪切。剪刀用前要蘸点水，切忌用手捏或提，避免粘连。注意切口要齐，每次剪取的长度要一致，以利晒干后包装。剪好的粉条放在干净的竹席上冷却，一同转入冷却室内。

7. 冷却老化

冷却老化有自然冷却和冷库冷却两种。

自然冷却老化是将粉条置于常温下放置，使其慢慢冷却逐渐老化；晾粉室的温度控制在 15 °C 以下，一般晾 8 ~ 12 h。在自然冷却老化过程中，要避免其他物品挤压粉条或大量粉条叠压，以免粉条相互黏结。同时，要避免风吹日晒，以免表层粉条因失水过快而干结、揉搓时断条过多。粉条老化时间长，淀粉凝沉彻底，粉条耐煮，故一般应不低于 8 h。温度低时，老化速度快，时间可短些；温度高时，老化速度慢，时间宜长些。

冷库冷却老化是把老化后的粉条连同竹箔移入冷库，分层置放于架上，控制冷库温度-10 ~ -5 °C，冷冻 8 ~ 10 h。

8. 搓粉散条

老化好的粉条晒前应先进行解冻，环境温度大于 10 °C 时，可进行自然解冻；当环境温度低于 10 °C 时，用 15 ~ 20 °C 的水进行喷水（淋水）解冻。把老化的粉条搭在粉竿上，放入水中浸泡 10 ~ 20 min，用两手提粉竿在席上左右旋转，使粉条散开，对于个别地方仍粘连不开的，将粉条重新放入水中，用力搓开直至每根粉条都不相互粘连为止，也可以在浸泡水中加适量酸浆，以利于散条。散条后一些农户为使粉条增白防腐，将粉条挂入硫熏室内，用硫黄熏蒸，此法是不可取的。硫熏法的主要缺点：一是亚硫酸的脱色增白只作用于粉条表层，约 15 d 后随时间推移，脱色效果会逐渐减退，直至现出原色：二是粉条中残留的有害物质 SO 严重超标，食用过多会引起呼吸道疾病。在原料选择时，如果提前选用的就是精白淀粉或对原料淀粉进行净化，这时根本不需再用硫黄熏，以尽量减少对粉条不必要的污染。

9. 干燥

粉条干燥有自然干燥、烘房干燥和隧道风干 3 种。当前，我国多数加工厂家和绝大多数农户采用的是自然干燥，其优点是节约电能，减少成本。

自然干燥要求选在空气流通、地面干净、四周无污染源的地方。晒场地要清扫干净，下面铺席或塑料薄膜，以免掉下的碎粉遭受泥土污染。切忌在公路附近、烟尘多的地方晒粉，以免污染物料。天气适宜时搭建粉架，挂晾粉竿的方向应与风的方向垂直。初挂上粉架以控水散湿为主，不要轻易乱动，因为此时粉条韧性最差，容易折断，避免碎粉过多。20 min 后，轻轻将粉条摊开，占满粉竿空余位置，便于粉条间通风。晾至四五成干时，将并条粉和下面的粉条结轻轻揉搓松动使其分离散开；晾至七成干时，将粉竿取下换方向，将迎风面换成背风面，使粉条干燥均匀，直至粉条中的水分降到 14%以下，即可打捆包装。

三、马铃薯方便粉丝

方便粉丝要求直径在 1 mm 以下，并能抑制淀粉返生，使粉丝具有较好的复水性，满足方便食品的即食要求。

（一）工艺流程

马铃薯淀粉→打芡→和面→制粉→老化→松丝→干燥→包装→成品。

（二）操作要点

（1）为了改变传统粉丝的生产方法，即在和面时加入占原淀粉重量 0.1%的聚丙烯酸酯，既可增稠，使粉料均匀，又可增强粉丝筋力。制成的粉丝久煮不断，效果好，可达到传统法生产的产品品质。

（2）在传统工艺中，原料淀粉加入芡糊后用手或低转速和面机搅拌和面。采用高转速（600 r/min）搅拌机，不用加芡糊或聚丙烯酸酯，可直接和面。具体方法：按原料淀粉重量加 0.5%食用油、0.5%食盐和 0.3%单甘酯乳化剂类物质，并用乳化剂乳化食用油。先将原料淀粉及食盐装入机后加盖、开机，再将经乳化后的食用油、水从机体外的进水漏斗中加入，粉料中的含水量约为 400 g/kg。每次和面仅需 10 min，而且和好的面为半干半湿的块状，手握成团，落地不散。但采用此工艺和面须配合使用双筒自熟式粉丝机，不宜采用单筒自熟式粉丝机。

（3）采用传统工艺方法制约了方便粉丝生产的连续化、机械化，也无法达到即食方便食品的卫生要求，而且耗能大，次品、废品多。为此专门设计、定制了一套粉丝熟化、切断、吊挂、老化、松丝系统的设备。粉丝从机头挤出后，由电风扇快速降温散热，下落至一定长度时，经回转式切刀切断，再由不锈钢棒自动对折挑起，悬挂于传送链条上，缓慢输送并进行适度老化，至装有电风扇处，由 3 台强力扇吹风，在 20 min 内将粉丝吹散、松丝。松丝后的粉丝只需在 40 °C 的电热风干燥箱内吊挂烘干 1 h，便可将粉丝中的含水量降到 110 g/kg 以下。出箱冷却包装，即为成品。

四、马铃薯粉皮

粉皮是淀粉制品的一种，其特点是薄而脆，烹调后有韧性，具有特殊风味，不但可配制酒宴凉菜，也可配菜做汤，物美价廉，食用方便。粉皮的加工方法较简单，适合于土法生产和机器加工。所采用的原料是淀粉和明矾及其他添加剂制成的产品。

（一）圆形粉皮

圆形粉皮是我国历史流传下来的作坊粉皮制品，优点是加工工艺简单，适合小型作坊加工；缺点是劳动强度较高，工作环境较差，不适合批量生产。

1. 工艺流程

淀粉→调糊→成型→冷却→漂白→干燥→包装→成品。

2. 操作要点

（1）调糊。取含水量为 45% ~ 50%的湿淀粉或小于 13%的干淀粉，慢慢加入干淀粉量 2.5 ~ 3.0 倍的冷水，并不断搅拌成稀糊，加入明矾水（明矾 300 g/100 kg 淀粉），搅拌均匀，调至无粒块为止。

（2）成型。分取调成的粉糊 60 g 左右，放入旋盘内，旋盘为铜或白铁皮制成，直径约 20 cm 的浅圆盘，底部略微外凸。先在盘内表面刷上一层薄薄的植物油（以便粉皮成片撕下），加入粉糊后，即将盘浮于锅中的开水上面，并拨动使之旋转，使粉糊受到离心力的作用随底盘中心向四周均匀摊开，同时受热而按旋盘底部的形状和大小糊化成型。待粉糊中心没有白点时，粉皮呈半透明且充分熟透时拿出，即可连盘取出，置于清水中，冷却片刻后再将成型的粉皮脱出放在清水中冷却，将粉皮的直径控制在 200 ~ 215 mm。成型操作时，调粉缸中的粉糊需要不断搅动，使稀稠均匀。成型是加工粉皮的关键，动作必须敏捷、熟练，浇糊量稳定，旋转用力均匀，才能保证粉皮厚薄一致。

（3）冷却。粉皮成熟后，可取出放入冷水缸内，浮旋冷却，冷却后捞起，沥去浮水。

（4）漂白。将制成的湿粉皮，放入醋浆中漂白，也可加入适量的亚硫酸漂白。漂白后捞出，再用清水漂洗干净。

（5）干燥。把漂白、洗净的粉皮摊到竹匾上，放到通风干燥处晾干或晒干。要求粉皮的水分含量不超过12%，干燥，无湿块，不生、不烂、完整不碎为宜。

（6）包装。待粉皮晾干后，再略经回软后叠放到一起，即可包装上市。

（二）机制粉皮

机制粉皮不仅提高了生产效率，改善了劳动环境，还改变了粉皮形态，提高了产品的质量，也是淀粉制品的一次技术革命。

1. 调糊

取含水量为45% ~ 50%的湿淀粉或小于13%的干淀粉（马铃薯淀粉、甘薯淀粉各50%），加入占总粉量4%的黏度较高的甘薯淀粉。用95 °C的热水打成一定稠度的熟糊，40目滤网过滤后加入淀粉中，再慢慢加入干淀粉重量1.5 ~ 2倍的温水，并不断搅拌成糊，加入明矾水（明矾300 g/100 kg淀粉）、食盐水（食盐 150 g/100 kg 淀粉）搅拌均匀，调至无粒块为止。将制备好的淀粉糊置于均质桶中待用。

2. 定型

机制粉皮的成型是利用一环形金属带，淀粉糊由均质桶流入漏斗槽（木质结构槽宽350 ~ 400 mm），进入运动中的金属带上（粉皮的厚薄可调整带速和漏斗槽处金属带的倾斜角度），淀粉糊附在金属带上进入蒸箱（用金属管组成的加热箱，可利用蒸汽或烟道加热使水升温至90 ~ 95 °C）成型。水温不能低于90 °C，以免影响粉皮的产量和质量，但温度也不能过高，否则易使金属带上的粉皮起泡，影响粉皮成型。

3. 冷却

采用循环的冷水，利用多孔管（管径为10 mm，孔径为1 mm）将水喷在金属带粉皮的另一面上，起到对粉皮的冷却作用（从金属带上回流的水由水箱流出，冷却后循环使用）。冷却后的湿粉皮与金属带间形成相对的位移，利用刮刀将湿粉皮与金属带分离进入干燥的金属网带。为了防止粉皮粘在金属带上，需利用油盒向金属带上涂少量的食用油。

4. 烘干

湿粉皮的烘干是利用一定长度的烘箱（20 ~ 25 m），多层不锈钢网带（3 ~ 4 层，带速同金属带基本同步），利用干燥的热气（125 ~ 150 °C，采用散热器提供热源），通过匀风板均匀地将粉皮烘干，将水分控制在 14%以下。网带的叠置使粉皮在干燥中不易变形。

5. 切条

粉皮在烘箱中烘至八成干时（在第三层），其表面黏度降低，韧性增加，具有柔性，易于切条，可利用组合切刀（两组合或四组合）。根据粉皮的宽窄要求，以不同速度切条，速度高为窄条，速度低为宽条，切条后的粉皮进入烘箱外的最后一层网带冷却。粉皮机的传动均采用磁力调速电机带动，可根据产量和蒸箱、烘箱的温度高低控制金属带和不锈钢网带以及切刀的速度。

6. 成品包装

将冷却后的粉皮，按照外形的整齐程度及色泽好坏，分等包装。

第三节　马铃薯腌制食品

一、咸马铃薯

咸马铃薯是马铃薯经过盐腌制而成的产品，其特点是色泽乳白、质脆、味咸、爽口，是一种风味独特的腌制菜。

（一）工艺流程

鲜马铃薯→洗净→刮皮→烫漂→腌制→倒缸→封缸保存→成品。

（二）操作要点

1. 洗净刮皮

选用表皮光滑、新鲜、无烂斑、无虫口及无发芽的小马铃薯。将马铃薯用清水洗涤干净，然后刮去表皮。

2. 烫漂

将去皮后的马铃薯放入沸水锅内焯一下，捞出晾凉。

3. 腌制

将晾凉后的马铃薯倒入缸内进行腌制。放 1 层马铃薯撒 1 层盐，然后再撒 1 层凉开水。撒盐时做到下面少，上面多，逐层增加，盐要撒均匀。腌制完毕后，再在表面加 1 层盐。加凉开水是为了促使盐粒溶化，调味均匀。

4. 倒缸

上述操作完成后，第 2 天开始倒缸 1 次，将马铃薯倒入另一只空缸内，将缸上面的马铃薯倒入缸下面，将缸下面的马铃薯倒入缸上面。倒缸完毕后，将原缸内的卤水和未溶化的盐粒舀入翻好的马铃薯缸内。连续倒缸 7 天。

5. 封缸保存

腌制到第 15 天再倒缸 1 次，然后封缸保存，继续进行乳酸发酵。20 天后即为成品。

二、糖醋马铃薯片

（一）工艺流程

马铃薯→洗净去皮→切制→腌渍→翻缸→拌料→糖醋渍→成品。

（二）操作要点

1. 洗净去皮

将马铃薯用清水洗涤干净，去表皮待用。

2. 切制

将去皮后的马铃薯切成 3 mm 厚的轮片状，再放入清水中洗涤。

3. 腌渍

将洗涤后的马铃薯片放入缸中加盐腌渍，铺 1 层马铃薯片撒 1 层盐。要求下面一层盐少，向上逐步增加，盐要撒匀。腌渍完毕后加封面盐。

4. 翻缸

马铃薯片腌渍 24 h 后需进行翻缸。将缸上面的马铃薯片翻到下面，将缸下面的马铃薯片翻到上面。每天翻缸 1 次，连续翻 5 天。

5. 糖醋渍

先将食醋放入锅内，加入适量清水，蒸煮后加入白糖搅拌溶解，边煮边搅拌，煮沸后成糖醋汁备用。再将腌渍过的马铃薯片从缸内捞出，沥干卤水，放入干净坛内，倒入煮沸的糖醋汁，且腌没马铃薯片，封好坛口，15 天后即可食用。

三、酱马铃薯

（一）工艺流程

马铃薯→洗净去皮→烫漂→腌渍→翻缸→沥卤→装袋→酱制→翻袋→成品。

（二）操作要点

1. 洗净去皮

选用表面光滑、无虫口、无烂斑及无发芽的小马铃薯。将马铃薯用清水洗净去皮，备用。

2. 烫漂

将刮尽表皮的马铃薯放入开水锅内焯一下，然后晾凉。

3. 腌渍

将晾凉后的马铃薯入缸腌渍。放 1 层马铃薯均匀地撒 1 层盐，做到底轻面重，撒盐逐步增加，最后加封面盐。

4. 翻缸

第 2 天将腌渍的马铃薯翻缸 1 次。将缸上面的马铃薯翻到下面，将缸下面的马铃薯翻到上面。翻缸能促使盐粒溶化，要连续翻 7 天。

5. 沥卤装袋

将腌渍 10 天后的马铃薯取出，沥干卤水，装入酱袋内。装袋的容量是酱袋容积的 67%，并扎好袋口。

6. 酱制与翻袋

先将甜面酱放入空坛内，然后倒入酱油搅拌均匀，再将马铃薯袋放入酱缸内，使菜袋淹没在酱液中。完成后第 2 天翻袋 1 次，将酱缸上面的菜袋翻到下面，酱缸下面的菜袋翻到上面。连续翻 7 天，以后 2～3 天翻缸 1 次。20 天后即可包装销售。

四、泡马铃薯

（一）工艺流程

马铃薯→洗净去皮→切制→浸泡→成品。

（二）操作要点

1. 洗净去皮

将马铃薯洗净去皮，再用清水清洗 1 次，沥干水分待用。

2. 切制

将沥干的马铃薯切成 4 mm 厚的轮状片。

3. 浸泡

先将红糖、干红辣椒、白酒、黄酒、食盐和五香粉放到盐水中，搅拌，待全部溶化后，倒入装有马铃薯片的泡菜坛中，盖上坛盖，加足坛沿水，浸泡 10 天即成。

第四节　马铃薯其他休闲食品

一、马铃薯羊羹

（一）生产工艺

（1）马铃薯→清洗→蒸煮→磨碎制沙。
（2）胡萝卜→清洗→蒸煮→打浆。
（3）配料熬煮→注羹→冷却→包装→成品。

（二）生产要点

1. 预处理

将马铃薯用清水洗净，放入锅中蒸熟，然后在筛上将马铃薯擦碎，过筛即成马铃薯沙。胡萝卜清洗后可蒸熟或煮熟，打浆成泥，也可焙干成粉然后添加。将琼脂放入 20 倍的水中，浸泡 10 h，然后加热，待琼脂化开即可。

2. 熬制

加少量水将糖化开，然后加入化开的琼脂。当琼脂和糖溶液的温度达到 120 °C 时，加入马铃薯沙及胡萝卜浆，再加入少量水溶解的苯甲酸钠，搅拌均匀。当熬到 105 °C 时，便可离火注模，温度切不可超过 106 °C，否则没注完模，糖液便凝固。

3. 注模

将熬好的浆用漏斗注进衬有锡箔纸的模具中，待冷却后自然成型，充分冷却凝固后即可脱模进行包装。模具可用镀锡薄钢板按一定规格制作。

二、马铃薯冰激凌

冰激凌是以饮用水、牛乳、乳粉、奶油（或植物油脂）、食糖等为主要原料，加入适量增稠剂、稳定剂等食品添加剂，经混合、灭菌、均质、老化、凝冻、硬化等工艺而制成的体积膨胀的冷冻饮品。不同于传统油腻冰激凌，马铃薯冰激凌的优点是低脂、高营养。它既是夏季消暑佳品，又是维生素和矿物质等营养成分的补充。

（一）产品配方

马铃薯 20%，白砂糖 4%，全脂淡奶粉 1%，棕榈油 1%，添加剂 0.4%，牛奶香精 0.1%，剩下部分均为水。

（二）工艺流程

1. 马铃薯泥的制备

马铃薯预处理→漂烫→切片→浸泡→蒸煮→捣烂→马铃薯泥。

2. 马铃薯冰激凌

马铃薯泥→稀释→过滤→混合调配→灭菌→均质→冷却→老化→凝冻→

成型（或灌浆）→冻结→包装→成品。

（三）操作要点

1. 马铃薯泥的制备

（1）预处理。马铃薯含有茄科植物共有的茄碱甙，它的正常含量在 0.02‰ ~ 0.1‰，主要集中在薯皮和萌芽中。马铃薯受光发绿或萌芽后，产生大量的茄碱甙，超过正常含量的十几倍以上。茄碱甙在酶或酸的作用下可生成龙葵碱和鼠李糖，这两种物质是对人体有害的毒性物质。一般两者在马铃薯制品中的含量超过 0.02%时，就不能食用。当马铃薯发芽或发绿时，必须将发绿或发芽部分削除，或者整个剔出。因此，一定要选择新鲜马铃薯，保证原料无病虫害、未出芽和未受冻伤，并将清水洗净后，去皮备用。

（2）漂烫。将去皮后的马铃薯放在 85 ~ 90 °C 的水中烫漂 1 min。马铃薯淀粉与其他谷类淀粉除结构和理论性质不同外，本质差异就是所含的各种有机和无机混合物的多少。马铃薯淀粉的灰分含量比谷类的灰分含量高 1 ~ 2 倍，马铃薯淀粉的灰分约一半是磷。以马铃薯淀粉计，P_2O_5 的平均含量是 0.18%，比谷类淀粉高几倍。由于磷的含量高，所以马铃薯的黏度高，影响马铃薯泥的稀释和冰激凌的品质，所以经过漂烫，可以降低黏度。

（3）切片。将马铃薯切成 1.5cm 左右的薄片，薄厚均匀。切片不宜过薄，否则会增加损耗率，且导致风味损失。

（4）浸泡。马铃薯切片后容易变褐发黑，影响产品品质和色泽。褐变的主要原因是薯块中含有丹宁，丹宁中的儿茶酚在氧化酶或过氧化酶的作用下因氧化而变色。所以，马铃薯片需要在亚硫酸溶液中浸泡，破坏氧化酶的活性。通常，切片后立即投入亚硫酸溶液中。经过浸泡处理后，可避免马铃薯片在加工过程中褐变，保证马铃薯冰激凌的良好色泽。

（5）蒸煮。通过蒸煮，一方面将马铃薯熟化；另一方面利用热力使酶钝化，防止捣碎时发生褐变。常压下用蒸气蒸煮 30 min 左右，以按压切片不出现硬块可完全粉碎为宜。

（6）捣烂。蒸煮后稍冷却一会，用搅拌机搅成马铃薯泥。搅拌时间不宜过长，成泥即可，成泥后应在尽可能短的时间内用于生产冰激凌。

2. 马铃薯冰激凌

（1）混合调配。在马铃薯泥中加入适量水，搅拌成稀液，经 60 ~ 80 目筛网过滤，将其他经处理后的原辅料按次序加入马铃薯浆汁中，并搅拌均匀。

（2）灭菌。在灭菌锅（烧料锅）中将料液加热至 85 °C，保温 20 min。杀菌不仅可以杀灭混合料中的微生物，破坏由微生物产生的毒素，保证产品品质，还能促进混合料液的均匀混溶。

（3）均质。灭菌后将料液冷却至 65 °C 左右，用奶泵打入均质机中均质。均质的目的是使脂肪球变小，获得均匀的料液混合物，使冰激凌组织细腻、形体滑润、松软，提高冰激凌的黏度、膨胀率、稳定性和乳化能力。

（4）冷却与老化。将均质后的料液迅速冷却至 4 °C，进入老化缸，在 2 ~ 4 °C 下搅拌 10 ~ 12 h，使料液充分老化，提高料液黏度，增加产品的稳定性和膨胀率。

（5）凝冻。将老化成熟后的料液加入凝冻机中凝冻、膨化。使料液冻结成半固体状态，并使料液中的冰晶细微均匀，组织细腻，口感润滑；空气均匀混入，使混合料液体积膨胀，形成良好的组织和形态，即为软质冰激凌。

（6）成型与硬化。将软质冰激凌切割成型，或注入消过毒的杯装容器中，送入速冻隧道冻结硬化，或将软质冰激凌注入冰模后，经盐水槽硬化，得到硬质冰激凌，于−18 ~ −25 °C 贮藏。

三、马铃薯香肠

（一）产品配方

马铃薯 70%，葱姜调味品 5%，大豆粉 5%，植物油和动物油各 2.5%，淀粉凝固剂 14.5%，防腐剂 5%。

（二）制作工艺

将马铃薯洗净切碎成颗粒状，经过 10 min 蒸煮后加入凝固剂，然后依次加入油、大豆粉和调味品拌入搅匀，装入预先制好的肠衣。灌制好后加热灭菌，晾至半干即成品。食用时进行蒸煮，风味独特。

四、马铃薯仿制山楂糕

（一）产品配方

马铃薯 50 kg，白糖 40 kg，柠檬酸 650 g，食用明胶 4 kg，苯甲酸钠 35 g，酒石酸 50 g，食用色素 25 g，水果香精 10 g。

（二）工艺流程

原料→预处理→蒸煮→调配→冷却成型→成品。

（三）操作要点

1. 原料选择

选用新鲜、块大、含精量高、淀粉少、水分适中、无腐烂变质、无病虫害的马铃薯作为原料。

2. 预处理

将选好的马铃薯放入清水中进行清洗，以除去表面的泥沙等杂物，去机械伤、虫害斑疤、根须等，再用清水冲洗干净。将食用明胶按 4∶13 的比例加水浸泡 2 ~ 4 h。白糖按 3∶1 的比例加水，然后预煮至沸，使糖完全溶解。

3. 蒸煮

将洗净的马铃薯放入夹层锅内利用蒸汽进行蒸煮，时间为 40 ~ 50 min，至完全熟化、无硬心及生心为止。蒸煮结束后，稍经冷却，采用手工法将马铃薯的表皮去除，然后捣碎，并加入适量的水混合均匀，再过 60 目的细筛成薯泥备用。

4. 调配

将制好的薯泥和处理好的其他配料全部放入夹层锅内，充分搅拌均匀，再升温继续搅拌片刻即可出锅。

5. 冷却成型

将出锅的薯泥倒入准备好的洁净容器中进行成型。冷却时间为 12 ~ 15 h，成糕后再切分成小块包装。检验合格后即为成品。

五、马铃薯果丹皮

（一）产品配方

马铃薯 30 kg（或 20 kg），胡萝卜 70 kg（或 80 kg），白砂糖 60 ~ 70 kg，柠檬酸适量，水 40 ~ 50 kg。

（二）工艺流程

原料选择→清洗→软化→破碎→过筛→浓缩→刮片→烘烤→揭片→包装→成品。

（三）操作要点

1. 选料

选新鲜胡萝卜，去除纤维部分。马铃薯应挖去发芽部分。

2. 清洗

将原料用清水洗净后，切成薄片。

3. 蒸煮

将原料放入锅中，加水蒸煮 30 min 左右，以胡萝卜柔软、可打成浆为宜。

4. 破碎

锤式粉碎机或打浆机将蒸煮的胡萝卜和马铃薯打成泥浆，越细越好，要求能用筛孔直径为 0.6 mm 的筛过滤。

5. 浓缩

往过滤后的浆液加入白砂糖，同时加入少量柠檬酸熬煮一段时间。当浆液呈稠糊状时，用铲子铲起，往下落成薄片即可。当 pH 约为 3 时便可停止浓缩。如酸度不够，可补加适量柠檬酸溶液。

6. 刮片

将浓缩好的糊状物倒在玻璃板上，也可用较厚的塑料布代替玻璃板，用木板条刮成 0.5 cm 厚的薄片，不宜太薄也不宜太厚。太薄制品发硬，太厚则起片时易碎。

7. 烘干

将刮片的果浆放入烘房，在 55 ~ 65 °C 温度下烘烤 12 ~ 16 h，至果浆变成有韧性的果皮时揭片。

附　录

附录 1　农业部关于加快马铃薯产业发展的意见（2006）

各省、自治区、直辖市、计划单列市农业（农牧、农林）厅（委、局），新疆生产建设兵团农业局：

为贯彻落实国务院领导最近就加快马铃薯产业发展作出的重要批示，我部决定将马铃薯纳入《优势农产品区域发展规划》，重点扶持，扎实推进，加快发展。为此，提出如下意见。

一、充分认识加快马铃薯产业发展的重要意义

马铃薯是粮食、蔬菜、饲料和工业原料兼用的主要农作物，为解决我国经济欠发达地区的温饱和食物安全做出了重要贡献。大力发展马铃薯产业，有利于保障我国粮食及食物安全、促进民族产业发展和推进农民增收致富，是应对入世后过渡期及农业长远发展的战略措施，符合科学发展观的要求，体现了以人为本宗旨和资源合理利用的原则。在发展现代农业和建设新农村的新形势下，加快马铃薯产业发展意义重大。

（一）加快马铃薯产业发展，是保障国家粮食安全的需要

粮食安全是国家安全的重要基础，也是构建和谐社会的基本前提。马铃薯营养丰富、全面、平衡、价值高，素有“地下苹果”“第二面包”之称。据专家测算，一个 148 g 的马铃薯可提供人体每天所需维生素 C 的 45%、钾的 21%。马铃薯具有粮食、蔬菜的双重优点，具有低脂肪、低热量的特点，是理想的食物来源。马铃薯已成为我国包括大豆在内的第五大粮食作物，种植面积和产量分别占世界的 1/4，是世界马铃薯第一大生产国。扩大马铃薯种植面积，提高马铃薯单产水平，充分挖掘马铃薯的增产潜力，有利于保障国家粮食安全。

（二）加快马铃薯产业发展，是推进农业结构调整的需要

马铃薯具有耐旱、耐寒、耐瘠薄的特点，对土壤和气候条件的要求不严格，是我国三北及西南地区的主要粮食作物、中部地区间作和南方地区冬种

的粮经兼用作物，特别是利用南方冬闲田扩大马铃薯种植，可有效发挥温光等资源优势，优化农业区域布局，推进农业结构调整。同时，马铃薯生育期短，再生能力强，对风雹等自然灾害的抵抗能力强，是有效的抗灾救灾作物。

（三）加快马铃薯产业发展，是促进农民持续增收的需要

马铃薯既是高产粮食作物，又是开发潜力很大的增收作物。马铃薯作为重要的工业原料，加工形成的淀粉具有颗粒大、脂类化合物低、抗切割等特殊的理化性质，可广泛用于食品加工业、纺织、印染、造纸、医药、化工、建材和石油钻探等行业。马铃薯已开发出 2 000 多种产品，产业链条长、市场需求旺、增值潜力大、种植效益好，是增加农民收入的重要途径。

二、进一步明确发展马铃薯产业的思路和重点

从今年冬种开始，就要大力推进马铃薯产业的发展，把马铃薯做成粮食增产、农民增收和农业增效的一个大产业，做成“十一五”农业发展的一个亮点。

（一）总体要求

以科学发展观为统领，以市场为导向，以科技为支撑，以龙头企业为带动，加快新品种新技术的选育和推广，挖掘资源潜力，主攻单产，提高品质，延伸产业链，实现区域化布局、规模化种植、标准化生产、产业化经营，促进资源高效合理利用。

（二）发展目标

力争到 2010 年全国马铃薯种植面积达到 1 亿亩，比 2005 年增加 2 700 万亩；亩产达到 3 000 斤以上，比 2005 年提高 1 000 斤以上；总产达到 3 000 亿斤以上。脱毒种薯比率达到 55%以上，比 2006 年提高 30 个百分点；加工转化率达到 25%以上，比 2005 年提高 10 个百分点。

（三）基本原则

坚持规划引导，合理规划生产布局；坚持市场引导，开拓国内外市场；坚持政策引导，实施良种和技术补贴；坚持舆论引导，科学宣传马铃薯开发潜力和营养价值。

（四）重点区域

一是三北一作区。主要是西北大部、东北部分、华北北部，通过大力发展旱作节水技术，适当增加面积。二是中部间作区。主要包括河南、山东、安徽省，河北、山西、陕西部分地区，以及湖北、湖南、江西、江苏和浙江等省。通过间作套种，扩大种植面积。三是南方冬作区。主要包括广西、广东、海南、福建等省区。利用冬闲田，发展冬种马铃薯。四是西南混作区。主要包括云南、贵州、四川、西藏及湖南、湖北部分地区。利用温光资源，

合理安排单双作马铃薯种植。

三、切实抓好各项措施的落实

各级农业部门要高度重视，全面部署，精心组织，加大力度，切实抓好各项措施的落实，促进马铃薯产业持续健康发展。

（一）制定发展规划

要因地制宜制定马铃薯生产发展规划。在产业布局上，突出重点区域，形成规模种植。要积极调整品种结构，采用与市场需求相适应的名牌产品和特用品种。在经济条件欠发达地区和偏远地区，以发展高产品种为主；在城乡结合部和传统商品蔬菜基地，以发展早熟优质品种为主；在加工能力比较强的地区，以发展高淀粉和油炸加工品种为主。

（二）着力提高马铃薯脱毒种薯应用水平

要进一步完善马铃薯种薯繁育体系和技术推广体系建设，积极探索高效、低成本的种薯繁育技术。东北、西北、内蒙古等地要进一步加强马铃薯脱毒种薯快繁基地建设，利用生物技术建成茎尖脱毒、组培、微型薯工厂化繁育技术体系和病毒检测体系，实现脱毒、组培、快繁、检测及规模化、工厂化生产，降低生产用种成本，加快良种的普及推广。为加快马铃薯脱毒种薯的推广应用，要争取地方财政的支持，对农民购买脱毒种薯实施良种补贴政策。

（三）加快新品种新技术的研发和推广

要加强马铃薯育种协作攻关，加快马铃薯集成技术创新。要以脱毒种薯、免耕栽培、旱作节水、病虫害防治、测土配方施肥等五大技术为基础，集成创新适应不同马铃薯生产区域和不同品种特点的配套栽培技术和体系，形成技术规程，指导农民标准化生产。要注重抓好晚疫病、青枯病、环腐病、蚜虫、蛴螬等病虫害的预测预报和统防统治工作，最大限制减轻病虫危害。要结合实施科技入户、新品种展示示范、测土配方施肥等项目，加大对配套技术的示范、培训和推广力度，切实提高技术的入户率和到位率。

（四）加强基础设施建设

重点扶持优势地区建立马铃薯生产基地，形成具有地区优势和规模生产的优质马铃薯商品基地。利用优质粮食产业工程、商品粮基地和农业综合开发等项目资金，加强基础设施建设，改善生产条件。南方地区要大力开发利用冬闲田，把扩种冬种马铃薯作为冬季农业开发的重点，促进增粮增收。

（五）促进产业化经营

各地要不断培育和开发马铃薯市场，扶持龙头企业发展，引导龙头企业开展订单生产。要建立和完善马铃薯市场信息体系和销售网络，充分发挥农口部门自身优势，提供产前、产中、产后服务，积极扶持发展马铃薯产销专业服务组织和经纪人队伍，为马铃薯产业发展开辟绿色通道。要积极鼓励和扶持马铃薯保鲜、储藏、运输等关键技术和设备的研发，促进马铃薯产品的精深加工，不断延长马铃薯产业链，提高马铃薯的市场竞争能力。

（六）加强组织领导和宣传引导

要加强对发展马铃薯生产的组织领导，建立和完善工作机制，成立专家指导组，做好组织和技术服务工作。要充分利用电视、广播、网络、报刊等媒体，采取多种形式宣传马铃薯的营养价值及发展前景，正确引导市场消费。

“白露”已过，“秋分”将至，全国秋冬种即将由北向南全面展开。要充分利用南方冬闲田和光热资源，扩大冬种马铃薯面积，力争南方冬种马铃薯面积比上年增加 500 万亩。特别是今年遭受台风、洪涝和干旱的地区，要扩大冬种马铃薯种植，搞好生产自救。各级农业部门要迅速行动起来，要把发展马铃薯作为明年农业和粮食生产的中心任务，作为今年秋冬种工作的新亮点，采取更加积极有效措施，推动马铃薯产业发展上台阶、上水平。

中华人民共和国农业部

二〇〇六年九月二十一日

附录2 农业部办公厅关于印发马铃薯机械化生产技术指导意见的通知（2012）

各省、自治区、直辖市和计划单列市农机（农业、农牧）局（厅、委、办），新疆生产建设兵团农业局、黑龙江省农垦总局：

马铃薯是我国第五大粮食作物，同时也是重要的经济作物。加快马铃薯生产机械化，对促进马铃薯增产、增效和农民增收具有十分重要的意义。为推进农机农艺融合，提高马铃薯机械化生产科技含量，我部组织有关专家研究提出了马铃薯机械化生产技术指导意见（以下简称“技术指导意见”），现予以印发。

请各地在技术指导意见的基础上，结合本地实际，细化技术内容，逐步规范马铃薯种植，探索全程机械化的合理生产模式，完善适宜本地区的马铃薯机械化生产技术体系和操作规范。积极扶持马铃薯生产专业合作组织发展，促进适度规模经营，提高社会化服务能力，推进马铃薯生产标准化、规模化、专业化，为实现马铃薯全程机械化生产创造条件。

二〇一二年六月二十六日

马铃薯机械化生产技术指导意见

一、播前准备

（一）品种选择

我国马铃薯种植大致分为四个区域：北方一季作区、中原二季作区、南方冬作区、西南一二季混作区。北方一季作区为一年一熟制，是马铃薯的主要产区，面积和产量均占全国的 50%以上；气候凉爽、日照充足、昼夜温差较大，适宜马铃薯生产；但降雨量不均，主要以雨养为主，有灌溉条件的可发展规模种植；宜选择抗干旱、熟期适宜的中晚熟马铃薯品种，根据市场需求适当搭配早熟品种。中原二季作区无霜期较长，栽培马铃薯分春秋二季，面积约占全国的 5%，宜选择早熟品种。南方冬作区面积占全国的 8%，属海洋性气候，夏长冬暖，四季不分明，日照短，宜选短日型或对光照不敏感的品种。西南一二季混作区面积占全国的 37%，马铃薯生育期较长，因立体气候明显，种植品种多种多样。

（二）种薯处理

播种前，应针对当地各种病虫害实际发生的程度，选择相应防治药剂进行拌种处理。在切割薯块时，切刀需用药液处理。为适应机械化作业，防止种薯块间粘结，需用草木灰或生石灰等拌种。

（三）播前整地

北方一季作区和中原二季作区提倡前茬秋收后、土壤冻结前做好播前准备，包括深松、灭茬、旋耕、耙地、施基肥等作业，有条件的地区应采用多功能联合作业机具进行作业。大力提倡和推广保护性耕作技术。深松作业的深度以打破犁底层为原则，一般为 30 ~ 40 cm；深松作业时间应根据当地降雨时空分布特点选择，以便更多地纳蓄自然降水；建议每隔 2 ~ 4 年进行一次。秸秆还田时，秸秆长度一般不宜超过 10 cm。当地表紧实或明草较旺时，可利用圆盘耙、旋耕机等机具实施浅耙或浅旋，表土处理不超过 8 cm。

南方冬作区因稻田地势低洼，土壤粘度大，应采取机械下管和机械筑埂等排灌措施。

西南一二季混作区在播前可进行机械旋耕作业，丘陵山地可采用小型微耕机具作业，平坝地区和缓坡耕地可采用中小型机具作业。对于粘重土壤，可根据需要实施深松作业，提高土壤的通透性。

二、播种

适时播种是保证出苗整齐度的重要措施。当地下 10 cm 处地温稳定在 8 ~ 12 °C 时，即可进行播种。合理的种植密度是提高单位面积产量的主要因素之一。各地应按照当地的马铃薯品种特性，选定合适的播量，保证亩株数符合农艺要求。应尽量采用机械化精量播种技术，一次完成开沟、施肥、播种、覆土（镇压）等多项作业，在不同区域可选装覆膜、铺滴灌管和施药装置。作业要求应符合有关标准。种肥应施在种子下方或侧下方，与种子相隔 5 cm 以上，肥条均匀连续。苗带直线性好，便于田间管理。

目前，北方一季作区、中原二季作区垄作种植行距大多采用 40、50、70、75、80 或 90 cm 等行距，建议逐步向 60、70、80 和 90 cm 行距种植方式发展。西南一二季混作区应通过农田的修整、地块合并等措施，为机械化作业提供基础条件。南方冬作区应推广适合机械化作业的高效栽培模式，促进机械化发展。

三、田间管理

（一）中耕施肥

在马铃薯出苗期中耕培土和花期施肥培土，应根据不同地区采用高地隙中耕施肥培土机具或轻小型田间管理机械，田间粘重土壤可采用动力式中耕培土机进行中耕追肥机械化作业。在砂性土壤垄作进行中耕培土施肥，可一次完成开沟、施肥、培土、拢形等工序。追肥机各排肥口施肥量应调整一致，依据种子施肥指导意见，结合各地目标产量确定合理用肥量。追肥机具应具有良好的行间通过性能，追肥作业应无明显伤根，伤苗率<3%，追肥深度 6 ~ 10 cm，追肥部位在植株行侧 10 ~ 20 cm，肥带宽度>3 cm，无明显断条，施肥后覆盖严密。

（二）病虫草害防控

根据当地马铃薯病虫草害的发生规律，按植保要求选用药剂及用量，按照机械化高效植保技术操作规程进行防治作业。苗前喷施除草剂应在土壤湿度较大时进行，均匀喷洒，在地表形成一层药膜；苗后喷施除草剂在马铃薯 3 ~ 5 叶期进行，要求在行间近地面喷施，并在喷头处加防护罩以减少药剂漂移。马铃薯生育中后期病虫害防治，应采用高地隙喷药机械进行作业，要提高喷施药剂的对靶性和利用率，严防人畜中毒、生态污染和农产品农药残留超标。适时中耕培土，可减少田间杂草。

（三）节水灌溉

有条件的地区，可采用喷灌、膜下滴灌、垄作沟灌等高效节水灌溉技术和装备，按马铃薯需水、需肥规律，适时灌溉施肥，提倡应用一体化技术。

四、收获

根据地块大小和马铃薯品种，选择合适的打秧机和收获机。马铃薯收获机的选型应适合当地土壤类型、粘重程度和作业要求。在丘陵山区宜采用小型振动式马铃薯收获机，可防堵塞并降低石块导致的机械故障率，减小机组作业转弯半径。各地应根据马铃薯成熟度适时进行收获，机械化收获马铃薯应先除去茎叶和杂草，尽可能实现秸秆还田，提高作业效率，培肥地力。作业质量要求：马铃薯挖掘收获明薯率≥98%，埋薯率≤2%，损伤率≤1.5%；马铃薯打秧机应采用横轴立刀式，茎叶杂草去除率≥80%，切碎长度≤15 cm，割茬高度≤15 cm。

附录 3 农业部关于推进马铃薯产业开发的指导意见（2016）

北京、河北、内蒙古、黑龙江、上海、浙江、江西、湖北、广东、四川、贵州、陕西、甘肃、宁夏等省、自治区、直辖市农业（农牧）厅（委、局）：

为贯彻落实中央 1 号文件精神和新形势下国家粮食安全战略部署，推进农业供给侧结构性改革，转变农业发展方式，加快农业转型升级，把马铃薯作为主粮产品进行产业化开发，树立健康理念，科学引导消费，促进稳粮增收、提质增效和农业可持续发展。现就推进马铃薯产业开发提出如下意见。

一、充分认识推进马铃薯产业开发的重要意义

保障国家粮食安全是发展现代农业的首要任务。立足我国资源禀赋和粮食供求形势，顺应居民消费升级的新趋势，树立大食物观，全方位、多途径开发食物资源，积极推进马铃薯产业开发，意义十分重大。

（一）推进马铃薯产业开发，是打造小康社会主食文化的有益探索。还有五年时间就实现全面建成小康社会的目标。这意味着 13 亿多中国人都将进入一个比较殷实的生活状态，消费由吃得饱向吃得好、吃得健康转变，呈现品质消费、绿色消费、个性消费新趋势。食品的开发要适应这一变化和趋势，拓展传统主食文化内涵，展示不同主食文化品味，体现不同主食使用价值。马铃薯以其营养丰富著称，特别是富含维生素、矿物质、膳食纤维等成分，满足消费结构升级和主食文化发展的需要。推进马铃薯产业开发，培育健康消费理念，打造小康社会主食文化。

（二）推进马铃薯产业开发，是破解农业发展瓶颈的有益探索。多年来，在农产品供给的压力下，农业资源过度开发，导致耕地地力下降、水资源更为紧缺，资源环境已亮起“红灯”。马铃薯具有耐旱、耐寒、耐瘠薄的特点，适应范围广，增产空间大。在抓好水稻、小麦、玉米三大谷物的同时，把马铃薯作为主粮作物来抓，推进科技创新，培育高产多抗新品种，配套高产高效技术模式，增加主粮产品供应，提高农业质量效益，促进农民增收和农业持续发展。

（三）推进马铃薯产业开发，是推进农业转型升级的有益探索。推进农业供给侧结构性改革，调整优化种植结构是一项艰巨的任务。马铃薯作为适应性广的作物和市场潜力大的产品，是新一轮种植结构调整特别是“镰刀弯”

地区玉米结构调整理想的替代作物之一。把马铃薯作为主粮、纳入种植结构调整的重点作物，扩大种植面积，推进产业开发，延长产业链，打造价值链，促进一二三产业融合发展，助力种植业转型升级，全面提升发展质量。

（四）推进马铃薯产业开发，是引领农业绿色发展的有益探索。推进生态文明建设，必须树立绿色发展理念，推行绿色生产方式，推广绿色环保技术，形成绿色发展新格局。马铃薯用水用肥较少，水分利用效率高于小麦、玉米等大宗粮食作物，在同等条件下，单位面积蛋白质产量分别是小麦的 2 倍、水稻的 1.3 倍、玉米的 1.2 倍。在我国北方干旱半干旱地区扩种马铃薯，减轻农业用水压力，改善农业生态环境，实现资源永续利用。

（五）推进马铃薯产业开发，是带动脱贫致富的有益探索。到 2020 年，实现全面建成小康社会和脱贫攻坚的目标，重点和难点在农村。马铃薯多种植在西部贫困地区、高原冷凉山区，既是当地农民解决温饱的主要产品，也是农民增收致富的主要作物。把马铃薯作为主粮产品开发，引导农业产业化龙头企业、农民合作社与农户建立更紧密的利益联结机制，让农民在马铃薯产业开发中分享增值收益，带动农民增收和脱贫攻坚。

与此同时，推进马铃薯产业开发也面临难得的机遇。一是有发展理念的引领。“创新、协调、绿色、开放、共享”五大发展理念为推进马铃薯产业开发，促进提质增效奠定了基础。二是有巨大市场的拉动。还有五年时间就实现第一个“一百年目标”，将进入消费持续增长、消费结构加快升级的新阶段，城乡居民对马铃薯主食的消费需求将增加。“一带一路”倡议的实施，拓展出口市场。三是有科技创新的支撑。新一轮的科技革命和产业变革正蓄势待发，智慧农业、生态农业新业态应运而生，马铃薯提质增效内在动力持续增强。需要牢牢把握机遇，贯彻发展新理念，以强烈的责任、坚定的信心、有力的措施，推进马铃薯产业开发，引领农业发展方式转变。

二、推进马铃薯产业开发的思路原则和目标

（一）总体思路

深入贯彻党的十八大、十八届三中、四中、五中全会和习近平总书记系列重要讲话精神，实施新形势下国家粮食安全战略，推进农业供给侧结构性改革，牢固树立“营养指导消费、消费引导生产”的理念，加大政策支持，加强基础建设，依靠科技创新，改进物质装备，加快马铃薯主粮产品的产业开发，选育一批适宜主食加工的品种，建设一批优质原料生产基地，打造一批主食加工龙头企业，培养消费者吃马铃薯的习惯，推进马铃薯由副食消费向主食消费转变、由原料产品向加工制成品转变、由温饱消费向营养健康消费转变，培育小康社会主食文化，保障国家粮食安全，促进农业提质增效和可持续发展。

（二）基本原则

——不与三大谷物抢水争地。充分利用北方干旱半干旱地区、西南丘陵山区、南方冬闲田的耕地和光温水资源，因地制宜扩大马铃薯生产。处理好马铃薯与水稻、小麦、玉米三大谷物的关系，不与水稻、小麦和玉米抢水争地，构建相互补充、协调发展的格局。

——生产发展与整体推进相统一。发展两端，带动中间，逐步完善产业链。既要稳定种植面积，依靠科技进步，选育新品种，推广脱毒种薯和配套栽培技术措施，提高单产和改善品质；又要注重产品开发、工艺研发、装备改进，延长产业链条，实现加工转化增值。

——产业开发与综合利用相兼顾。马铃薯是粮经饲兼用作物，既要开发主食产品，使马铃薯逐渐成为居民一日三餐的主食；又要拓宽马铃薯功能，广泛用于饲料、造纸、纺织、医药、化工等行业，实现营养挖潜、加工增值。

——政府引导与市场调节相结合。发挥政府规划和政策引导作用，集约资源、集中项目、集聚力量，加大财政投入，改善生产条件，扶持育繁推、产加销一体化龙头企业。更要充分发挥市场对资源配置的决定性作用，以企业为主体，推进马铃薯主食产品开发，科学引导主食消费，提高市场供应水平和企业竞争力。

——统筹规划与分步实施相协调。做好顶层设计、整体规划、梯次推进。对重点人群、重点地区、重点产品先行先试。新品种新技术要遵循先试验、后示范、再推广的程序，新产品新工艺要由家庭烹饪、小规模烹制到工厂化生产逐步推进，消费引导要从家庭、餐厅食堂、到全社会逐次推开。

（三）发展目标

到2020年,马铃薯种植面积扩大到1亿亩以上,平均亩产提高到1 300 kg，总产达到1.3亿吨左右；优质脱毒种薯普及率达到45%，适宜主食加工的品种种植比例达到30%，主食消费占马铃薯总消费量的30%。

三、推进马铃薯产业开发的重点任务

马铃薯产业开发是一项系统工程，需要统筹谋划，突出重点，加力推进，确保取得实效。

（一）以资源禀赋为前提，优化主食产品原料布局。综合考虑各地水土资源条件、农业区划特点、生产技术条件和增产潜力等因素，按照发挥比较优势、分区分类指导、突出重点领域的原则，优化生产布局，增加主粮产品开发的原料。东北地区，因地制宜扩大马铃薯种植，加强基础设施建设，发展全程机械化生产，加强晚疫病防控，提高脱毒种薯生产能力，建设贮藏设施。

华北地区，重点在干旱半干旱区，以及地下水严重超采区，发展雨养农业和节水农业，改善生产条件，防治土传病害，提高马铃薯商品性。建设优质脱毒种薯生产基地和多类型贮藏库。西北地区，通过压夏扩秋种植马铃薯，发展旱作节水农业，加强病虫害防控，建设优质脱毒种薯生产基地和多类型贮藏库。西南地区，充分利用得天独厚的生态条件、丰富多样的耕作制度和秋冬春季的空闲田，发展水旱轮作、间套作、高效复合种植，加强晚疫病防控，实现周年生产、周年供应。南方地区，开发利用冬闲田，发展水旱轮作和秋冬季农业，扩大马铃薯种植。

（二）以消费需求为引领，开发多元化主食产品。开发适宜不同区域、不同消费群体、不同营养功能的马铃薯主食产品。大力推进传统大众型主食产品开发，以解决关键环节的技术瓶颈为重点，开发馒头、面条、米粉、面包和糕点等大众主食产品。因地制宜推进地域特色型主食产品开发，重点是开发马铃薯饼、馕、煎饼、粽子和年糕等地域特色主食产品。积极推进休闲及功能型主食产品开发，重点开发薯条、薯片等休闲产品，开发富含马铃薯膳食纤维、蛋白、多酚及果胶的功能型产品。

（三）以品种选育为带动，强化主食产品原料生产技术支撑。选育适宜主食加工的新品种，加快马铃薯种质资源引进，开发利用优异种质资源，推进育种方法创新，利用分子生物学研究成果，结合常规技术，进行品种改良。健全完善脱毒种薯生产与质量控制体系，加强原原种、原种和良种生产，满足生产用种需要。集成推广优质高产高效技术模式，组装轻简化栽培、节水灌溉、水肥一体化、病虫害综合防治、机械化生产等关键技术，推广高产高效、资源节约、生态环保的技术模式，提高生产科技水平和质量效益。

（四）以科技创新为驱动，研发主食加工工艺和设备。研发原料节能处理和环保技术，配套效能比高的原料处理装备，保障原料品质和营养，有效降低能耗和废弃物排放量。研发发酵熟化技术，配套温度、湿度、时间智能化控制设备，改善面团流变学特性，提高发酵熟化效率。研发成型整型仿生技术，加强成型整型关键部件的设计和改造，实现主食产品自动化生产。研发蒸煮烘焙技术，开发主食产品醒蒸一体智能设备和自动化变温煮制设备，实现蒸煮烘焙数字化控制。研发新型包装抗老化技术，配套自动化包装设备，防止主食产品老化、氧化变质。支持企业与科研单位合作，开展主食产品工艺及设备联合攻关。鼓励规模较大、自主创新能力强、拥有核心技术、盈利能力强、诚信度高的加工企业，开发主食产品品牌，增强市场竞争力，打造一批主食加工龙头企业。

（五）以营养功能为重点，引导居民消费主食产品。开展马铃薯主食产品营养功能评价。建立营养功能评价体系。依托国家级、省级科研机构、高等院校和大型龙头企业，建立国家马铃薯营养数据库。开发马铃薯营养功能。评估马铃薯主食产品对不同特征人群的健康功效，结合其营养构成特征，开发不同类型马铃薯主食产品对不同人体的营养和健康功效作用。加强营养功能宣传。建设主食产品消费体验站，指导街道社区、大型超市、集体食堂以及相关企业参与产品消费体验站建设，把产品消费体验站建成为产品消费引导、营养知识科普的互动平台。

四、推进马铃薯产业开发的保障措施

（一）加强协调指导。农业部做好对马铃薯产业开发的统筹协调，加强指导，推进落实。各重点省份要成立协调指导机构，强化指导，落实措施。以区域性中心城市为重点，优化布局、梯次推进，构建上下联动、合力推进的工作格局。

（二）强化政策扶持。完善马铃薯生产扶持政策，落实农业支持保护补贴、农机购置补贴等政策。鼓励各地对马铃薯加工企业实行用地、电、水、气等价格优惠。加大对马铃薯生产的投入，支持种薯生产、贮藏设施建设、标准化生产技术推广、市场与信息服务等环节。积极探索马铃薯产业信贷保障和保险机制，引导金融机构扩大对马铃薯主食产业的信贷支持力度，增加授信额度，实行优惠利率。

（三）加大科研投入。中央、地方财政科技计划要大力支持适宜主食加工的品种选育、主食产品开发基础研究和应用研究，提升科技创新对马铃薯产业发展的驱动能力。推动组建马铃薯主食加工技术及设备研发中心，引导和推动马铃薯加工企业建立科技创新平台和研发基地，鼓励与高校及科研院所联合成立研究开发中心和产业技术创新战略联盟。

（四）搞好产销衔接。加强信息服务平台建设，组织生产经营企业参加各种产销对接活动，扶持各类专业协会及产业联盟发展。探索建立区域性产地批发市场或物流中心，促进产销衔接和市场流通。发展主食产品直接配送，搭建产销直挂平台，推动产销双方建立长期稳定的购销关系。加强马铃薯产销信息的监测统计和分析预警，指导马铃薯跨区域有序流通，增强对市场突发异动的应对能力和调控能力，防止出现“卖薯难”。

（五）健全标准体系。加快制定马铃薯主食产品分类标准，构建符合我国国情、与国际接轨的马铃薯主食产品标准体系，提高标准对产业发展的技术支撑作用。建立和完善马铃薯主食产品加工质量安全控制体系，加快相关企业诚信体系建设，引导和支持企业建立诚信管理制度、严格执行国家和行业标准。建立马铃薯主食产品质量追溯制度，强化马铃薯主食产品的质量监管，提高行业安全管理水平。

（六）加强宣传引导。利用广播、电视、网络、报纸、图书等形式，加大在主流媒体和新兴媒体上的宣传力度，向公众普及马铃薯营养知识、推广主食产品。举办富有特色的马铃薯节、马铃薯营养活动周、产品交易会和营养餐计划推广等活动；举办马铃薯产业开发成就展和制作技术培训，展示马铃薯发展取得的经验和成效，吸引社会力量积极参与马铃薯产业开发。

2016 年 2 月 25 日

附录 4　马铃薯加工业“十三五”发展规划

铃薯加工业“十三五”发展规划（2016—2020），主要根据习近平总书记关于“十三五”规划制定的系列讲话及《中华人民共和国国民经济和社会发展第十三个五年规划纲要》（以下简称国家“十三五”规划纲要）和《中国制造 2025》等精神和原则指导下，由中国食品工业协会马铃薯食品专业委员会组织编制，主要阐明行业企业发展战略、发展方向和发展重点，旨在提升马铃薯加工业发展的质量、水平和效益，指导企业自主创新、调整结构、转型升级、持续健康发展。

一、马铃薯行业“十二五”主要成就和“十三五”面临形势

“十二五”期间，我国马铃薯从种植到加工、消费，全产业链稳步快速发展，我国马铃薯加工骨干企业在结构调整，资源整合，优化配置，技术装备创新、产品开发等方面取得了一系列新进展，继续为保障我国粮食安全、农民致富、引导消费、增加就业、扩大内需、造福消费等方面做出了积极贡献。

（一）“十二五”主要成就和呈现的特点

1. 种植业稳步发展。“十二五”期间，我国马铃薯种植面积和总产量逐年增长，继续保持世界首位。近年，全国马铃薯种植面积已超过 8 500 万亩，总产量约 1 亿吨；通过实施种子工程、农业科技引进与创新和农业综合开发等项目，在全国建立了一批马铃薯改良中心、脱毒中心和快繁基地，我国微型薯年产能力逐年提高，脱毒种薯应用率逐年增加；骨干企业采用茎尖脱毒、微型薯快速微繁、高效水培气雾法生产、种薯质量控制、种薯贮藏、种薯机械化繁种等技术，取得了各自的新进展与成果。

2. 加工产业较快发展。“十二五”期间，马铃薯加工业持续创新快速发展，其中：冷冻薯条生产继续保持较快增长的可喜态势；马铃薯全粉扩大应用、稳健增长；马铃薯薯片等休闲食品市场需求旺盛，生产销售不断扩大；马铃薯主食等新产品开发开始起步。

3. 产业集中度逐步提升。“十二五”期间，我国马铃薯加工业结构调整、技术进步与整个食品行业步伐同步加快，一批具有较强经济实力、竞争能力和技术优势的马铃薯薯条、薯片、全粉、淀粉等骨干加工企业在持续增长的同时，产业集中度逐步提升。

4. 创新能力不断提高。“十二五”期间，我国马铃薯加工食品，新品辈出丰富市场；通过组织实施与马铃薯加工密切相关的食品加工重大科技专项，

马铃薯加工产出率、副产物利用率均有所提高；研发和生产出一批与终端产品对接的高附加值产品，其中马铃薯变性淀粉品种由10多种增加到30多种，延长了产业链、增加了经济效益。

5. 质量标准体系逐渐完善。“十二五”期间，《中华人民共和国食品安全法》及其实施条例颁布实施，经由国家商务部批准，中国食品工业协会马铃薯食品专业委员会组织制定了《SB/T 10631—2011 马铃薯冷冻薯条》《SB/T 10752—2012 马铃薯雪花全粉》《SB/T10968—2013 加工用马铃薯流通规范》行业标准，现已颁布实施。

6. 配料产业多年持续创新。配料产业采用生物酶解技术、二氧化碳萃取技术、微胶囊技术、分子蒸馏与纳米化学等一系列先进技术应用与集成，以及国际先进的分析检测技术和现代化质量管理监控技术体系，继为方便食品创造出中国特色风味数十个单品之后，实现了休闲食品的诸多中西不同品类风味创新。

（二）“十三五”面临形势

“十三五”时期，我国发展仍处于可以大有作为的重要战略机遇期，马铃薯行业要准确把握战略机遇期内涵的深刻变化，更加有效地应对各种风险和挑战，不断开拓创新发展。

1. 我国马铃薯产业地位日益提升，发展进入战略机遇期。

（1）《国家粮食安全中长期发展规划纲要（2008—2020年）》明确将马铃薯作为保障粮食安全的重点农作物，摆在关系国民经济和“三农”稳定发展的重要地位。马铃薯生长耐寒耐旱耐贫瘠，用水用肥较少，水分利用效率高于小麦、玉米等大宗粮食作物，在我国缺水、贫困地区，推进马铃薯产业发展，有利于缓解资源环境压力，改善生态环境，拉动农民脱贫致富，实现产业可持续发展，同时将为马铃薯加工业创造新的发展空间。

（2）马铃薯作为世界公认的继小麦、水稻、玉米之后第四大粮食作物、同时具有粮食、菜肴、工业原料和饲料兼用的重要经济作物，其营养价值高于一般粮食作物，富含维生素、矿物质、膳食纤维等成分，单位面积蛋白质产量分别是小麦的2倍、水稻的1.3倍、玉米的1.2倍，被世界公认为第二面包和地下苹果；美国有报告称全脂奶粉和马铃薯两样即可满足人体营养需要。马铃薯的经济价值和营养价值得到更为广泛的认同与提升。

2. 居民收入提高消费结构升级，为马铃薯加工业供给侧改革提供了较强动力。

2015年全国居民人均可支配收入21 966元，比上年名义增长8.9%，扣除价格因素实际增长7.4%。城镇居民人均可支配收入31 195元，比上年增长

8.2%；农村居民人均可支配收入 11 422 元，比上年增长 8.9%。收入的增长拉动了消费的升级，消费者对于营养健康食品的要求不断增长，促进马铃薯行业深化供给侧结构性改革，满足市场供应，改善我国居民膳食营养结构。

3. 科技进步转型升级，为马铃薯加工业提供了技术支撑。

生物技术、信息技术、自动控制、电子技术、智能制造等新兴技术的推广和应用，将进一步推动马铃薯育种、种植、储运、加工、清洁生产、物流配送消费等领域的技术升级，为马铃薯加工业实现可持续发展提供有力的技术支撑。新一代信息技术与制造业深度融合，形成新的生产方式、产业形态、商业模式和经济增长点。移动互联网、云计算、大数据、生物工程、新能源、新材料等领域取得新突破，智能制造、大规模个性化定制、精准供应链管理、全生命周期管理、电子商务等正在重塑产业价值链体系；我国制造业转型升级、创新发展迎来重大机遇。

4. 经济全球化步伐加快，为马铃薯加工业国际化发展提供了机遇。

随着经济全球化的深入发展，一方面，发达国家先进的马铃薯加工技术和装备、新型产品等加速向中国市场推广，我国马铃薯加工企业引进、吸收和再创新；另一方面，发展中国家、新兴市场国家对马铃薯精深加工产品和技术需求的增加，为我国马铃薯加工业扩大国际市场、开展国际交流与合作创造了有利条件。我国独特的马铃薯资源优势、产业优势在亚太、拉美和非洲地区拥有广阔的市场需求和发展前景。

5. 我国经济发展进入新常态，制造业发展面临新挑战。

（1）原料保障压力增大。随着马铃薯加工业的快速发展，对马铃薯加工原料尤其是高品质加工专用薯的原料需求将不断提升，我国马铃薯总产量虽位居世界首位，但发展水平有待提高。主要表现在：脱毒种薯应用比例和单产水平较低，加工专用薯种缺乏，原料质量参差不齐，加工用种薯筛选、田间种植和收后储存缺乏精细化管理，致使加工原料缺乏，种薯种植健康受到影响，收获及储运装备相对落后，马铃薯储运损失的现象突出，产业化基地建设薄弱，规模化、机械化种植方式仍然不足，马铃薯加工用原料的稳定供应面临挑战。

（2）产业结构仍需调整。我国马铃薯加工业结构需要进一步调整改善，主要表现在：初加工、低附加值产品仍占有较大比例，与人们日常生活密切相关的主副食食品、休闲食品等深加工、高附加值产品与外国存在差距；现代化、规模化的先进加工企业的比例需进一步扩大，高端装备制造业和生产性服务业发展滞后；副产物综合利用研究开发尚未形成市场规模；信息化水平不高，与工业化融合深度不够。

（3）企业自主创新能力有待提升。我国马铃薯加工业，科技研发投入与科技成果产出不足，大大低于发达国家的平均水平。加工关键技术研发和自主创新能力较低，专业人才和团队的培养能力较弱，大型加工机械制作技术水平与外国仍有差距，面对快速增长的消费需求和国外新型产品和先进技术的竞争压力，企业自主创新能力亟待加强。

（4）循环经济产业链需要建设。马铃薯加工业节能减排、资源综合利用的现状距离实现高效、清洁、低碳、循环的绿色制造体系仍有差距，循环经济产业链建设需要加快。

二、指导思想、基本原则、发展理念和发展目标

（一）指导思想

深入贯彻习近平总书记系列重要讲话精神。紧紧围绕国家“十三五”规划纲要，以提高发展质量和效益为中心，深化供给侧结构性改革，扩大有效供给，满足有效需求，坚持创新驱动，科技进步和自主创新，坚持质量为先，结构优化，人才为本，推进马铃薯加工业结构调整和产业升级；发展环境友好、标准健全、安全清洁、优质高效的马铃薯加工产业体系，实现产业健康可持续发展。

（二）基本原则

1. 政策引导，市场主导。加强战略研究和规划引导，完善相关支持政策，为企业发展创造良好环境。激发企业活力与创造力，实现产业与企业健康可持续发展。

2. 优化升级，协调发展。鼓励建设规模化、科学化、集约化、规范化、自动化、智能化、信息化、现代化产业企业生产模式，大力培育集育种、种植、储藏、运输、加工和产品营销、市场消费为一体的马铃薯加工产业集群，切实提高马铃薯产业链各环节的生产、制造能力和协调发展能力。

3. 严格质量，保障安全。认真贯彻执行《中华人民共和国食品安全法》，参照国际标准与规范，结合我国国情，建立统一规范的马铃薯加工产品质量安全检测和监控体系，落实企业主体责任，进一步提升企业自身质量安全管理能力，确保马铃薯加工产品质量安全。

4. 创新驱动，自主创新。大力提高产业与企业自主创新能力，提高创新能力，提高人才培养能力，促进人才优化配置，着力掌握关键核心技术，完善产业链条，形成自主发展能力。积极利用全球资源和市场，形成新的比较优势，提升国际竞争力。

（三）发展目标

坚持创新、协调、绿色、开放、共享的发展理念，按照国家“十三五”

规划纲要目标要求，马铃薯行业发展目标为：

1. 加强马铃薯原料供应，满足马铃薯加工业品质需求。“十三五”期间，马铃薯种植面积扩大到 1 亿亩以上，平均亩产提高到 1 300 kg，总产达到 1.3 亿吨左右；优质脱毒种薯普及率达到 45%，适宜主食加工的品种种植比例达到 30%，主食消费占马铃薯总消费量的 30%（据农业部相关数据）。专用薯种植面积和订单面积分别占 30%和 35%以上。

2. 完善马铃薯储运体系建设，提高资源利用水平。“十三五”期间，在马铃薯主产区新建 10 万吨级马铃薯储运基地 8 ~ 10 家；在马铃薯主要加工地区新建 5 千吨级以上大型气调储库 80 ~ 100 个。基本建成与我国马铃薯加工业相配套的马铃薯储藏及运输体系，储藏运输过程的损失控制在 10%以下。

3. 保持马铃薯加工业增长活力，优化升级造福消费。“十三五”期间，保证消费需求大的马铃薯薯条、薯片等方便休闲食品生产的增长活力，马铃薯薯条年产量达到 50 ~ 60 万吨，马铃薯薯片产量 160 ~ 210 万吨；适度生产马铃薯全粉、淀粉、变性淀粉等加工产品，马铃薯全粉年产能达到 30 ~ 40 万吨，马铃薯淀粉年产量达到 80 ~ 100 万吨，马铃薯变性淀粉产量达 25 万吨；推出马铃薯主食、副食等方便营养配餐食品，马铃薯粉丝粉条产量达 40 ~ 60 万吨，马铃薯主食、菜肴食品、马铃薯泥等马铃薯方便配餐食品、健康食品等新产品，总产量达 10 ~ 15 万吨。“十三五”期间，马铃薯加工业总产值按出厂产值年均增长 10% ~ 15%计算，预期达到 366 ~ 566 亿元。

4. 增强马铃薯产业企业自主创新能力，推动产业迈向中高端水平。“十三五”期间，拥有研发中心的企业占马铃薯加工企业总数的 60%以上，企业研发投入占销售收入的比重提高到 1%以上。马铃薯加工企业持续创新、研发上市满足市场需求的产品能力进一步增强。配料产业向着规模化、特色化发展（地方、菜肴、国际特色），同时向着以市场信息、产品开发与产品应用为一体的综合服务发展。装备制造企业现代化、智能化自主研发制造能力进一步增强。

5. 扩大马铃薯产业集群效应，聚集发展活力。“十三五”期间，规模化马铃薯加工企业实力明显增强，造就一两个有较强竞争力，销售收入超过 50 亿元以上的马铃薯加工骨干企业，培育 30 家以上销售收入达到、超过 3 ~ 6 亿元以上的马铃薯加工企业。加快产业集群发展，打造 3 ~ 6 个分工合作、优势互补、销售收入达 10 ~ 60 亿元以上的马铃薯产业集群。

6. 强化食品安全体系建设，确保马铃薯食品安全有保障。“十三五”期间，全面建立起符合我国国情的市场信用体系和产品安全信息体系，规模以上企业全面建立起 HACCP 管理和控制体系，通过 ISO 9000 质量体系认证和 SC

认证。

7 .适度满足消费需求，开拓更大市场空间。着力提高马铃薯供给侧和需求侧合理匹配能力，顺应人们多层次、多样化的消费需求，创新发展膨化、低温真空油浴薯条、薯片等更健康马铃薯休闲食品，开发马铃薯主食、副食等配餐和方便食品，满足人们由吃得饱向吃得健康转变的消费需求。

8. 提高节能减排综合利用水平，实现科学可持续发展。“十三五”期间，马铃薯加工业加快建立生态环保生产方式，能源和水资源消耗、建设用地、碳排放总量得到有效控制，主要废弃物排放总量大幅减少，能源资源开发利用效率大幅提高，可持续发展模式基本形成。

三、行业重点工作及发展方向

（一）推进现代化种植业模式，强化原料供应保障

1. 提高种植业生产水平。加强马铃薯种薯科学培育，培育高产多抗新品种，配套高产高效技术模式，建立稳固的马铃薯种薯繁育及种植基地，实现马铃薯种植业的种薯脱毒化、品种专业化、种植规模化、管理机械化；大力培育从种薯、种植、储藏、运输、贮存、加工及产品营销为一体的马铃薯加工产业集群，建立健康、优质、稳定、安全的马铃薯原料供应体系。

2. 提升加工原料品质水平。实行加工用马铃薯从品种的选择、种薯的培育、田间的种植管理，肥料、农药的使用，收获、储存、运输各环节实现精细化管理和产品质量控制，带动加工业基础原料的品质提高，切实保障马铃薯加工食品原辅料品质优质和质量安全。

（二）坚持创新驱动提高自主创新能力

1. 创新建立现代化生产模式。实施《中国制造 2025》，以提高制造业创新能力和基础能力为重点，推进信息技术与制造技术深度融合，促进制造业朝高端、智能、绿色、服务方向发展。通过应用大数据、云计算、移动互联网等新一代信息技术，整合各类生产服务信息资源，构建覆盖生产、加工、流通、消费的流通大数据平台，带动生产模式和组织方式变革，形成网络化、智能化、服务化、协同化的产业发展新形态。

2. 加强加工关键技术自主创新。推进符合市场需求和产业发展需要的马铃薯加工关键技术自主创新，提升产业加工技术水平，包括自主设计水平、制造工艺、自动化控制技术、集成技术等，不断提高产品的自动化、智能化、信息化、人性化水平，提升产品品质，提高综合加工利用技术装备设计制造能力，提高关键环节和重点领域的创新能力，实现马铃薯初加工至深加工全面协调可持续发展。

3. 加强装备制造创新。进一步提高国产设备的可靠性、稳定性、成套性，

使得核心技术接近或达到国际先进水平，创新具有独立自主知识产权的新型加工技术和装备。使国产马铃薯加工设备向高效、连续化生产方向发展，实现生产工艺和装备创新双重进展。同时重点发展与马铃薯加工业相关的育、耕、种、管、收、运、贮、加工等主要生产过程使用的先进装备，提高信息收集、智能决策和精准农田作业及精深加工能力。

4. 马铃薯加工业产业链各环节创新方向。种薯企业加大研发力度，多出拥有自主知识产权的新品种，提升供给水平；初加工企业继续提升产品加工水平与品质水平，实现绿色生产，扩大产品应用范围；深加工暨休闲食品企业创新驱动，不断开发营养美味新产品，满足消费引导消费；配料企业持续自主创新，开发天然健康配料、特色风味产品；加工技术设备生产企业向着自动化、智能化、信息化、人性化发展，加强高科技含量的大型加工设备国产化和流行产品生产设备研究；马铃薯科研院所拓宽马铃薯产品开发思维，增强科研实力，进行基础技术开发与推广，大力提高科研水平和推广应用能力。

5. 加强产学研结合。发挥马铃薯研究院所科研基础研究优势，组建高素质工作团队，加强薯类研究中心建设，开展马铃薯抗寒、抗病研究和加工专用品种选育，优化推广符合产业发展需要的周年丰产栽培和周年供应技术。开展马铃薯加工产品研发，建立“专用品种（原料）→专用设备配置→加工产品→市场”的全产业链模式及企业示范，优化马铃薯加工产业发展。

（三）强化质量管理推进品牌建设提升企业综合竞争力

1. 加快提升产品质量。支持企业提高质量在线监测、在线控制和产品全生命周期质量追溯能力，推广采用先进加工方法、在线检测装置、智能化生产和物流系统及检测设备等，实施覆盖产品全生命周期的质量管理、质量自我声明和质量追溯制度，保障重点消费品质量安全，使马铃薯加工产品质量达到国际同类产品先进水平。

2 .增强企业竞争力。培育和扶持一批规模较大、自主创新能力较强、拥有核心技术、盈利能力强、诚信度高的马铃薯加工企业，提升我国马铃薯加工企业的市场竞争力和综合竞争力。

3 .推进制造业品牌建设。建设品牌文化，引导企业增强以质量安全和信誉诚信为核心的品牌意识，树立品牌消费理念，提升品牌附加值和软实力。加大中国品牌宣传推广力度，树立中国制造品牌良好形象。

（四）推行绿色制造实施可持续发展战略

1. 积极构建绿色制造体系。打造绿色供应链，加快建立以资源节约、环境友好为导向的采购、生产、营销、回收及物流体系，落实生产者责任延伸制度。建立健全马铃薯加工产业节能、节水、节地、节材等标准体系，加快马铃薯加工业节能、降耗、减排工作的推进力度，加强节能环保技术、工艺、装备推广应用，加快应用环保高效的马铃薯清洁生产、加工、处理技术，确保废弃物排放和节能降耗达到国家相关标准要求。

2. 推进资源高效循环利用。大力发展循环经济，增强绿色精益制造能力，加快废弃物资源化利用，鼓励企业开展马铃薯加工废水、废渣处理工艺技术和装备的研究，通过马铃薯秸秆还田再利用，建立薯渣、薯皮加工线，副产物研究制作生物有机肥，带动周边农牧业发展，提取利用马铃薯加工废水、废料中蛋白质、膳食纤维、果胶等成分，进一步延伸产业链条，提高资源综合利用水平，促进产业可持续健康发展。

（五）推动产业结构调整

1. 加快区域协调发展。根据我国各地资源优势、环境与市场容量，加工企业发展的条件等因素，鼓励企业跨区域整合，发挥区域优势。马铃薯主产区及其周边地区，重点完善马铃薯收购、储运销售与流通体系，适度发展马铃薯全粉和淀粉加工；在城市区域及其周边地区，发展高附加值的薯片、薯条等休闲食品、新产品，开发马铃薯主食、菜肴等多样化方便食品。

2. 促进产业链上下游各企业协同发展。支持企业间战略合作，优化行业组织结构，提高产业集中度，促进企业信息化、智能化集成应用，建立完善的原料供给和产业链上下游合资、合作体系，产业链各企业通过合作式、托管式、订单式等多种服务形式，建立协同创新、合作共赢的协作关系。

3. 优化加工产品构成。支持行业企业通过关键环节改造，关键技术装备升级，优化加工产品构成，全面提升加工品设计、制造、工艺水平，促进产业向着附加值高的深加工产品发展，推广新技术、新工艺、新装备的研发及应用，提高企业的技术水平及效益。

（六）建设完善现代化的马铃薯储运物流与市场营销体系

1. 强化储运体系基础能力。加快马铃薯产地预选分级、加工配送、包装仓储等基础设施建设，在马铃薯种植比较集中的地区建立大型马铃薯气调储藏仓库，重点用于储藏品质优良的马铃薯种薯和加工专用薯，减少原料损失，确保马铃薯加工基础原料的稳定供应。

2. 发展新型物流体系。在马铃薯主要产区，采取直采、直供、直销，扩大农企、农批、农超对接等产销衔接方式；有条件的地区运用现代先进技术装备手段，建设具有集中采购和跨区域配送能力的马铃薯冷链物流集散中心；建设国内国际通道联通、区域城乡覆盖广泛、枢纽节点功能完善、运输服务一体高效的综合交通运输体系，发展智慧物流，建立及完善公共物流信息平台，统一协调马铃薯运输的计划提包、受理、车辆分配、运输费用等具体事务，推动马铃薯原料的采购、储运服务，降低储运成本。建立覆盖马铃薯生产、加工、运输、储存、销售等环节的全程物流体系。

3. 建立现代化营销体系。马铃薯产业链各相关企业在原有市场营销体系框架基础上，实施“互联网+”行动计划，鼓励生产基地、原料供应商、生产企业、金融机构、仓储库房、公路运力等各方面，整合资源，互联互通，形成覆盖全国的马铃薯原料、初加工、深加工产品在线供应链平台，实现区域产销对接、跨国产销对接，各类电商、物流、商贸流通、金融等企业，参与平台建设和运营，推动智慧型马铃薯产业发展。

四、促进我国马铃薯加工业发展的政策建议与支撑条件

（一）加强政策指导

国家有关部门加强对马铃薯产业的支持保障力度，为行业发展创造有利的政策环境。加强马铃薯产业发展战略、规划、政策、标准等制定和实施，强化行业自律和公共服务能力建设，提高产业治理水平，完善政产学研用协同创新机制，促进科技成果资本化、产业化，激发制造业创新活力，推进技术开发和市场开发，促进行业整体能力不断增强。

（二）拓宽马铃薯产业融资渠道

拓宽马铃薯产业融资渠道，创新融资方式，降低融资成本，带动更多社会资本参与投资，引导风险投资、私募股权投资、各类创业基金、产业投资、新三板等融资方式支持马铃薯企业创新发展。

（三）加大对马铃薯加工产业的财政补贴和扶持力度

加大对马铃薯产业的支持力度，借鉴国外发达国家和地区给予马铃薯加工业的多种优惠政策，国家财政资金加大对马铃薯种薯培育、繁育，加工产业和产业集群公共服务平台建设、企业技术改造、节能减排、清洁生产、重点装备自主化和自主品牌建设等重点项目给予支持的力度。扩大马铃薯脱毒种薯原种生产补贴和高产创建示范规模，加强马铃薯种薯知识产权保护力度，扶持马铃薯种植业发展，提高马铃薯产量，保障原料供给。加大对马铃薯仓贮能力建设的支持力度，保障薯业增产增效。特别针对贫困地区的马铃薯产业，给予重点扶持和贷款贴息支持。实施有利于马铃薯加工业转型升级的税收政策，完善企业研发费用计核方法，切实减轻企业税收负担。落实和完善支持小微企业发展的财税优惠政策，优化中小企业发展专项资金使用重点和方式。

（四）强化马铃薯加工科技创新体系建设和人才培养

多种渠道加大马铃薯加工业的科技投入，增强企业自主创新能力，完成相关重大关键技术项目和关键设备的研发工作，实现一批具有自主知识产权

的马铃薯加工技术装备和产品开发产业化、市场化。营造培育吸引专业人才的环境和条件，强化马铃薯加工业各层次人才的培养，造就马铃薯产业发展所需多种的需要，优秀人才的成长。支持马铃薯加工领域国家重大科研工程、公共实验测试平台、工程试验中心、基础研究平台、博士后工作站的建设力度，打造马铃薯加工科技创新平台和研发基地。加强马铃薯加工领域的国际交流与合作，在引进、消化和吸收国外先进加工技术、加工装备的基础上，提升自主研发代替进口的水平和比例。

（五）鼓励兼并重组和淘汰落后产能

鼓励经营规模大、带动能力强的马铃薯加工龙头企业，遵循资源配置和市场规律，继续在流动资金、债务核定、职工安置等方面给予支持。支持企业间战略合作和跨行业、跨区域兼并重组，提高规模化、集约化经营水平，建立协同创新、合作共赢的协作关系。综合运用法律、经济、技术及必要的行政手段，加快淘汰落后产能，优化产业结构。

（六）推进企业质量体系建设

深入推进马铃薯加工企业质量体系建设，推广产品质量安全控制系列关键共性技术，引导和支持企业实施覆盖产品全生命周期的质量管理、质量自我声明和质量追溯制度。开展质量管理小组、现场改进等群众性质量管理活动示范推广活动。加强中小企业质量管理，开展质量安全培训和辅导活动，健全社会化监管机制，强化互联网交易监管。引导和支持企业建立诚信管理制度，做好基础设施建设，吸引社会资源向诚信企业倾斜。

（七）发挥行业组织作用充分

发挥行业组织作用，进一步做好对马铃薯加工业相关信息的统计和发布工作，构建多种形式和多种渠道的信息发布平台，及时反映行业企业发展动态，根据行业企业发展需求组织制定行业标准，向政府等有关部门提出发展建议，引导行业企业持续健康发展

中国食品工业协会马铃薯食品专业委员会

2016 年 5 月

附录 5　2019 年全国马铃薯生产技术指导意见（2019）

农业农村部薯类专家指导组全国农业技术推广服务中心

我国马铃薯主产区包括北方一作区、中原二作区、西南一二季混作区和南方冬作区。为科学指导马铃薯绿色生产，农业农村部薯类专家指导组会同全国农业技术推广服务中心提出 2019 年全国马铃薯生产技术指导意见。

一、北方一作区

植面积约占全国的 46%，又分为东北、华北和西北一季作区。东北一季作区包括黑龙江、吉林、内蒙古东部和辽宁北部，华北一季作区包括内蒙古中西部、山西和河北北部，西北一季作区包括甘肃、青海、宁夏、新疆和陕西北部。北方一作区播种期为 4 月下旬到 5 月中下旬，以旱作为主，除黑龙江和吉林以外，都属于干旱或半干旱地区，干旱是制约该区马铃薯产量提高的主要因素。

（一）品种选择及种薯处理

1. 品种选择

北方一作区适合种植晚熟或中晚熟品种，可根据市场需求适当搭配早熟品种和加工型品种。有灌溉条件的地区选择抗病、高产和优质品种，无灌溉条件地区还应注意品种的抗旱性。东北地区要特别注意选择抗晚疫病的品种，华北和东北地区以中晚熟品种为主，西北地区以晚熟品种为主。华北、西北干旱和半干旱地区在品种选择上要优先选择抗旱、耐瘠和优质的品种。

2. 种薯处理

采用脱毒种薯。播种前 10 ~ 20 天出窖（库），逐渐提高温度至 15 ~ 20 °C 下催芽，芽长 0.5 ~ 1 cm，散射光下壮芽。切种应切成立体形状，切忌切成片状，切刀用 75%的酒精或 0.3% ~ 0.5%的高锰酸钾水溶液浸泡消毒。每个切块重 25 ~ 35 g 为宜，保留两个以上完整芽眼，种薯生理年龄老、播种地块地温低或者阴湿不宜切块播种。切块用杀真菌剂和杀细菌剂拌种。

（二）选地及整地

选择沙质土壤，且轮作倒茬三年以上未种过马铃薯及其他茄科作物的地块，前茬作物未使用过咪唑乙烟酸、氟磺胺草醚、氯嘧磺隆、甲磺隆、异恶草松等除草剂。

清理前茬根茬、残膜等杂物，机械深耕 30cm 以上，整平磨细。随耕翻整地亩施充分腐熟农家肥 2 ~ 3 吨或适量商品有机肥作基肥，配合施用微生物菌剂等。

（三）适期播种

通常在晚霜前 30 天左右播种，华北（内蒙古中部和河北坝上）以 4 月底至 5 月中旬播种为宜，西北甘肃和青海 4 月中旬至 5 月中旬，陕西榆林 5 月下旬至 6 月初，东北地区一般 4 月中旬至 5 月中旬。华北和西北具备浇水条件地块提倡膜下滴灌水肥一体化种植。

根据品种、土壤肥沃程度和种植目的确定密度，一般早熟品种每亩 4 000 ~ 4 500 株、晚熟品种 3 000 ~ 3 500 株、中晚熟品种 3 500 ~ 4 000 株为宜，肥沃土壤种植密度适当小一些，贫瘠土壤适当增加种植密度。淀粉加工品种植密度适当大一些，以每亩 4 000 ~ 4 500 株为宜；薯片加工品种控制薯块直径 5 ~ 9 cm 为宜，一般密度每亩 4 500 株；薯条加工品种要求大薯率高，一般密度每亩 3 500 ~ 3 700 株为宜。一般亩茎数控制在 9 000 ~ 12 000 个为宜。

（四）田间管理

1. 除草

除草剂分为苗前和苗后使用两类，播后出苗前可使用二甲戊灵、砜嘧磺隆等，出苗后可使用 23.2%砜・喹・嗪草酮等。严格按除草剂使用说明使用，必须做到“两个准确”，即田块面积准确和计算药量准确。有机质含量高的粘土对除草剂有吸附作用，用药量要适当增加，反之瘦田和沙性土壤用药量要酌情减少。北方风大的地区，可在除草剂溶液中加入 1% ~ 2%洗涤剂或洗衣粉，以提高除草剂在地表的吸附力，减轻除草剂损失。

2. 中耕培土与水肥管理

可机械化灌溉作业的地块，一般在萌芽期中耕培土时铺设滴管，生长期视降雨情况滴灌补水 4 ~ 6 次，灌水量视当地降雨情况而定。华北和西北干旱少雨通常需补水 4 ~ 5 次，东北地区降雨量较多，土壤保水性好，一般灌水 2 ~ 3 次。通过水肥一体化作业施肥，采用少量多次施用的原则，以减少化肥流失。前期为了促进植株生长适当多施氮素肥料，钾肥应早施，高产田根据土壤微量元素情况，适当补充镁、锌、钙肥。所有肥料应选择水溶性化肥，防止毛管堵塞。

无灌溉条件旱地建议覆膜，膜上盖土播种，以减少田间蒸发，不覆膜地块一般中耕培土两次为宜，第一次在苗高 5 ~ 10 cm 时进行，培土厚 3 ~ 4 cm；第二次在现蕾前进行，培土厚 6 cm 以上为宜。

3. 病虫害防治

采取综合防治策略，东北晚疫病发生较重地区，除了选择抗晚疫病品种外，可采取大垄栽培措施，将垄距扩大到 90 cm，降低田间湿度同时加厚培土层，可减轻晚疫病危害。根据降雨情况进行化学防治，预防性药剂主要有代森锰锌、丙森锌等，田间出现中心病株后喷药，视降雨情况确定防治次数，一般间隔 7 ~ 10 天防治一次，不同种类药剂轮流使用效果较好，切忌一种药剂连续使用。

内蒙古中部和河北坝上由于种薯调运不科学，土传病害有加重发生的趋势，可通过轮作和使用洁净种薯措施，结合药剂拌种、播种沟施药和生长期根外施药等化学方法防治。常用药剂如咯菌腈等。

地下害虫通过药剂拌种、沟施或与肥料混合施用效果好，马铃薯二十八星瓢虫、蚜虫等地上害虫可采用高效氯氰菊酯、吡虫啉等进行防治。虫害严重需要多次防治时要注意不同药剂轮流使用。

（五）适期收获

北方马铃薯都是在初霜后植株受冻枯萎时收获，机械收获需在收获前一周进行机械杀秧，促进薯皮老化。收获时避免机械损伤、风吹雨淋、暴晒和受冻，并剔除病、烂薯，以利贮藏运输。

（六）科学贮运

入窖前清除上年残存在地表的渣滓，地面喷施杀菌剂，窖内药剂熏蒸以彻底消毒杀菌，密闭一周后进行通风。马铃薯应在入窖前预贮 10 天左右，使薯皮老化，降低薯块温度，减弱呼吸作用，剔除病薯烂薯。贮藏量应控制在窖（库）容的 2/3。入窖初期应迅速将窖内温度降到 10 ~ 13 °C，并维持 15 ~ 20 天，之后窖温应逐渐降至 2 ~ 4 °C，相对湿度保持在 85% ~ 93%。贮藏过程中要适当通风调节库内二氧化碳浓度和温、湿度，运输过程中要注意防挤压和冻伤等损害。

二、中原二作区

该区包括山东、河南、江苏、浙江、安徽、江西，以及辽宁、河北、山西和陕西的南部，湖北、湖南的东部等区域。区域内马铃薯一年两季种植，以春季为主，秋季为辅。

（一）优选良种

根据品种熟性、茬口安排、上市时间合理确定种植时间。该区种植品种最好选择中早熟抗病毒病品种。选购种薯时，选择优质脱毒种薯。

（二）整地施肥

播种前，每亩撒施商品有机肥 100 kg+100 kg 三元复合肥（17-10-18）+

20 kg 硅钙肥，耕匀耙细。有机肥要充分腐熟，提倡应用水肥一体化技术，提高水肥利用率。

（三）适期播种

1. 种薯处理

药剂拌种：选用适合药剂拌种，拌匀晾干，堆放。

切块催芽：每亩需种薯 150 kg 左右。播前 20 ~ 25 天将种薯置于温暖有阳光的地方晒种 2 ~ 3 天，剔除病薯、烂薯，然后进行切块。切块时螺旋式向顶端斜切，最后按顶芽一分为二或一分为四，确保每块种薯有 1 ~ 2 个芽眼，重量 25 ~ 30 g。切块后晾干伤口，用适合药剂拌种，在 18 ~ 20 °C 的室内采用层积法催芽，待芽长到 2 cm 左右时，放在散射光下晾晒，芽绿化变粗后播种。

2. 适期播种

中原二作区跨度大，播种时间有差异大，种植模式多样。从南到北播种期为 1 月下旬到 3 月中旬，各地要根据温光条件、种植茬口等合理确定播期。

（四）田间管理

1. 及时破膜放苗

及时放苗，避免灼伤幼苗。推荐采用“膜上覆土技术”，即在马铃薯芽距离地膜 2 ~ 3 cm 时，覆土 3 cm 左右。

2. 加强设施栽培温度管理

块茎膨大最适土温是 17 ~ 20 °C，达 25 °C 时块茎生长受阻。中原二作区后期气温上升快，应根据棚内温度，决定通风口的大小和通风时间的长短，同时也要注意倒春寒的影响，注意防寒。

3. 强化水分管理

出苗后尽早管理，看天看地看苗浇水。推荐浇水采用膜下滴灌。齐苗后浇水一次，团棵期浇水一次后稍微控水，促使由茎叶生长转入块茎生长，落蕾后采取小水勤浇，保障薯块快速膨大对水分的需求。雨水过多时，要及时排水。收获前 10 天停止浇水，促使薯皮老化，减少损伤。

4. 及时追肥

团棵期叶面喷施海藻肥或腐殖酸肥促进发棵，马铃薯落蕾后分两次各冲施 10 kg 高钾全水溶肥。结合防病喷药，可每次添加磷酸二氢钾 100 g，防止叶片早衰。

5. 病虫害防治

重点防控晚疫病，自团棵期开始，每隔 7 天喷施 1 次药剂防治晚疫病。发现病株后，立即将病株除掉，远离田间深埋，并在周围撒施生石灰。

（五）适期收获

早春马铃薯要结合市场行情合理安排，分级、包装销售。以高产为目标的地块，待马铃薯叶色由绿逐渐变黄转枯，块茎脐部与着生的匍匐茎容易脱离，块茎表皮韧性较大、皮层较厚、色泽正常时收获。

（六）科学贮运

二作区马铃薯一般是放在冷库中贮藏，贮藏前要严格挑选，去除病、烂、受伤及有麻斑和受潮的不良薯块，在冷库中堆藏或装箱堆码，温度控制在 3 ~ 5 °C，相对湿度 85% ~ 90%。早春马铃薯一般采用纸箱包装或塑料袋包装，运输时注意防止强光、潮湿和高温。

三、西南一二季混作区

该区包括云南、贵州、四川、重庆、西藏等省（区、市），以及湖北西部、湖南西部、陕西南部地区，种植面积约占全国的 40%。区域内地势复杂、海拔高度变化大，立体气候决定马铃薯一年四季均可种植，周年生产、周年上市特点突出，以一季作（大春作）为主，春（小春、早春）秋二季作为辅，冬作发展迅速。

（一）选择优良品种和健康种薯

各地要因地制宜，根据种植季节、种植制度和市场需求选择优质、抗病、稳产、高产、专用型品种。

（二）整地施肥

前茬收获后深耕细整地，耕深以打破犁地层为原则，一般为 30 cm 左右。播种前再利用微耕机、旋耕机等机具或牲畜力量实施浅耙作业。

施肥做到精确定量、有机无机结合，最好采用测土配方施肥。播前亩施农家肥 1 500 ~ 2 000 kg、钙镁磷肥 15 ~ 30 kg，浅耙作业前施入，高浓度复合肥（氮磷钾含量为 15-15-15 或以上，低浓度复合肥酌情增加）40 ~ 80 kg 作底肥一次性施用。播种时，化肥不要与种薯直接接触。川渝山区要特别注意施用石灰、土壤调理剂、碱性肥料等进行土壤改良。

（三）适期播种

高海拔地区（西藏、云贵高原海拔 2 200 米以上，武陵山区、秦巴山区海拔 1 000 米以上）大春马铃薯，一般 2 月 ~ 3 月底播种，海拔越高播种越晚。偏高海拔一般净作，采用单垄单行、大垄双行、平播后起垄等方式种植；偏低海拔一般套作，2 行马铃薯套 2 行玉米。

低海拔地区（云贵高原海拔 1 200 米以下，其他区域 500 米以下）冬季马铃薯，每年 11 月中旬左右播种，2 月 ~ 3 月收获，一般采用高垄双行大密度模式（5 000 株/亩）。

中海拔地区（云贵高原海拔 1 200 ~ 2 200 米，其他区域海拔 500 ~ 1 000 米）一年两季作物，为小春马铃薯-夏季水稻，或夏季玉米-秋季马铃薯模式（4 000 ~ 4 500 株/亩）。小春马铃薯一般在 12 月底到翌年 1 月末播种，4 ~ 6 月收获，一般采用大垄双行地膜覆盖方式，种植密度中等；秋作马铃薯一般在 7 月下旬 ~ 8 月完成播种，海拔越低秋播越晚，常采用免耕种植方式，种植密度小（3 000 ~ 4 000 株/亩）。

尽量采用机械化播种，一次完成开沟、施肥、播种、覆土、镇压等多项作业。

（四）田间管理

1. 除草

出苗后主要采用人工除草和化学除草两种方式。人工机械除草配套使用旋耕、中耕培土等措施。除草剂分为苗前（土壤封闭）和苗后茎叶喷施，苗前选择合适的除草剂喷施到土层表面，苗后除草在马铃薯出苗（3 ~ 5 叶期）后、杂草 1 ~ 5 叶期时根据杂草种类选用除草剂，在行间近地面喷施，尽量避开马铃薯植株。

2. 肥水管理

水分管理：大春马铃薯种植区为雨养农业，要注意清沟排渍防控涝灾。小春马铃薯和冬、秋作马铃薯生产存在季节性干旱，须有灌溉条件，可采用膜下滴灌、喷灌、垄作沟灌等高效节水灌溉技术和装备，按马铃薯需水需肥规律，适时适量灌溉施肥，实现水肥一体化。

中耕施肥：大春马铃薯，在苗期根据苗情、结合中耕培土亩追施尿素 5 ~ 15 kg。建议采用高地隙中耕施肥培土机具或轻小型田间管理机械作业。小春和冬、秋马铃薯建议采用大垄双行地膜覆盖栽培技术，免去中耕操作。

3. 病虫害防治

大春马铃薯播种时选择合适药剂拌种，生长季节应用马铃薯晚疫病监测预警系统，生长前期喷施保护性药剂代森锰锌进行预防，发病初期喷施治疗性药剂进行防治 3 ~ 6 次，注意药剂轮换交替使用。其他季节马铃薯视晚疫病发病气象条件，及时药剂防治。对青枯病、疮痂病、粉痂病等土传性病害，选择合适药剂进行土壤或种薯处理，发病初期喷施或浇灌合适药剂进行连续防治 2 ~ 3 次。对地下害虫，地老虎、蛴螬、蝼蛄、金针虫和黄蚂蚁采用拌毒土或毒饵防治。

（五）适期收获

大春马铃薯一般在 7 月 ~ 9 月成熟，成熟时恰逢雨季，不宜机械化收获，只能在晴天人工抢收上市。用于冬作、小春作种薯的需早收，尽快运到冬作和小春作区催芽处理；用于下季大春种薯的，可推迟收获，待雨季过后，采用收获机收获。其他季节马铃薯的收获可根据市场价格变化情况。机械化收获需在成熟后或杀秧后。

（六）科学贮运

大春马铃薯的收获从 7 月延续到 12 月，7 月 ~ 9 月收获的鲜薯应立即上市。供应冬作和小春用的种薯需要就地短期储藏，若恰逢雨季，注意收获时不要沾上雨水，选择通风、阴凉、避光的地方储藏，且密切关注块茎蛾存在。10 月 ~ 12 月收获的鲜薯和种薯一般需要长期储藏，储藏地要预先清理干净，并进行灭菌、消毒。同时做好防鼠准备。

小春和冬、秋季收获的马铃薯一般不需要储藏，收获后的薯块须依据收购商的要求分级、精选装箱或装袋，装卸轻拿轻放，运输车辆箱体铺草席减机械损伤。

四、南方冬作区

包括广东、福建和广西等无霜期在 300 天以上的省区及其他相关地区。

（一）品种选择及种薯处理

选用优质和适合鲜食出口的早熟和中熟品种，采用健康脱毒种薯。播种前 1 ~ 2 天，对种薯进行切块，每个切块最适宜重量为 25 ~ 30 g，每个切块须带 1 ~ 2 个芽眼。切块应呈三角形、楔状。切块后 30 min 内，用 70%甲基硫菌灵可湿性粉剂和其他适合药剂等混合粉剂拌匀，均匀拌于种薯切面，晾干待播。

（二）整地施肥

栽培田土质以富含有机质、肥力较高、排灌方便、土层深厚、微酸性且前作为水稻的沙质壤土最为适宜。避免与番茄、烟草、辣椒和茄子等茄科作物轮作。按 110 cm 包沟起垄，其中垄面宽 85 ~ 90 cm，垄面高 20 ~ 25 cm，垄间沟宽 20 ~ 25 cm。耕整土地前，先将腐熟有机肥（400 kg/亩）和 50%化肥（总化肥用量 120 ~ 150 kg，至少纯氮 16 kg，纯氮：五氧化二磷：氧化钾=1∶0.5∶2）撒施全田。起垄播种前，再将另 50%化肥、3 ~ 5 kg/亩硫酸镁和 0.5 ~ 1.0 kg/亩硼砂于垄中开沟集中沟施，沟深 10 ~ 15 cm。

（三）适期播种

10 月 20 日 ~ 11 月 20 日晚稻收获后播种。采用单垄双行“品”字形错株播种，播种深度 5 ~ 8 cm，株距 22 ~ 25 cm，每亩播种 4 500 ~ 5 500 穴左右，亩用种约 125 ~ 150 kg。播种后垄面覆盖 0.01 毫米以上厚度的黑色地膜，地膜幅宽 100 ~ 120 cm，两边拉紧、用土盖严，覆土厚度约 2 ~ 3 cm。

（四）田间管理

播种后 7 天内喷施 50%乙草胺乳油 300 倍液等定向喷雾。对于出苗后种植垄边的杂草，结合培土人工除草，或者用高效氟吡甲禾灵等药剂在杂草 3 ~ 4 叶期定向喷雾。齐苗后封行前至少培土 1 次，厚度约 3 ~ 5 cm。全生育期保持田间持水量 60% ~ 80%。土壤干旱时，采用沟灌办法润土，灌水高度约垄高的 1/3 ~ 1/2，保留数小时，垄中间 8 ~ 10 cm 深处土壤湿润时及时排水。若结薯中期营养不足，可结合病害防治，每隔 7 ~ 10 天喷施 2 ~ 3 次磷酸二氢钾，促进薯块膨大。

主要病害为晚疫病。晚疫病防治以预防为主、化学药剂防治为辅。雨季来临前（1 月中下旬）3 ~ 5 天开始喷药，每隔 7 ~ 10 天喷一次，一般喷 3 ~ 4 次，先用保护剂 1 ~ 2 次，后用治疗剂，两种药剂交替使用。发现中心病株及时拔除，并带出田销毁。（保护剂：72%霜脲·锰锌、50%烯酰吗啉、代森锰锌等；治疗剂：霜脲·锰锌、烯酰吗啉、丁子香酚、嘧菌酯、氟菌·霜霉威等。）

（五）适期收获

依据成熟度以及市场等因素确定。选择晴天或晴间多云天气收获。收获前土壤湿度控制在 60%以下，保持土壤通气环境，防止田间积水，避免收获后烂薯，提高耐贮性。收获后晾干表皮水汽，避免烈日暴晒、雨淋。及时包纸或套袋，装箱出售。

（六）科学贮运

马铃薯收获后晾干表皮水汽，使皮层老化。贮存场所要宽敞、阴凉、通风，堆高不要超过 50 cm，晾干水汽，不要有直射光线（暗处）。也可视市场行情，晴天随收、随挑、随装、随售，薯块最好包纸或套袋，要避免薯块见光变绿，影响商品率和品质。运输时注意防止强光、潮湿，避免青头，擦伤。

附录 6 《中国的粮食安全》白皮书（2019）

中国的粮食安全

（2019 年 10 月）

中华人民共和国国务院新闻办公室

前言

民为国基，谷为民命。粮食事关国运民生，粮食安全是国家安全的重要基础。新中国成立后，中国始终把解决人民吃饭问题作为治国安邦的首要任务。70 年来，在中国共产党领导下，经过艰苦奋斗和不懈努力，中国在农业基础十分薄弱、人民生活极端贫困的基础上，依靠自己的力量实现了粮食基本自给，不仅成功解决了近 14 亿人口的吃饭问题，而且居民生活质量和营养水平显著提升，粮食安全取得了举世瞩目的巨大成就。

党的十八大以来，以习近平同志为核心的党中央把粮食安全作为治国理政的头等大事，提出了“确保谷物基本自给、口粮绝对安全”的新粮食安全观，确立了以我为主、立足国内、确保产能、适度进口、科技支撑的国家粮食安全战略，走出了一条中国特色粮食安全之路。中国坚持立足国内保障粮食基本自给的方针，实行最严格的耕地保护制度，实施“藏粮于地、藏粮于技”战略，持续推进农业供给侧结构性改革和体制机制创新，粮食生产能力不断增强，粮食流通现代化水平明显提升，粮食供给结构不断优化，粮食产业经济稳步发展，更高层次、更高质量、更有效率、更可持续的粮食安全保障体系逐步建立，国家粮食安全保障更加有力，中国特色粮食安全之路越走越稳健、越走越宽广。

粮食安全是世界和平与发展的重要保障，是构建人类命运共同体的重要基础，关系人类永续发展和前途命运。作为世界上最大的发展中国家和负责任大国，中国始终是维护世界粮食安全的积极力量。中国积极参与世界粮食安全治理，加强国际交流与合作，坚定维护多边贸易体系，落实联合国 2030 年可持续发展议程，为维护世界粮食安全、促进共同发展作出了积极贡献。

为全面介绍中国粮食安全成就，增进国际社会对中国粮食安全的了解，特发布本白皮书。

一、中国粮食安全成就

中国人口占世界的近 1/5，粮食产量约占世界的 1/4。中国依靠自身力量端牢自己的饭碗，实现了由“吃不饱”到“吃得饱”，并且“吃得好”的历史性转变。这既是中国人民自己发展取得的伟大成就，也是为世界粮食安全作出的重大贡献。

（一）粮食产量稳步增长

——人均占有量稳定在世界平均水平以上。目前，中国人均粮食占有量达到 470 kg 左右，比 1996 年的 414 kg 增长了 14%，比 1949 年新中国成立时的 209 kg 增长了 126%，高于世界平均水平。

——单产显著提高。2010 年平均每公顷粮食产量突破 5 000 kg。2018 年达到 5 621 kg，比 1996 年的 4 483 kg 增加了 1 138 kg，增长 25%以上。2017 年稻谷、小麦、玉米的每公顷产量分别为 6 916.9 kg、5 481.2 kg、6 110.3 kg，较 1996 年分别增长 11.3%、46.8%、17.4%，比世界平均水平分别高 50.1%、55.2%、6.2%。

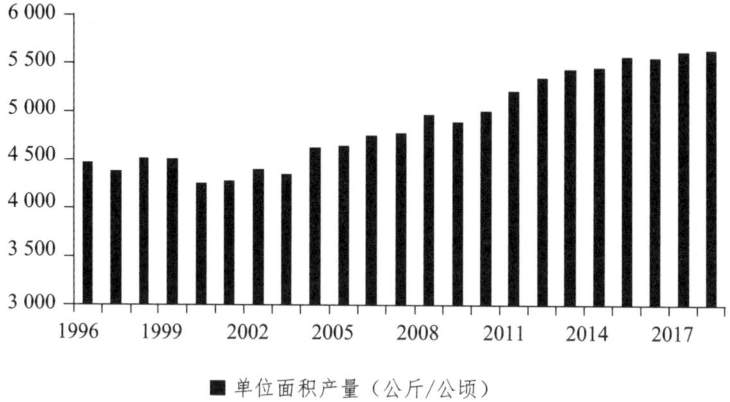

图 1　中国粮食单位面积产量（1996—2018 年）

数据来源：国家统计局。

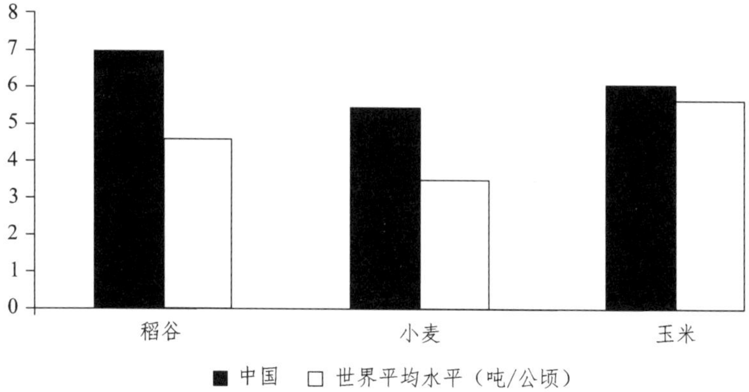

图 2　2017 年三大谷物品种单位面积产量对比

数据来源：联合国粮食及农业组织数据库（FAOSTAT）。

——总产量连上新台阶。2010 年突破 5.5 亿吨，2012 年超过 6 亿吨，2015 年达到 6.6 亿吨，连续 4 年稳定在 6.5 亿吨以上水平。2018 年产量近 6.6 亿吨，比 1996 年的 5 亿吨增产 30%以上，比 1978 年的 3 亿吨增产 116%，是 1949 年 1.1 亿吨的近 6 倍。粮食产量波动幅度基本稳定在合理区间，除少数年份外，一般保持在±6%的范围之内。

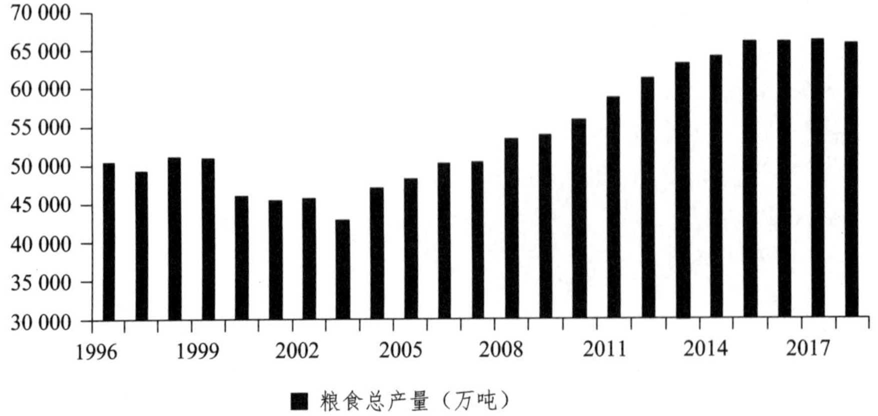

图 3　中国粮食总产量（1996—2018 年）

数据来源：国家统计局。

（二）谷物供应基本自给

——实现谷物基本自给。2018 年，谷物产量 6.1 亿吨，占粮食总产量的 90%以上，比 1996 年的 4.5 亿吨增加 1.6 亿吨。目前，我国谷物自给率超过 95%，为保障国家粮食安全、促进经济社会发展和国家长治久安奠定了坚实的物质基础。

——确保口粮绝对安全。近几年，稻谷和小麦产需有余，完全能够自给，进出口主要是品种调剂，将中国人的饭碗牢牢端在自己手上。2001 年至 2018 年年均进口的粮食总量中，大豆占比为 75.4%，稻谷和小麦两大口粮品种合计占比不足 6%。

（三）粮食储备能力显著增强

——仓储现代化水平明显提高。2018 年全国共有标准粮食仓房仓容 6.7 亿吨，简易仓容 2.4 亿吨，有效仓容总量比 1996 年增长 31.9%。食用油罐总罐容 2800 万吨，比 1996 年增长 7 倍。规划建设了一批现代化新粮仓，维修改造了一批老粮库，仓容规模进一步增加，设施功能不断完善，安全储粮能力持续增强，总体达到了世界较先进水平。

——物流能力大幅提升。2017 年，全国粮食物流总量达到 4.8 亿吨，其中跨省物流量2.3亿吨。粮食物流骨干通道全部打通，公路、铁路、水路多式联运格局基本形成，原粮散粮运输、成品粮集装化运输比重大幅提高，粮食物流效率稳步提升。

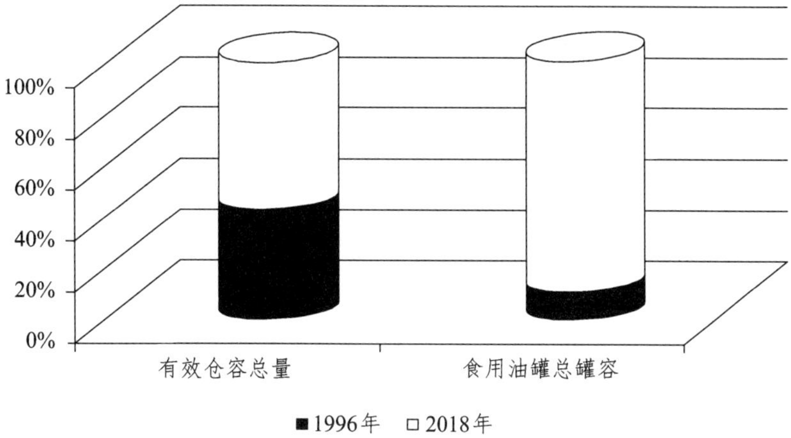

图4 有效仓容总量及食用油罐总罐容增长情况

数据来源：国家粮食和物资储备局。

——粮食储备和应急体系逐步健全。政府粮食储备数量充足，质量良好，储存安全。在大中城市和价格易波动地区，建立了10～15天的应急成品粮储备。应急储备、加工和配送体系基本形成，应急供应网点遍布城乡街道社区，在应对地震、雨雪冰冻、台风等重大自然灾害和公共突发事件等方面发挥了重要作用。

（四）居民健康营养状况明显改善

——膳食品种丰富多样。2018年，油料、猪牛羊肉、水产品、牛奶、蔬菜和水果的人均占有量分别为24.7 kg、46.8 kg、46.4 kg、22.1 kg、505.1 kg和184.4 kg，比1996年分别增加6.5 kg、16.6 kg、19.5 kg、17 kg、257.7 kg和117.7 kg，分别增长35.7%、55%、72.5%、333.3%、104.2%和176.5%。居民人均直接消费口粮减少，动物性食品、木本食物及蔬菜、瓜果等非粮食食物消费增加，食物更加多样，饮食更加健康。

——营养水平不断改善。据国家卫生健康委监测数据显示，中国居民平均每标准人日能量摄入量2 172千卡，蛋白质65 g，脂肪80 g，碳水化合物301 g。城乡居民膳食能量得到充足供给，蛋白质、脂肪、碳水化合物三大营养素供能充足，碳水化合物供能比下降，脂肪供能比上升，优质蛋白质摄入增加。

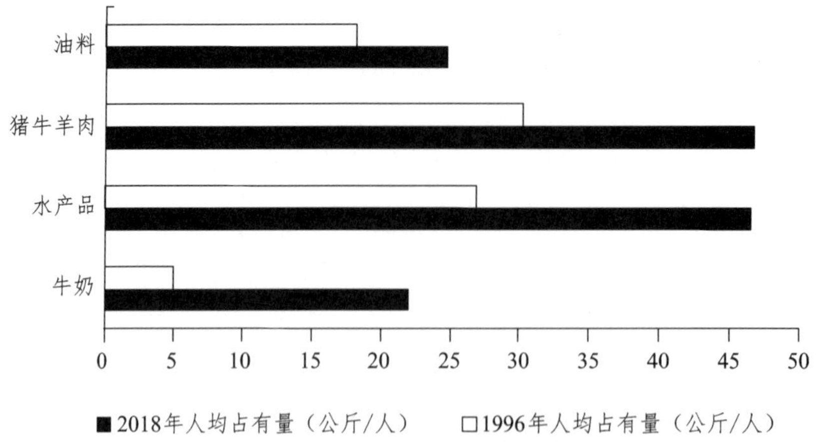

图5　油料、猪牛羊肉、水产品、牛奶的人均占有量对比

数据来源：国家统计局。

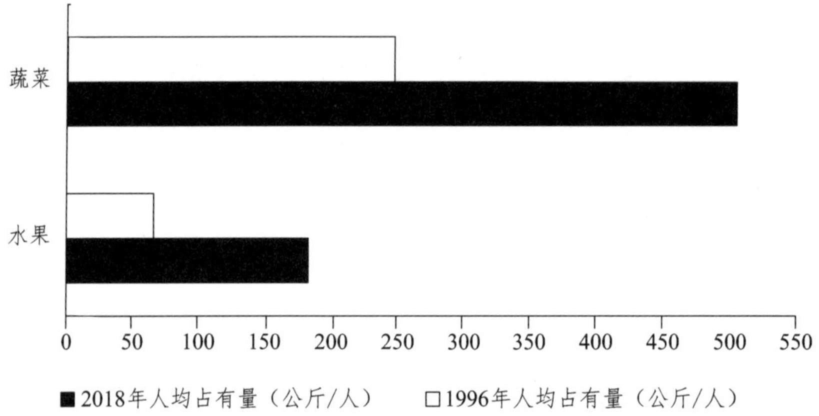

图6　蔬菜和水果的人均占有量对比

数据来源：国家统计局。

（五）贫困人口吃饭问题有效解决

——中国农村贫困人口基本解决了“不愁吃”问题。中国高度重视消除饥饿和贫困问题，特别是党的十八大以来，探索出了一条发展农村经济、提高农民收入、消除饥饿和贫困的成功道路，精准扶贫、精准脱贫成效卓著。按现行农村贫困标准计算，2018 年末，中国农村贫困人口数量 1 660 万人，较 2012 年末的 9 899 万人减少了 8 239 万人，贫困发生率由 10.2%降至 1.7%；较 1978 年末的 7.7 亿人，累计减贫 7.5 亿人。按世界银行每人每天 1.9 美元的国际贫困标准，中国对全球减贫的贡献率超过 70%，是世界上减贫人口最多

的国家，也是世界上率先完成联合国千年发展目标中减贫目标的国家，贫困人口“不愁吃”的问题已基本解决。

——重点贫困群体健康营养状况明显改善。2018 年，贫困地区农村居民人均可支配收入达 10371 元人民币，实际增速高于全国农村 1.7 个百分点。收入水平的提高，增强了贫困地区的粮食获取能力，贫困人口粮谷类食物摄入量稳定增加。贫困地区青少年学生营养改善计划广泛实施，婴幼儿营养改善及老年营养健康试点项目效果显著，儿童、孕妇和老年人等重点人群营养水平明显提高，健康状况显著改善。

二、中国特色粮食安全之路

中国立足本国国情、粮情，贯彻创新、协调、绿色、开放、共享的新发展理念，落实高质量发展要求，实施新时期国家粮食安全战略，走出了一条中国特色粮食安全之路。

（一）稳步提升粮食生产能力

——严守耕地保护红线。实施全国土地利用总体规划，从严管控各项建设占用耕地特别是优质耕地，健全建设用地“增存挂钩”机制，实行耕地占补平衡政策，严守 12 000 万公顷耕地红线。全面落实永久基本农田特殊保护制度，划定永久基本农田 10 300 多万公顷。目前，全国耕地面积 13 488 万公顷，比 1996 年增加 480 多万公顷，粮食作物播种面积达到 11 700 多万公顷，比 1996 年增加 450 万公顷左右，夯实了粮食生产基础。

——提升耕地质量，保护生态环境。实施全国高标准农田建设总体规划，推进耕地数量、质量、生态“三位一体”保护，改造中低产田，建设集中连片、旱涝保收、稳产高产、生态友好的高标准农田。2011 年以来累计建成高标准农田 4260 多万公顷，项目区耕地质量提升 1 ~ 2 个等级，每公顷粮食产量提高约 1 500 kg，粮食生产能力得到提升。实行测土配方施肥，推广秸秆还田、绿肥种植、增施有机肥、地力培肥土壤改良等综合配套技术，稳步提升耕地质量。实施耕地休养生息规划，开展耕地轮作休耕制度试点。持续控制化肥、农药施用量，逐步消除面源污染，保护生态环境。

——建立粮食生产功能区和重要农产品生产保护区。以主体功能区规划和优势农产品布局规划为依托，以永久基本农田为基础，建立粮食生产功能区和重要农产品生产保护区。划定水稻、小麦、玉米等粮食生产功能区 6 000 万公顷，大豆、油菜籽等重要农产品生产保护区近 1 500 万公顷。加强建设东北稻谷、玉米、大豆优势产业带，形成黄淮海平原小麦、专用玉米和高蛋白大豆规模生产优势区；打造长江经济带双季稻和优质专用小麦生产核心区；提高西北优质小麦、玉米和马铃薯生产规模和质量；重点发展西南稻谷、小麦、玉米和马铃薯种植；扩大东南和华南优质双季稻和马铃薯产量规模。优化区域布局和要素组合，促进农业结构调整，提升农产品质量效益和市场竞争力，保障重要农产品特别是粮食的有效供给。

——提高水资源利用效率。规划建设一批节水供水重大水利工程，开发种类齐全、系列配套、性能可靠的节水灌溉技术和产品，大力普及管灌、喷灌、微灌等节水灌溉技术，加大水肥一体化等农艺节水推广力度。加快灌区续建配套与现代化高效节水改造，推进小型农田水利设施达标提质，实现农业生产水资源科学高效利用。

（二）保护和调动粮食种植积极性

——保障种粮农民收益。粮食生产不仅是解决粮食需求问题，更是解决农民就业问题的重要途径和手段。中国农业人口规模巨大，通过城镇化减少农业人口将是一个渐进的过程，在这个过程中必须保障农民的就业和收入。为全面促进农村经济社会的发展，国家相继取消牧业税、生猪屠宰税和农林特产税，特别是在 2006 年全面取消了在中国存在 2 600 年的农业税，从根本上减轻了农民负担。逐步调整完善粮食价格形成机制和农业支持保护政策，通过实施耕地地力保护补贴和农机具购置补贴等措施，提高农民抵御自然风险和市场风险的能力，保障种粮基本收益，保护农民种粮积极性，确保农业可持续发展。

——完善生产经营方式。巩固农村基本经营制度，坚持以家庭承包经营为基础、统分结合的双层经营体制，调动亿万农民粮食生产积极性。着力培育新型农业经营主体和社会化服务组织，促进适度规模经营，把小农户引入现代农业发展轨道，逐步形成以家庭经营为基础、合作与联合为纽带、社会化服务为支撑的立体式复合型农业经营体系。目前，全国家庭农场近 60 万家，农民合作社达到 217.3 万家，社会化服务组织达到 37 万个，有效解决了“谁来种地”“怎样种地”等问题，大幅提高了农业生产效率。

（三）创新完善粮食市场体系

——积极构建多元市场主体格局。深化国有粮食企业改革，鼓励发展混合所有制经济，促进国有粮食企业跨区域整合，打造骨干粮食企业集团。推动粮食产业转型升级，培育大型跨国粮食集团，支持中小粮食企业发展，促进形成公平竞争的市场环境。积极引导多元主体入市，市场化收购比重不断提高，粮食收购主体多元化格局逐步形成。

——健全完善粮食交易体系。搭建了规范统一的国家粮食电子交易平台，形成以国家粮食电子交易平台为中心，省（区、市）粮食交易平台为支撑的国家粮食交易体系，服务宏观调控、服务粮食流通的功能不断提升。全国粮食商流、物流市场达到 500 多家。粮食期货交易品种涵盖小麦、玉米、稻谷和大豆等主要粮食品种，交易规模不断扩大。

——稳步提升粮食市场服务水平。积极引导各地发展多种粮食零售方式，完善城乡“放心粮油”供应网络，粮食电子商务和新型零售业态发展态势良好。搭建粮食产销合作平台，鼓励产销区加强政府层面战略合作。2018 年组织各类粮食交易会 3 935 场，成交粮食近 13 627 万吨，成交金额 2 319 亿元人民币。2018 年和 2019 年，连续举办“中国粮食交易大会”，意向购销粮食达 6 000 余万吨，推动产销合作水平迈上新台阶。

（四）健全完善国家宏观调控

——注重规划引领。编制《中华人民共和国国民经济和社会发展第十三个五年规划纲要》《国家粮食安全中长期规划纲要（2008—2020 年）》《全国新增 1000 亿斤粮食生产能力规划（2009—2020 年）》《中国食物与营养发展纲要（2014—2020 年）》《全国农业可持续发展规划（2015—2030 年）》《全国国土规划纲要（2016—2030 年）》《国家乡村振兴战略规划（2018—2022 年）》《粮食行业“十三五”发展规划纲要》等一系列发展规划，从不同层面制定目标、明确措施，引领农业现代化、粮食产业以及食物营养的发展方向，多维度维护国家粮食安全。

——深化粮食收储制度和价格形成机制改革。为保护农民种粮积极性，促进农民就业增收，防止出现“谷贱伤农”和“卖粮难”，在特定时段、按照特定价格、对特定区域的特定粮食品种，先后实施了最低收购价收购、国家临时收储等政策性收购。收购价格由国家根据生产成本和市场行情确定，收购的粮食按照市场价格销售。随着市场形势发展变化，粮食供给更加充裕，按照分品种施策、渐进式推进的原则，积极稳妥推进粮食收储制度和价格形成机制改革。2014 年起先后取消了大豆、油菜籽、玉米等粮油品种国家临时收储政策，全面实行市场化收购。2016 年起逐步完善了稻谷和小麦最低收购价格政策，进一步降低了政策性收购比例，实现了以市场化收购为主。

——发挥粮食储备重要作用。合理确定中央和地方储备功能定位，中央储备粮主要用于全国范围守底线、应大灾、稳预期，是国家粮食安全的“压舱石”；地方储备粮主要用于区域市场保应急、稳粮价、保供应，是国家粮食安全的第一道防线。

（五）大力发展粮食产业经济

——加快推动粮食产业转型升级。紧紧围绕“粮头食尾”“农头工尾”，充分发挥加工企业的引擎带动作用，延伸粮食产业链，提升价值链，打造供应链，统筹建好示范市县、产业园区、骨干企业和优质粮食工程“四大载体”，在更高层次上提升国家粮食安全保障水平。

——积极发展粮食精深加工转化。增加专用米、专用粉、专用油、功能性淀粉糖、功能性蛋白等食品有效供给，促进居民膳食多元化。顺应饲料用粮需求快速增长趋势，积极发展饲料加工和转化，推动畜禽养殖发展，满足居民对肉蛋奶等的营养需求。

——深入实施优质粮食工程。建立专业化的粮食产后服务中心，为种粮农民提供清理、干燥、储存、加工、销售等服务。建立与完善由6个国家级、32个省级、305个市级和960个县级粮食质检机构构成的粮食质量安全检验监测体系，基本实现“机构成网络、监测全覆盖、监管无盲区”。制定发布“中国好粮油”系列标准，促进粮油产品提质升级，增加绿色优质粮油产品供给。

（六）全面建立粮食科技创新体系

——强化粮食生产科技支撑。深入推进玉米、大豆、水稻、小麦国家良种重大科研联合攻关，大力培育推广优良品种。超级稻、矮败小麦、杂交玉米等高效育种技术体系基本建立，成功培育出数万个高产优质作物新品种新组合，实现了5～6次大规模更新换代，优良品种大面积推广应用，基本实现主要粮食作物良种全覆盖。中国科学家袁隆平培育的超级杂交稻单产达到每公顷近18.1吨，刷新了世界纪录。加快优质专用稻米和强筋弱筋小麦以及高淀粉、高蛋白、高油玉米等绿色优质品种选育，推动粮食生产从高产向优质高产并重转变。

——推广应用农业科技。2018年，农业科技进步贡献率达到58.3%，比1996年的15.5%提高了42.8个百分点。科学施肥、节水灌溉、绿色防控等技术大面积推广，水稻、小麦、玉米三大粮食作物的农药、化肥利用率分别达到38.8%、37.8%，病虫草害损失率大幅降低。2004年以来实施粮食丰产科技工程，共建设丰产科技攻关田、核心区、示范区、辐射区1 276个，累计增产粮食1.3亿吨，项目区单产增产量达到全国平均水平的2.3倍。农业科技的推广应用，为粮食增产发挥了积极作用。

——提升粮食储运科技水平。攻克了一系列粮食储藏保鲜保质、虫霉防治和减损降耗关键技术难题，系统性解决了中国“北粮南运”散粮集装箱运输成套应用技术难题。不断扩大先进的仓储设施规模，2018年实现机械通风、粮情测控和环流熏蒸系统的仓容分别达到7.5亿吨、6.6亿吨和2.8亿吨。安全绿色储粮、质量安全、营养健康、加工转化、现代物流、“智慧粮食”等领域科研成果得到广泛应用。

（七）着力强化依法管理合规经营

——完善粮食安全保障法律法规。加快推进粮食安全保障立法，颁布和修订实施《农业法》《土地管理法》《土壤污染防治法》《水土保持法》《农村土地承包法》《农业技术推广法》《农业机械化促进法》《种子法》《农产品质量安全法》《进出境动植物检疫法》《农民专业合作社法》《基本农田保护条例》《土地复垦条例》《农药管理条例》《植物检疫条例》《粮食流通管理条例》等法律法规。

——落实粮食安全省长责任制。确保国家粮食安全，中央政府承担首要责任，省级政府承担主体责任。2014 年底，国务院出台《关于建立健全粮食安全省长责任制的若干意见》，从生产、流通、消费等各个环节明确各省级政府在维护国家粮食安全方面的事权与责任。2015 年，国务院办公厅印发《粮食安全省长责任制考核办法》，建立考核机制，明确由国家相关部门组成考核工作组，负责具体实施考核工作，进一步压实地方政府维护国家粮食安全的责任。地方政府粮食安全意识普遍增强，粮食安全保障水平不断提升。

——深化粮食“放管服”改革。持续推进简政放权、放管结合、优化服务，切实强化市场意识和法治思维，牢固树立依法管粮、依法治粮的意识，依法推进双随机监管机制及涉粮事项向社会公开。完善粮食库存检查方式方法和质量安全监管制度，构建粮油安全储存责任体系和行为准则，确保粮食库存数量真实、质量良好、储存安全。建立以信用监管为基础的新型监管机制，维护正常的粮食流通秩序。

三、对外开放与国际合作

中国积极践行自由贸易理念，认真履行加入世界贸易组织承诺，主动分享中国的粮食市场资源，推动世界粮食贸易发展。不断深化粮农领域国际合作，积极参与世界粮食安全治理，为促进世界粮食事业健康发展、维护世界粮食安全作出了重要贡献。

（一）对外开放日益扩大

——中国粮食市场更加开放。涉粮外资企业加工转化粮食数量、产品销售收入不断增加，2018 年分别占到全国的 14.5%、17%。外资企业进入中国粮食市场的广度、深度不断拓展，在食用植物油、粮食加工转化等领域的份额不断增长，并向粮食收购市场、批发零售和主食品供应等方面延伸，成为促进中国粮食产业发展的重要力量。

——认真履行加入世界贸易组织承诺。中国严格按照加入世界贸易组织承诺，取消了相关农产品进口配额和许可证等非关税措施，对小麦、玉米、大米实施进口关税配额管理，大幅度削减其他粮食品种的进口关税。进一步放宽农业领域外商投资准入限制，除中国稀有和特有的珍贵品种、转基因品种之外，将外商投资种业的限制范围缩减为小麦、玉米，取消农产品收购、批发的外商投资准入限制。

——促进国际粮食贸易繁荣发展。中国在确保国家粮食安全的前提下，认真遵守世界贸易组织规则并履行中国加入世界贸易组织的相关承诺，积极与世界主要产粮国分享中国巨大的粮食市场。2018 年，包括大豆等油料和饲料在内的粮食进口总量为 11 555 万吨，出口总量 366 万吨，分别比 1996 年增长 944.8%、171.1%。进口总量中大豆 8 803 万吨；谷物及谷物粉进口 2 047 万吨，占当年世界谷物贸易量的 4.9%。

（二）国际合作全面加强

——主动分享粮食安全资源和经验。1996 年以来，中国与联合国粮农组织实施了 20 多个多边南南合作项目，向非洲、亚洲、南太平洋、加勒比海等地区的近 30 个国家和地区派遣近 1 100 人次粮农技术专家和技术员，约占联合国粮农组织南南合作项目派出总人数的 60%。积极支持国内有条件的企业“走出去”，秉持共商共建共享原则，在有需要的国家和地区开展农业投资，推广粮食生产、加工、仓储、物流、贸易等技术和经验。截至 2017 年底，中国农业对外投资存量 173.3 亿美元，在境外设立企业 851 家，分布于六大洲的 100 个国家（地区），雇佣外方员工 13.4 万人，为东道国增加就业、发展经济、改善民生作出了积极贡献。

——不断深化国际合作。中国与 60 多个国家和国际组织签署了 120 多份粮食和农业多双边合作协议、60 多份进出口粮食检疫议定书，与 140 多个国家和地区建立了农业科技交流和经济合作关系，与 50 多个国家和地区建立了双边农业合作工作组。中国始终将支持非洲农业发展和粮食安全作为对非合作的优先重点领域。截至 2016 年，中国共帮助 50 多个非洲国家实施近 500 个农业援助项目，包括成套项目、技术援助项目、物资项目等，涉及农业种植、粮食仓储、农业机械、农田灌溉及农产品加工等领域。2013 年以来，中国积极推进共建“一带一路”，与参与国建立经贸合作关系，推动粮食领域合作。

——积极参与世界粮食安全治理。积极响应和参与联合国粮农组织、世界粮食计划署等涉粮国际组织的倡议和活动。推动增强非洲等发展中国家在涉粮国际组织中的代表性和发言权，支持发展中国家的合理诉求。致力于落实联合国 2030 年可持续发展议程，制定《中国落实 2030 年可持续发展议程国别方案》，发布《中国落实 2030 年可持续发展议程进展报告》，为其他国家落实工作提供有益借鉴。积极参与国际食品法典、国际植物保护公约等国际规则制定，成功推动世界动物卫生组织、国际标准化组织等 10 多项农药残留国际标准、谷物国际运输标准、国际贸易粮食检疫措施标准等国际标准的制定，主导制修订小麦规格、玉米规格等多项粮食国际标准。牵头推动亚洲合作对话“粮食、水与能源安全相互关系”工作，积极参与东盟与中日韩10+3大米紧急储备机制，先后发起或主办亚太经合组织农业和粮食安全部长会议、二十国集团农业部长会议、金砖国家农业部长会议、中国－拉丁美洲和加勒比农业部长论坛、中国－太平洋岛国农业部长会议、世界农业展望大会等重要国际会议，推动各国在粮食安全治理方面形成共识。

——提供力所能及的国际紧急粮食援助。应有关国家紧急粮食援助请求，无偿提供力所能及的多双边紧急粮食援助，对缓解有关国家人道主义危机、促进世界消除饥饿目标的实现，发挥了积极作用，得到国际社会和有关国家的高度评价。

四、未来展望与政策主张

当前，中国粮食连年丰收、库存充裕、供应充足、市场稳定，粮食安全形势持续向好。展望未来，中国有条件、有能力、有信心依靠自身力量筑牢国家粮食安全防线。国家粮食安全保障政策体系基本成型，全面实施国家粮食安全战略，依靠自己保口粮，集中国内资源保重点，使粮食之基更牢靠、发展之基更深厚、社会之基更稳定。农业供给侧结构性改革尚有很大空间，粮食科技进步、单产提高、减少损失浪费、利用非粮食食物等方面还有较大潜力可供挖掘。充足的粮食储备可以保障粮食市场供应和市场基本稳定，现代化的粮食仓储物流体系可以防止出现区域性阶段性粮食供给紧张问题，市场机制充分发挥作用能够解决品种结构矛盾。

从中长期看，中国的粮食产需仍将维持紧平衡态势，确保国家粮食安全这根弦一刻也不能放松。从需求形势看，随着经济社会发展，人均口粮消费将稳中略降，饲料和工业转化用粮消费继续增加，粮食消费总量刚性增长，粮食消费结构不断升级。从生产形势看，农业生产成本仍在攀升，资源环境承载能力趋紧，农业基础设施相对薄弱，抗灾减灾能力有待提升，在确保绿色发展和资源永续利用的同时，稳定发展粮食生产压力较大。从流通形势看，粮食生产将继续向核心产区集中，跨区域粮食流通量将进一步增加，粮食市场大幅波动的风险依然存在。

展望世界粮食安全形势，国际粮农机构全球粮食安全治理效果逐步显现，各国促进国际粮食市场有序流通、维护世界粮食市场总体稳定的愿望增强，贫困缺粮国家粮食生产得到发展，能够减轻国际市场波动对国内市场带来的不利影响，为中国和世界粮食安全营造良好环境。与此同时，当今世界粮食安全挑战依然严峻，仍有8亿多饥饿人口，国际粮食贸易面临着保护主义和单边主义的干扰，不稳定因素增加，实现相关可持续发展目标任重道远。

立足国内，放眼全球，中国将继续坚定不移地走中国特色粮食安全之路，全面贯彻新发展理念，全面实施国家粮食安全战略和乡村振兴战略，全面落实“藏粮于地、藏粮于技”战略，推动从粮食生产大国向粮食产业强国迈进，把饭碗牢牢端在自己手上，在确保国家粮食安全的同时，与世界各国携手应对全球饥饿问题，继续在南南合作框架下为其他发展中国家提供力所能及的帮助，共同推进全球粮食事业健康发展。

（一）提高粮食生产能力

——坚守耕地保护红线，节约和高效利用水资源。到2020年，落实12 436万公顷耕地保有量、10 307万公顷永久基本农田、4 072万公顷建设用地总规模约束性指标，确保建成5 333万公顷高标准农田，全面完成粮食生产功能区和重要农产品生产保护区建设，粮食种植面积稳定在1.1亿公顷以上，粮食综合生产能力稳定在6亿吨以上。不断提高耕地质量，到2022年，确保建成6 667万公顷高标准农田。到2035年，粮食种植面积保持总体稳定。加快推进节水供水重大水利工程建设，不断完善农田水利设施，提高水资源利用效率。

——推进种植结构调整，增加绿色优质粮油产品供给。稳定谷物种植面积，因地制宜发展薯类、豆类、杂粮等作物。大力发展强筋弱筋小麦、优质稻谷、青贮及专用玉米、高油高蛋白大豆等，通过优质优价促进农民增收。继续实施优质粮食工程和“中国好粮油”行动计划，服务绿色农业发展和“健康中国”建设，大力增加绿色优质粮油产品供给。

——创新体制机制，提高粮食生产组织化程度。推动农村承包土地所有权、承包权、经营权“三权分置”有序实施，培育新型经营主体和服务主体，发展土地流转型和服务引领型规模经营，促进小规模、分散经营向适度规模、主体多元转变。加强新型职业农民培训，支持农民通过股份制、股份合作制等多种形式参与规模化、产业化经营。完善针对小农户的扶持政策，把小农户引入现代农业发展轨道。

——增强农业科技创新能力，提高粮食生产水平。强化农业基础研究，全面升级节水灌溉、农机装备、农药研制、肥料开发、加工储运、循环农业等应用技术。强化种业科技创新，突破种质创新、新品种选育、高效繁育和加工流通等核心技术。强化技术集成创新，攻克影响作物单产提高、品质提升、效益增加、环境改善的技术瓶颈。推进农业机械化和农机装备产业转型升级，依靠科技手段和农艺农技应用，增加粮食供给，提升粮食品质。

（二）加强储备应急管理

——加强粮食储备管理。以服务宏观调控、调节稳定市场、应对突发事件和提升国家安全能力为目标，科学确定粮食储备功能和规模，改革完善粮食储备管理体制，健全粮食储备运行机制，强化内控管理和外部监督，加快构建更高层次、更高质量、更有效率、更可持续的粮食安全保障体系。

——健全粮食应急保供体系。优化粮食应急供应、配送、加工网点的布局，建成一批规范化粮油配送中心、粮油应急加工企业和应急供应网点，形成布局合理、设施完备、运转高效、保障有力的粮食应急供应保障体系，强化应急处置功能，提升应急供应保障水平。

——完善粮情预警监测体系。强化粮油市场预警机制，加快建立健全涵盖国家、省、市、县四级的监测预警体系，依托信息技术准确把握国内外粮食形势，健全粮油市场监测网络，提供及时、准确、全面的市场信息服务，防范市场异常波动风险。

——倡导节粮减损。大力开展宣传教育活动，增强爱粮节粮意识，抑制不合理消费需求，减少“餐桌上的浪费”，形成科学消费、健康消费、文明消费的良好风尚。普及推广经济、适用、防虫、防霉储粮新装具、新技术，帮助农民减少产后损失。示范推广绿色、环保、智能粮食储藏设施设备，鼓励适度加工，提高物流效率，减少粮食流通环节的损失损耗。

（三）建设现代粮食流通体系

——加快建设现代粮食市场体系。坚持市场化改革取向与保护农民利益并重，以确保口粮绝对安全、防止“谷贱伤农”为底线，适应世界贸易组织规则，积极稳妥推进粮食收储制度和价格形成机制改革，充分发挥市场配置粮食资源的决定性作用，更好发挥政府作用，使粮价更好地反映市场供求，激发市场活力，促进供需平衡，加快形成统一开放、竞争有序的现代粮食市场体系。

——切实加强粮食仓储物流建设。围绕优化布局、调整结构、提升功能，鼓励合理改建、扩建和新建粮食仓储物流设施，持续推进粮库智能化升级，增强安全运行保障能力。优化大型粮食物流园区布局，构建一批粮食进出口物流通道和重要节点，提升粮食物流重点线路流通效率。

——着力构建现代化粮食产业体系。坚持高质量发展要求，倡导推广粮食循环经济模式。发展粮食精深加工与转化，大力推进主食产业化，不断增加绿色优质和特色粮油产品供给。着力推动优粮优产、优粮优购、优粮优储、优粮优加、优粮优销，加快构建现代化粮食产业体系。

（四）积极维护世界粮食安全

——继续深入推进南南合作，为实现联合国2030年可持续发展目标中的“消除饥饿，实现粮食安全，改善营养状况和促进可持续农业”作出积极努力。

——深化与共建“一带一路”国家的粮食经贸合作关系，共同打造国际粮食合作新平台，促进沿线国家的农业资源要素有序自由流动、市场深度融合。

——积极支持粮食企业“走出去”“引进来”，开展国际合作，合理利用国际国内两个市场、两种资源。优化粮食进口渠道，拓展多元化粮食来源市场，促进全球范围内粮食资源合理高效配置。

——积极参与全球和区域粮食安全治理，积极探索国际粮食合作新模式，开展全方位、高水平粮食对外合作，维护世界贸易组织规则，促进形成更加安全、稳定、合理的国际粮食安全新局面，更好地维护世界粮食安全。

结束语

凡益之道，与时偕行。进入新时代，中国人民更加关注食物的营养与健康，既要“吃得饱”，更要“吃得好”“吃得放心”。初心不忘，人民至上。中国将在习近平新时代中国特色社会主义思想指引下，始终以人民对美好生活的向往为奋斗目标，牢固树立总体国家安全观，深入实施国家粮食安全战略和乡村振兴战略，进一步加强粮食生产能力、储备能力、流通能力建设，推动粮食产业高质量发展，提高国家粮食安全保障能力，为人民获得更多福祉奠定坚实根基。

确保粮食安全，中国与世界命运休戚与共。中国将继续遵循开放包容、平等互利、合作共赢的原则，努力构建粮食对外开放新格局，与世界各国一道，加强合作，共同发展，为维护世界粮食安全作出不懈努力，为推动构建人类命运共同体作出新的贡献。

参考文献

[1] 鲍国良，姚蔚．我国粮食生产现状及面临的主要风险[J]．华南农业大学学报（社会科学版），2019，18（6）．

[2] 蔡仁祥，成灿土，林宝义．马铃薯营养价值与主食产品[M]．杭州：浙江科学技术出版社，2018．

[3] 曹皎皎．粮食安全视角下马铃薯主粮化研究[D]．南京：南京审计大学，2017．

[4] 曾洁，徐亚平．薯类食品生产工艺与配方[M]．北京：中国轻工业出版社，2012．

[5] 陈桂朝．马铃薯传奇——它是如何成为世界粮食的[M]．武汉：华中科技大学出版社，2014．

[6] 陈曦，李叶贝，屈展平，张乐道，任广跃．马铃薯-燕麦复合面条的研制[J]．食品科技，2017，42（10）．

[7] 陈秀惠．微波膨化处理对苹果脆片品质及营养素的影响研究[D]．沈阳：沈阳农业大学，2017．

[8] 邓晓君，杨炳南，尹学清，何江涛．国内马铃薯全粉加工技术及应用研究进展[J]．食品研究与开发，2019，40（11）．

[9] 杜连启，高胜普．薯类食品加工技术[M]．北京：化学工业出版社，2010．

[10] 杜连启．马铃薯食品加工技术[M]．北京：金盾出版社，2006．

[11] 杜昕，赵玉莲，刘松青，王芳，刘绪．马铃薯-杏鲍菇复合面包的工艺研究[J]．生物化工，2020，6（4）．

[12] 段翔宇．影响我国粮食安全的国际因素研究[D]．沈阳：辽宁大学，2017．

[13] 郭修平．粮食贸易视角下的中国粮食安全问题研究[D]．长春：吉林农业大学，2016．

[14] 韩黎明，童丹，原霁虹．马铃薯资源化利用技术[M]．武汉：武汉大学出

版社，2015.
[15] 贺玉廷，张志生，商春海，曲长祥．论黑龙江省加快推进马铃薯主食化战略的对策[J]．现代化农业，2019（3）.
[16] 胡丛林．冷冻处理对马铃薯全粉质量影响及工艺研究[D]．晋中：山西农业大学，2018.
[17] 姜鹏飞，陈玲，高婧妍，黄镇，刘佳瑜，范晔晟，闫晓萌，温成荣．不同改良剂对马铃薯发酵面团特性的影响[J]．现代食品科技，2020，36（12）.
[18] 鞠美玲，周晓燕．不同烹调方法对马铃薯品质影响的研究综述[J]．四川烹饪高等专科学校学报，2012（1）.
[19] 孔雀. 马铃薯生全粉主食化开发及其工艺优化[D]. 西宁：青海大学，2020.
[20] 雷尊国，乐俊明. 中国马铃薯百味食谱[M]. 北京：化学工业出版社，2009.
[21] 李济宸，李群，唐玉华．主粮主食马铃薯：铁杆庄稼 百姓福食[M]．北京：中国农业出版社，2015.
[22] 李康．马铃薯无麸质意面工艺优化与品质调控研究[D]．北京：中国农业科学院，2019.
[23] 李明安，崔媛，任建辉，李铃，齐海燕，王丽丽，高金波，王燕楠，佟丽娜，麻晓娟．一种马铃薯大列巴及其制备方法和应用[P]．黑龙江省：CN111742956A，2020-10-09.
[24] 李文娟，秦军红，谷建苗，仇志军，周俊，谢开云，卢肖平．从世界马铃薯产业发展谈中国马铃薯的主粮化[J]. 中国食物与营养，2015，21（7）.
[25] 李旭．浅析粮食安全生产的时代重要性[J]．南方农业，2015，9（12）.
[26] 李宇春．农发行定西市分行马铃薯全产业链贷款研究[D]．兰州：兰州大学，2017.
[27] 李泽东．马铃薯馒头加工新技术研究[D]．泰安：山东农业大学，2017.
[28] 林勉，芮汉明，刘通讯．食品膨化技术及其应用[J]．食品与发酵工业，1999（3）.
[29] 刘丽，徐洪岩．马铃薯全粉、玉米粉和小麦粉复合馒头制作工艺研究[J]．黑龙江农业科学，2018（10）.

[30] 刘玲玲，车树理，贺莉萍．马铃薯苦荞麦粉面条加工工艺研究[J]．中国食物与营养，2018，24（11）.
[31] 刘爽，潘洪冬，赵思明．酥脆薯条的加工工艺与风味特征研究[J]．食品工业科技，2017，38（14）.
[32] 马莺．马铃薯深加工技术[M]．北京：中国轻工业出版社，2003.
[33] 马莹．马铃薯全粉蛋糕工艺研究及品质分析[D]．银川：宁夏大学，2018.
[34] 孟天真，闫永芳，赵春江，叶兴乾．中式烹饪对马铃薯中抗性淀粉及主要营养物质的影响[J]．食品工业科技，2012，33（11）.
[35] 木泰华，张苗，何海龙．马铃薯主食加工技术知多少[M]．北京：科学出版社，2016.
[36] 庞文渌．马铃薯主粮化战略的意义与实施[J]．粮食加工，2019，44（2）.
[37] 逄学思．基于利益相关者视角的马铃薯主食产业化推进策略研究[D]．北京：中国农业科学院，2019.
[38] 蒲华寅，牛伟，孙玉利，李萌，魏建玲，黄峻榕．马铃薯泥面条制作工艺优化及品质分析[J]．食品工业科技，2019，40（2）.
[39] 任龙梅，孟祥平．马铃薯全粉戚风蛋糕最佳制作配方研制[J]．现代食品，2019（22）.
[40] 施建斌，隋勇，蔡沙，何建军，陈学玲，范传会，梅新．马铃薯全粉面条的制备工艺研究[J]．湖北农业科学，2018，57（24）.
[41] 苏晶莹．乙酰化马铃薯粉在速冻水饺中的应用[J]．轻工科技，2014，30（8）.
[42] 苏小军，熊兴耀，谭兴和，蔡柳，李文佳．辐照处理对马铃薯粉降解作用的研究[J]．中国农学通报，2011，27（30）.
[43] 孙红男，刘兴丽，张笃芹，木泰华．攻克马铃薯主食化加工技术难题，助推产业转型升级[J]．蔬菜，2017（6）.
[44] 孙建文．国际贸易视角下中国粮食安全影响因素研究[D]．南昌：江西财经大学，2020.
[45] 孙茂林，毕虹．马铃薯产业科学技术[M]．昆明：云南科技出版社，2006.
[46] 唐黎标．粮食安全概念的演变与重要意义[J]．粮食问题研究，2016（3）.

[47] 田再民. 马铃薯高效栽培与储运加工一本通[M]. 北京：化学工业出版社，2013.

[48] 田志刚，孙洪蕊，刘香英，范杰英，孟悦，康立宁. 面包改良剂对马铃薯面包质构特性的影响[J]. 食品工业，2018，39（6）.

[49] 王常青，朱志昂. 用葡萄糖氧化酶法降低马铃薯颗粒全粉还原糖[J]. 食品与发酵工业，2004（3）.

[50] 王晨宇. 从罗马帝国的粮食问题看粮食安全的重要性[J]. 安徽农业科学，2017，45（3）.

[51] 王辉. 马铃薯黔式月饼制作[J]. 食品安全导刊，2015（35）.

[52] 王俊颖，翟立公，汪志强，郭元新，蔡易辉. 马铃薯玉米面条加工工艺研究[J]. 农产品加工，2018（9）.

[53] 王丽，李淑荣，句荣辉，贾红亮，潘妍，朱建晨. 马铃薯淀粉与面条品质特性关系研究进展[J]. 食品工业，2018，39（3）.

[54] 王丽彩. 我国人口城镇化发展对粮食安全的影响研究[D]. 兰州：兰州大学，2017.

[55] 王锐，王新华. 2003 年以来我国粮食进出口格局的变化、走向及战略思考[J]. 华东经济管理，2015，29（12）.

[56] 王胜男. 马铃薯全粉性质和应用性能研究[D]. 哈尔滨：哈尔滨商业大学，2018.

[57] 王同阳. 功能性马铃薯儿童面包的研制[J]. 食品与药品，2006（3）.

[58] 王稳新，陈洁，李璞，王彦波. 马铃薯生全粉干燥工艺及品质分析[J]. 粮食与饲料工业，2018（9）.

[59] 王秀丽，马云倩，孙君茂. 中国马铃薯消费与未来展望[J]. 农业展望，2016，12（12）.

[60] 王雨，薛自萍. 影响面包老化的因素及延缓措施[J]. 农产品加工，2019（10）.

[61] 王禹. 新形势下我国粮食安全保障研究[D]. 北京：中国农业科学院，2016.

[62] 威廉 F 托尔博特. 马铃薯生产与食品加工[M]. 上海：上海科学技术出版社，2017.

[63] 习群. 粮食安全的影响因素及解决对策研究[D]. 南昌：南昌大学，2020.

[64] 徐芬，胡宏海，张春江，黄峰，张雪，刘倩楠，戴小枫，张泓. 不同蛋白对马铃薯面条食用品质的影响[J]. 现代食品科技，2015，31（12）.
[65] 徐芬. 马铃薯全粉及其主要组分对面条品质影响机理研究[D]. 北京：中国农业科学院，2016.
[66] 徐海泉，王秀丽，马冠生. 马铃薯及其主食产品开发的营养可行性分析[J]. 中国食物与营养，2015，21（7）.
[67] 徐皎云. 新型面包改良剂的研制[D]. 广州：华南理工大学，2011.
[68] 徐忠，陈晓明，王友健. 马铃薯全粉的改性及在食品中的应用研究进展[J]. 中国食品添加剂，2020，31（8）.
[69] 薛丽丽. 马铃薯全粉对北方馒头品质的影响及常温保鲜技术研究[D]. 天津：天津科技大学，2016.
[70] 闫巧珍，高瑞雄，张正茂，等. 湿热处理对马铃薯全粉品质的影响[J]. 现代食品科技，2017（4）.
[71] 闫巧珍，高瑞雄，侯传丽，韩克，张赵星，张正茂. 超声波处理对马铃薯全粉理化性质和消化特性的影响[J]. 中国粮油学报，2017，32（8）.
[72] 闫巧珍. 马铃薯全粉理化性质和消化特性的研究[D]. 杨凌：西北农林科技大学，2017.
[73] 杨娟，程力，洪雁，李才明，李兆丰，顾正彪. 不同工艺制备的马铃薯全粉理化性质比较[J]. 食品与生物技术学报，2019，38（8）.
[74] 杨晓东. 世界粮食贸易的新发展及其对中国粮食安全的影响[D]. 长春：吉林大学，2018.
[75] 喻勤，王玺，林静，崔立柱，闫晨苗，李铁梅，夏凯，阮征，段盛林. 马铃薯面包复配改良剂的优选及其对面包质构特性的影响[J]. 食品研究与开发，2019，40（13）.
[76] 张凤婕，张天语，曹燕飞，杨哲，张海静，李宏军. 50%马铃薯全粉馒头的品质改良[J]. 食品科技，2019，44（5）.
[77] 张俊祥，陆王惟，崔芮，朱碧芬，闫加桐，覃宇悦. 马铃薯云腿月饼加工工艺的响应面法优化[J]. 农产品加工，2020（9）.
[78] 张明慧. 马铃薯全粉理化性质及其主食全粉面条的制作[D]. 长春：吉林

农业大学，2019.
[79] 张沐诗，严生德，刘兵，金青龙，马玉金，汤旭峰，晏婷，冯丽荣. 马铃薯全泥面包制作技术[J]. 青海农技推广，2017（2）.
[80] 张千友. 中国马铃薯主粮化战略研究[M]. 北京：中国农业出版社，2016.
[81] 张入玉，彭凌，文瑜. 低糖型马铃薯饼干的研制[J]. 食品工业，2020，41（8）.
[82] 张书瑞，高思宜，高蓉，王楠，王钰琪. 干果马铃薯蛋糕的试验研究[J]. 农产品加工，2017（15）.
[83] 张欣昕，张福金，张尧，刘广华，莎娜，黄洁，高天云. 内蒙古种植马铃薯品种氨基酸组成及营养价值评价[J]. 北方农业学报，2020，48（4）.
[84] 张旭. 马铃薯全粉面条研制[D]. 雅安：四川农业大学，2019.
[85] 张艳荣，彭杉，刘婷婷，樊红秀，陈丙宇，马宁鹤. 挤压处理对马铃薯全粉加工特性及微观结构的影响[J]. 食品科学，2018，39（11）.
[86] 张祎. 基于产业链视角的中国马铃薯主粮化发展研究[D]. 长春：吉林大学，2018.
[87] 张忆洁，祁岩龙，宋鱼，沈洪飞，冯怀章. 不同马铃薯品种用于加工面条的适宜性[J]. 现代食品科技，2020，36（2）.
[88] 张玉胜. 中国马铃薯产品国际竞争力及出口潜力研究[D]. 北京：中国农业科学院，2020.
[89] 张忠，刘晓燕，刘滨文. 一种马铃薯泥玉米馒头配方的优化[J]. 现代食品，2020（2）.
[90] 章丽琳，张喻，张涵予. 挤压膨化参数对马铃薯全粉理化性质的影响[J]. 食品与机械，2016，32（12）.
[91] 赵晶，时东杰，屈岩峰，王红梅，李景海. 马铃薯全粉食品研究进展[J]. 食品工业科技，2019，40（20）.
[92] 赵亚坤. 乳酸菌糖基转移酶的生化特性及其在烘焙食品中的应用[D]. 长春：长春大学，2020.
[93] 赵月，吕美. 马铃薯全粉在面包中的应用研究[J]. 粮食加工，2019，44（5）.

[94] 中国食品工业协会马铃薯食品专业委员会. 马铃薯加工业“十三五”发展规划[N]. 中国食品安全报，2016-05-05（B02）.
[95] 周凤超，孔保华，张宏伟，刘骞，陈倩. 次氯酸钠氧化引起的马铃薯粉消化性变化的研究[J]. 食品工业，2017，38（6）.
[96] 周向阳，沈辰，张晶，张洪宇，程国栋，王雍涵，孔繁涛，吴建寨. 2019年我国马铃薯市场形势回顾及2020年展望[J]. 中国蔬菜，2020（4）.
[97] 祖克曼. 马铃薯：改变世界的平民美馔[M]. 北京：中国友谊出版公司，2006.